流 体 力 学

（第三版）

张 伟　陈文义　主编

天津大学出版社
TIANJIN UNIVERSITY PRESS

内 容 简 介

　　本书内容包括绪论,流体静力学,流体运动学基础,流体动力学基础,相似理论与量纲分析,有压管中流动及能量损失,孔口、管嘴出流与气体射流,绕流运动,明渠流动和堰流共 9 章。

　　本书可作为高等院校热能工程、建筑环境与设备工程、矿物加工工程、环境与给排水工程、土木工程等专业流体力学课程的教材,也可供相关专业的工程技术人员参考。

图书在版编目(CIP)数据

流体力学 / 张伟,陈文义主编. —3 版. —天津:
天津大学出版社,2018.7
ISBN 978-7-5618-6167-7

Ⅰ.①流…　Ⅱ.①张…　②陈…　Ⅲ.①流体力学 – 高
等学校 – 教材　Ⅳ.O35

中国版本图书馆 CIP 数据核字(2018)第 144919 号

出版发行	天津大学出版社
地　　址	天津市卫津路 92 号天津大学内(邮编:300072)
电　　话	发行部:022-27403647
网　　址	publish. tju. edu. cn
印　　刷	廊坊市海涛印刷有限公司
经　　销	全国各地新华书店
开　　本	185mm×260mm
印　　张	12.75
字　　数	331 千
版　　次	2018 年 8 月第 1 版
印　　次	2018 年 8 月第 1 次
定　　价	32.00 元

前　　言

　　为实现21世纪人才培养模式和目标,配合教学体制改革的深入与发展,适应当前普通高等院校流体力学课程授课学时大幅度压缩的现状,我们编写了这本50~60学时的流体力学教材。编写本教材的目的是满足高等理工院校热能工程、建筑环境与设备工程、矿物加工工程、环境与给排水工程、土木工程等相关专业的教学需要。全书共分9章,＊号内容为选讲内容,书中内容在整体安排上尽可能考虑到更多专业的教学要求。教师在讲授时可根据具体专业不同适当取舍授课内容。

　　本书由黑龙江科技学院陈文义,天津城市建设学院张伟、史艳娇,天津商业大学陆蓓蕾,长安大学刘静,天津理工大学焦士龙共同编写。全书由陈文义、张伟主编并负责统稿,由哈尔滨工业大学王成敏主审。

　　编写教材是一项艰苦的工作,编出好教材更加困难。在此感谢天津大学刘正先博士、河北科技学院郭德教授、天津大学姜楠教授、哈尔滨工业大学王成敏教授对书稿提出的审读和修改意见;感谢山东工商学院张云起教授、天津大学梁兴雨博士、天津城市建设学院杨贤聪同学在本书编写过程中所给予的热情支持和帮助。

　　限于编者水平,加之编写时间比较短促,书中错误和疏漏之处在所难免,敬请读者批评指正。

编者

2003 年 10 月

第三版前言

本教材第一版于 2004 年出版,已经过多年教学实践应用。为了使教材不断完善,紧跟教学形势发展,第三版对第二版做了进一步的勘误和修正,并补充了一些内容,具体包括:①增加了"主要符号表";②在每章的开头和结尾增加了"本章的学习目的"和"本章小结";③添加了多媒体资源,对某些抽象、难于理解的力学概念进行解读,旨在增加教材的趣味性和生动性,增强学习效果;④为便于教学,作者特制作了与本版教材配套的 PPT 教学参考课件,对于有需求的教师,可发邮件至 hxj8321@126.com 索取。

第三版仍由天津城建大学张伟与河北工业大学陈文义主编。全书由张伟和陈文义负责统稿。

本教材内容精练,适用于少学时课程教学,全书共分九章,主要内容包括绪论,流体静力学,流体运动学基础,流体动力学基础,相似理论与量纲分析,有压管中流动及能量损失,孔口管嘴出流与气体射流,绕流运动,明渠流动和堰流。"*"号标注的章节为选讲内容,授课教师可根据具体情况进行取舍。

本教材适用于高等院校土建、水利、热能、建环、冶金、给排水、宇航、化工及环保等相关专业流体力学课程教学,并配套有《流体力学习题解析》,可供本科生自学使用,也可作为研究生入学及注册工程师考试的科目参考书,同时也适用于相关科研及工程技术人员参考使用。

由于编者的学识和经验有限,第三版仍会存在不足,敬请读者不吝指出,以利于本教材的不断完善。

主要符号表

		出现位置 （章）			出现位置 （章）
1. 拉丁字母			F_x,F_y,F_z	质量力的坐标轴向分量	2
A	面积	2;6;9		力的坐标轴向分量	4
A_C	收缩断面面积	7	F_ν	黏性力	5
Ar	阿基米德准数	7	f	单位质量力	2;4
a	高度/矩形长度	2	G	重力	2
	加速度	5	g	重力加速度	1;2;6
	当地音速	5	H	水头/液柱高度	4;9
	紊流系数	7	H_0	作用水头	7;9
a_x,a_y,a_z	加速度的坐标轴向分量	3	H_P	测压管水头	4
B	水面宽度	9	h_f	沿程水头损失	6
C	形心	2	h_l	单位重量流体能量损失	6
	谢齐系数	9		水头损失	6
C	绕流阻力系数	8	h_m	局部水头损失	6
C_f	摩擦阻力系数	8	h_ν	真空高度	6
C_L	升力系数	8	I_C	过形心轴的惯性矩	2
CS	控制面	4	I_x	惯性矩	2
CV	控制体	4	i	明渠的底坡	9
D	直径	2	J	水力坡度/总水头线坡度	6;9
	压力中心	2	J_P	测压管水头线坡度	9
	射流边界层直径	7		水面坡度	9
d_e	当量直径	6	K	管壁粗糙度	5
E	体积弹性模量	1;5;6		流量模数	9
E_0	壁面材料弹性模量	6	L	长度	1
Eu	欧拉数	5		长度量纲	4
F	力	1;4	L_m	模型的特征长度	5
	质量力	2	L_n	原型的特征长度	5
F_B	浮力	8	M	力矩	1
F_D	绕流阻力	8		质量量纲	4
	平板单侧的摩擦阻力	8		偶极矩	8
F_E	弹性力	5	Ma	马赫数	5
F_G	重力	5	m	质量	2
F_I	惯性力	5		堰流的流量系数	9
F_L	绕流升力	8		边坡系数	9
F_P	压力	5	m_0	考虑行进流速影响的流量系数	9
F_r	弗劳德数	5	n	转速	1

续表

		出现位置(章)			出现位置(章)
	单位法向矢量	2	S_t	斯特劳哈尔数	8
	液体总压力	2	T	温度	1
	曼宁粗糙系数	9		时间量纲	4
P_n	法向应力	2		水击波的周期	6
P_x,P_y,P_z	压力的坐标分量	2	t	时间	6
p	压强	1;2	T_0	射流出口断面温度	7
	相对压强	2	T_2	射流质量平均温度	7
	静压	4	T_e	周围气体温度	7
p_0	液面压强	2	T_m	射流轴心温度	7
	总压强	4	U	速度	1
p_f	沿程压强损失	6	u	速度	1;3;4
p_m	局部压强损失	6	u,v,w	直角坐标轴向速度分量	3;8
p_n	法向压强	2	u_{max}	轴线速度/最大速度	6;8
p_V	真空压强	2	u_t	沉降速度	8
$\bar{p}$	平均压强	2	u_∞	无穷远处速度	8
	时均压强	6	u'	脉动速度	6
p_∞	无穷远压强	8	u_*	壁面摩擦速度	6
p'	绝对压强	2	$\bar{u}$	时均流速	6
	脉动压强	6	V	体积	1
Q	体积流量	3		压力体体积	2
R	气体常数	1	v	比容	1
	曲率半径	1		断面平均速度	3
	水力半径	6;9	v_c	下临界流速	6
	射流边界层半径	7	v'_c	上临界流速	6
$\bar{R}$	无量纲半径	7	v_{cr}	临界速度	8
Re	雷诺数	5;6	v_{max}	不冲允许流速	9
Re_c	下临界雷诺数	6	v_{min}	不淤允许流速	9
Re'_c	上临界雷诺数	6	v_r,v_θ,v_z	柱坐标系的速度分量	3;8
r	半径	3;6	X,Y,Z	单位质量力的坐标轴向分量	2;5
r,θ,z	柱坐标系坐标分量	2;3;8	x,y,z	笛卡儿坐标分量	2;4
r,θ,φ	球坐标系坐标分量	2	x_0	喷嘴出口至极点距离	7
r_0	射流出口断面半径	7	y_c	形心的y坐标	2
S_H	管路阻抗	6	y_D	压力中心的y坐标	2
S_n	核心长度	7	y'	射流轴心的偏离值	7
S_P	气体的管路阻抗	6	z_0	自由液面的坐标	2

续表

	出现位置（章）			出现位置（章）
射流中心的 z 坐标	7	λ	沿程阻力系数/达西系数	6
2. 希腊字母		μ	动力黏性系数/动力黏度	1
α 热胀系数	1		流量系数	7
动能修正系数	4	ν	运动黏度	1
射流扩散角（极角）	7	σ	法向应力	2
马赫角	8		表面张力系数	1
无压圆管不满流的充满度	9	π	π 定理	5
α_0 动量修正系数	4	ρ	密度	1;3
β 角度	1	ρ_a	空气的密度	4
体积压缩系数	1	$\bar{\rho}$	时均密度	6
宽深比	9	ρ'	密度的脉动值	6
β_h 水力最优断面的宽深比	9	τ	切应力	1;2
γ 液体重度	1;2	τ_0	总流表面的平均切应力	6
γ_a 空气的容重	4	τ_l	黏性切应力	6
δ 相对密度	1	τ_t	紊流惯性切应力/雷诺应力	6
间隙厚度	1	τ_w	壁面处的切应力	8
黏性底层厚度	6	$\bar{\tau}$	平均切应力	2
管壁厚度	6	φ	流速系数	4;7
边界层厚度	8		速度势函数	8
堰壁厚度	9		圆形过水断面的中心角	9
ε 角变形速度	3	χ	湿周	6;9
孔口断面的收缩系数	7	ψ	流函数	8
ζ 局部阻力系数	6	ω	角速度	2
η 涡黏性系数	6	$\omega_x,\omega_y,\omega_z$	角速度的坐标轴向分量	3
θ 角度	2	Δ	绝对粗糙度	6
射流收缩角	6	Γ	环流强度	8
渠底与水平线间的夹角	9		速度环量	8

目　　录

1　绪　　论

📖**本章的学习目的**

■　理解流体质点的概念以及连续介质假定的意义。

■　理解掌握流体的易流动性、黏性及压缩性等主要力学性质；明确动力黏度与运动黏度的表示符号及其单位。

■　知晓理想流体假定及不可压缩流体假定的物理内涵及其适用性。

■　应用牛顿内摩擦定律求解黏性流体内摩擦(应)力。

1.1　流体力学的任务和研究对象以及发展概况和研究方法

1.1.1　流体力学的任务和研究对象

流体力学研究流体的平衡和运动规律及其工程应用,包括流体的传热和传质规律。它的研究对象是流体,包括液体和气体。

流体力学分为理论流体力学和工程流体力学。理论流体力学重视数理分析,属于基础科学范畴;工程流体力学强调工程应用,属于应用科学范畴。

流体力学的应用十分广泛。例如:研究大气和海洋运动,提供天气和海洋预报的资料;研究飞机、人造卫星、导弹等空间飞行器和舰船、潜艇、鱼雷等水域航行器的运动,以便得到阻力小、稳定性高的最佳物体外形;研究流体在核反应堆、动力设备中的冷却系统、热交换器、水暖系统及化工设备中的流动,为了解它们的运动规律,掌握它们在壁面处的传热、传质规律。此外,环境保护、地下水的利用、矿物加工、油气田开发、机械润滑等均与流体力学密切相关。这些不同的研究领域,极大地丰富了工程流体力学的具体研究内容;流体力学与相邻学科的结合又催生出许多新的交叉分支学科(如多相流体力学、生物流体力学等),进一步充实了流体力学的研究内容并扩展了它的研究范围和应用领域。

1.1.2　流体力学的发展概况和研究方法

流体力学同许多其他学科一样,是随着人类生活、生产的需要以及人类探索和利用大自然的过程而逐渐发展起来的。

早在古代,为了抗洪、发展农业、航运和改善饮用水,各文明古国均大力整治河道、兴修水利、开凿运河和发展灌溉。如我国治理黄河,开凿联系五大水系的大运河和修建闻名世界的都江堰;埃及开发法雍地区,建造联系尼罗河与红海的苏伊士运河;古罗马为了城市发展修建了大规模的供水管路系统。这些实践活动提高了人们对水流运动规律的认识。公元1世纪我国发明了用于控制船舶航行的木橹和尾舵,这是对世界造船业的一大贡献。水车的运用以及水磨和风车的出现,标志着人类对自然力的进一步利用和控制。公元前360年墨子曾对浮力现象作过详细观察和定量概括,直到约公元前250年古希腊的科学家阿基米德(Archimedes)才提出了浮力的定量理论,并被认为是真正奠定了流体静力学的基础。

在阿基米德时代之后到15世纪这段相当长的时期内,流体力学也像其他科学领域一样,进展缓慢。在这漫长时间里堆积着猜想和迷信,也埋藏着事实和真理。文艺复兴使欧洲的思想家和科学家们最先从封建迷信和教会的精神桎梏中得到解脱,并率先把流体力学的宝藏挖掘出来。1500年意大利科学家和艺术大师达·芬奇(da Vinci)正确地推导出了一维不可压缩流体的质量守恒方程。此外,他还对水跃、波动和自由射流等问题进行了描述和研究。随后,伽利略(Galileo)、帕斯卡(Pascal)和托里拆利(Torricelli)等人分别用实验方法研究了运动物体的阻力和流体静力学中的一些基本问题。

17世纪末至20世纪初是流体力学初步形成和发展的时期。1678年科学巨匠牛顿(Newton)首先提出了黏性流体的剪切力公式,为黏性流体运动方程组的建立创造了条件。1738年伯努利(Bernoulli)提出了著名的定常不可压缩流体的伯努利定理。1775年微积分大师欧拉(Euler)提出流体运动的描述方法和无黏性流体运动的方程组,并开始研究理想无旋流体的平面和空间运动,从而为理论流体力学奠定了基础。随后拉格朗日(Lagrange)引入流函数概念,建立了拉格朗日定理,完善了理想无旋流动的基本理论。纳维(Navier)和斯托克斯(Stokes)分别采用不同的假设和方法,同时建立了不可压缩与可压缩黏性流体的运动方程组,带动了此后的黏性流体运动的研究。1883年雷诺(Reynolds)发现了层流和紊流,并引入了雷诺应力的概念,为紊流理论奠定了基础。在此期间实验手段得到了发展,一些工程问题用实验方法得到了解决。

进入20世纪以来,流体力学理论和实验研究的发展,围绕航空航天业的需要加快了步伐。1904年普朗特(Prandtl)提出了著名的边界层理论。1912年卡门(Karman)从理论上分析了卡门涡街的稳定性。1910年至1945年间,机翼理论和实验方面的研究得到了极大发展。

1947年第一台电子计算机问世后,利用计算机求流体力学中复杂的微分方程的数值解成为可能。特别是20世纪60年代后,计算技术的提高、巨型计算机的出现及计算方法的发展和逐渐成熟,使得数值方法继理论分析和实验方法之后,成为解决流体力学问题的第三种颇具光明前景的研究方法。

如果说流体力学领域的第一篇论文,即阿基米德关于流体浮力的《论浮体》标志着流体力学这门学科开始萌芽的话,那么当今的流体力学已成长为一棵枝繁叶茂的大树:关于流体力学自身领域问题的研究和认识日益深化;新的数学工具和方法,如人工神经网络(ANN)方法、小波(Wavelets)分析方法和格子(Boltzmann)方法(LBM)等,被广泛应用于分析和解决各种流体力学问题;流体力学辐射和渗透的工程领域亦愈来愈广泛,在很大程度上促进和加深了对诸多工程问题实质的了解及技术的完善。

目前流体力学还有如下问题未获圆满解决:紊流、涡旋运动、流动稳定性、非定常流动、非线性水波、流体力学的新分支及交叉学科的发展。随着实践的发展,新的流体力学问题还会出现。有关的流体力学问题还有待从事流体力学、应用数学和计算机技术等领域的科学家和研究人员的共同努力,同时也特别寄希望于本书的读者。

1.2　流体的连续介质假定

1.2.1　流体质点

　　微观上看流体是由分子组成的,分子作随机热运动,分子间有比分子尺度大得多的间距,在某一时刻流体分子离散、不连续地分布于流体所占有的空间,并随时间不断地变化着。

　　流体力学研究流体的宏观运动规律,而不是以这些物质粒子本身为直接的研究对象,即不是从微观角度去考虑单个粒子的运动及其物理量,而是考虑大量分子的平均运动及其统计特性,如速度、密度和温度等。因此,必须给出流体的宏观描述。这里引入**流体质点**的概念,它是较微观粒子结构尺度大得多而其宏观特征尺度又很小的流体微团。流体质点应是微观上充分大,即要比分子自由程大得多,包含有足够多的分子,不至于因个别分子的行为而影响流体质点的总体统计平均特性;但在宏观上要充分小,体积小到它的尺度与流动问题的特征尺度相比可以近似地看作一个几何点。流体质点具有的物理量应是确定的,是所在尺度上很多微观粒子的统计平均值,如流体质点的温度就是流体质点所包含的分子热运动的统计平均值,流体质点的压强就是质点所包含分子热运动互相碰撞从而在单位面积上产生的压力的统计平均值,流体质点的流速、动量、动能及内能等宏观物理量均有类似的统计平均上的概念。

微观尺度下的流体质点

1.2.2　连续介质假定

　　借助于流体质点的概念,宏观上可以把流体看成是由无数个流体质点组成的稠密无隙的**连续介质**。就是说,质点是组成流体的最小基元,质点间不存在间隙。既然流体质点在宏观上可视为只有质量而无体积的"点",而且连续充满流体所占有的空间,那么每个质点在其运动空间就唯一地占据一个空间点,反之亦然。因而流体质点的各物理量(如密度、压强及速度等)必然是空间和时间(x,y,z,t)的单值、连续、可微函数,由此形成各种物理量的标量场和矢量场,而且可以方便地利用数学工具建立方程,研究流体的平衡和运动问题。由于这些方程与分子结构和性质无关,因而对于气体和液体同样适用。

1.3　流体的主要物理力学性质

1.3.1　易流动性

　　就力学性质而言,流体与固体不同,其主要差别在于二者抵抗外力的能力不同。固体具有抵抗一定量的拉力、压力和剪切力的能力;而流体可以抵抗压力,但不能承受拉力,特别是静止流体不能抵抗剪切力。当流体受到很小的剪切力作用时,就会发生变形,只要这种剪切力连续施加,流体就会发生连续的变形,流体的这种性质称为**易流动性**。

1.3.2 流体的密度、相对密度和重度

密度、相对密度和重度是流体最基本的物理量。根据连续介质模型,流场中每一空间点都被相应的流体质点所占据,从而空间某点的密度可以定义为

$$\rho = \rho(x, y, z, t) = \lim_{\Delta V \to \Delta V'} \frac{\Delta m}{\Delta V} = \frac{dm}{dV} \tag{1-1}$$

其中,$\Delta V'$ 为流体质点的特征尺度。显然,**密度**是空间位置和时间的连续函数,单位为 kg/m^3。表 1-1 和表 1-2 分别给出了水和空气在不同温度下的若干物理力学参数。注意水在 4 ℃时的密度为 $\rho = 1\,000$ kg/m^3。

单位体积流体的重量称为**重度**,用 γ 表示,单位为 N/m^3,与密度的关系为

$$\gamma = \rho g \tag{1-2}$$

式中,g 为重力加速度。

表 1-1　水的物理力学参数

温 度	重 度	密 度	动力黏度	运动黏度	体积弹性模量	表面张力系数
t	γ	ρ	μ	ν	E	σ
℃	10^3 N/m^3	kg/m^3	10^{-3} N·s/m^2	10^{-6} m^2/s	10^6 kPa	N/m
0	9.805	999.8	1.781	1.785	2.02	0.075 6
5	9.807	1 000.0	1.518	1.519	2.06	0.074 9
10	9.804	999.7	1.307	1.306	2.10	0.074 2
15	9.798	999.1	1.139	1.139	2.15	0.073 5
20	9.789	998.2	1.002	1.003	2.18	0.072 8
25	9.777	997.0	0.890	0.893	2.22	0.072 0
30	9.764	995.7	0.798	0.800	2.25	0.071 2
40	9.730	992.2	0.653	0.658	2.28	0.069 6
50	9.689	988.0	0.547	0.553	2.29	0.067 9
60	9.642	983.2	0.466	0.474	2.28	0.066 2
70	9.589	977.8	0.404	0.413	2.25	0.064 4
80	9.530	971.8	0.354	0.364	2.20	0.062 6
90	9.466	965.3	0.315	0.326	2.14	0.060 8
100	9.399	958.4	0.282	0.294	2.07	0.058 9

表 1-2　空气的物理力学参数

温 度	密 度	重 度	动力黏度	运动黏度
t	ρ	γ	μ	ν
℃	kg/m^3	N/m^3	10^{-5} N·s/m^2	10^{-5} m^2/s
−40	1.515	14.86	1.49	0.98
−20	1.395	13.68	1.61	1.15
0	1.293	12.68	1.71	1.32
10	1.248	12.24	1.76	1.41
20	1.205	11.82	1.81	1.50
30	1.156	11.43	1.86	1.60
40	1.128	11.06	1.90	1.68
60	1.060	10.40	2.00	1.87
80	1.000	9.807	2.09	2.09
100	0.946	9.28	2.18	2.31
200	0.747	7.33	2.58	3.45

流体的**相对密度**是该流体质量与同体积水在 4 ℃时的质量之比,或该流体密度与 4 ℃水的密度之比。相对密度用 δ 表示,即

$$\delta = \frac{\rho}{\rho_{4\text{℃水}}} \tag{1-3}$$

在流体力学中还用到**比容积**的概念。比容积是密度的倒数,即单位质量流体所占有的体积,以 v 表示

$$v = \frac{1}{\rho} \tag{1-4}$$

单位为 m^3/kg。

【例题 1-1】　若水的重度是 $9.807 \times 10^3 \text{ N/m}^3$,水银的相对密度为 13.6,求水的密度和水银的密度及重度。

【解】　水的密度为

$$\rho = \frac{\gamma}{g} = \frac{9.807 \times 10^3}{9.807} = 1\ 000 \text{ kg/m}^3$$

水银的密度为

$$\rho = \delta \cdot \rho_{水} = 13.6 \times 10^3 = 1.36 \times 10^4 \text{ kg/m}^3$$

水银的重度为

$$\gamma = \rho g = 13.6 \times 10^3 \times 9.807 = 133.4 \text{ kN/m}^3$$

1.3.3　流体的压缩性与膨胀性

1.3.3.1　液体的压缩性与膨胀性

如果温度不变,液体的体积会随压强的增加而缩小,这种特性称为液体的**压缩性**。如果压强不变,液体的体积随温度的升高而增大,这种特性称为液体的**膨胀性**。

液体的压缩性,一般以压缩系数 β 和体积弹性模量 E 来度量。设液体的体积为 V,压强增加 $\mathrm{d}p$ 后,体积减小 $\mathrm{d}V$,则压缩系数 β 定义为

$$\beta = -\frac{\frac{\mathrm{d}V}{V}}{\mathrm{d}p} = -\frac{1}{V}\frac{\mathrm{d}V}{\mathrm{d}p} \tag{1-5}$$

当 $\mathrm{d}p$ 为正值时,$\mathrm{d}V$ 必为负值,故上式中加一负号,以便使 β 保持为正值。

压缩系数的倒数为液体的体积弹性模量

$$E = \frac{1}{\beta} \tag{1-6}$$

不同温度下,水的体积弹性模量值可参见表 1-1。液体的压缩性和热胀性都非常小,一般不予考虑,故通常把液体看作不可压缩流体,即其密度可视为常数。但在个别情况中,例如,当流速较大的水管上的闸门突然关闭时,会产生水击现象,此时就必须考虑液体的压缩性。

液体的膨胀性,通常以热胀系数 α 表示,单位为 $1/\text{K}$。在一定压强下,温度升高 1 K 时液体体积变化率为 $\mathrm{d}V/V$,则热胀系数 α 定义为

$$\alpha = \frac{\frac{\mathrm{d}V}{V}}{\mathrm{d}T} = \frac{1}{V}\frac{\mathrm{d}V}{\mathrm{d}T} \tag{1-7}$$

1.3.3.2　气体的压缩性与膨胀性

与液体不同,气体具有较为明显的压缩性和膨胀性。在温度不过低(大于 – 20 ℃)、压强不过高(小于 20 MPa)时,气体压强、温度和密度之间的关系服从理想气体状态方程,即

$$\frac{p}{\rho} = RT \tag{1-8}$$

式中,p 为气体的绝对压强,Pa;ρ 为气体的密度,kg/m³;T 为气体的热力学温度,K;R 为气体常数。对于速度远低于声速的低速气流(小于 68 m/s),若压强和温度的变化较小,例如通风工程中的气流,其气体密度变化非常小,可按不可压缩流体来处理。

【**例题 1-2**】　容器中盛有某种液体。当压强为 10^6 Pa 时,液体的体积为 1 000 cm³;当压强增为 2×10^6 Pa 时,体积为 995 cm³。试求该液体的等温压缩系数 β 和体积弹性模量 E。

【**解**】　根据公式(1-5)得

$$\beta = -\frac{\dfrac{\mathrm{d}V}{V}}{\mathrm{d}p} = -\frac{\dfrac{995 - 1\,000}{1\,000}}{2 \times 10^6 - 1 \times 10^6} = 5 \times 10^{-9}\ \mathrm{m^2/N}$$

根据公式(1-6)得

$$E = \frac{1}{\beta} = \frac{1}{5 \times 10^{-9}} = 2 \times 10^8\ \mathrm{Pa}$$

1.3.4　流体的黏性

虽然静止流体不能承受任何切力,但当流体运动时,如其内部出现相对运动,则各质点之间或流体层之间会产生切向的内摩擦力以抵抗其相对运动。流体的这种性质称为**黏性**。产生的内摩擦力也称为黏滞力。

1687 年牛顿(Newton)通过研究层状流体的运动,首先论述了流体的黏性。其实验示意图如图 1-1 所示。两块相距 h 的平行平板,面积均为 A,板间充满均匀的液体,平板面积足够大,以至可以忽略平板边界的影响。下平板固定不动,上平板在切向力 F 作用下以速度 U 沿 x 方向做匀速直线运动。实验结果说明如下。

(1)附着于上、下平板上的流体质点的速度分别为 U 和 0,两板间液体速度 u 呈线性分布,与速度梯度 $\dfrac{U}{h}$ 成正比,即 $u = \dfrac{U}{h}y$。

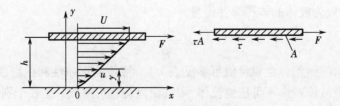

图 1-1　牛顿平板实验

(2)比值 F/A 与 U/h 成正比,即

$$\tau = \frac{F}{A} = \mu\frac{U}{h} \tag{1-9}$$

式中,μ 为比例系数,称为**动力黏性系数**,也称为**动力黏度**;比值 $\tau = F/A$ 是流体内部的切应力。

进一步的实验研究表明,牛顿实验结果可以推广到流体任意层状流动中去。图 1-2 表示具有任意速度分布的流动,流体层 y 处的切应力可表示为

$$\tau = \mu \frac{\mathrm{d}u}{\mathrm{d}y} \qquad (1\text{-}10)$$

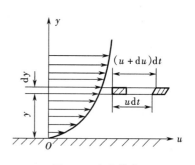

图 1-2 速度梯度

这就是著名的一维黏性流动的牛顿内摩擦定律。其中,$\dfrac{\mathrm{d}u}{\mathrm{d}y}$ 为速度梯度;动力黏度 μ 是流体黏滞性大小的一种度量,它与流体的物理性质有关,单位为 $\mathrm{Pa \cdot s}$。

流体的动力黏度 μ 与其密度 ρ 之比,称为流体的**运动黏性系数**,也称为运动黏度,以符号 ν 表示,单位为 $\mathrm{m^2/s}$,即

$$\nu = \frac{\mu}{\rho} \qquad (1\text{-}11)$$

凡是符合牛顿内摩擦定律,即满足式(1-10)的流体称为牛顿流体。自然界中的大部分流体,如水、空气以及工程中的大部分气体、油类都属于牛顿流体。而橡胶、高分子溶液、泥沙、纸浆等,不服从牛顿内摩擦定律,称为非牛顿流体。本书仅限于讨论牛顿流体。

流体的动力黏度随温度和压强而变化,由于分子结构及分子运动机理的不同,液体和气体的动力黏度变化规律迥然不同。液体动力黏度的大小取决于分子间距和分子引力。当温度升高或压强降低时,液体膨胀、分子间距增大、分子引力减小,故动力黏度降低;反之温度降低或压强升高时,液体动力黏度增大。气体与液体的动力黏度变化规律不同,因为气体分子间距比较大且分子运动比较剧烈,影响气体动力黏度大小的主要因素不是分子引力而是分子热运动所产生的动量交换。当温度升高或压强降低时,分子间距增大从而使引力减小,导致分子热运动增强,动量交换加剧,因而动力黏度将增大,反之则减小。实验证明,如压强变化范围较小,则压强对动力黏度的影响很小,可以忽略不计,认为动力黏度仅与温度有关。不同温度下水和空气的动力黏度见表 1-1 及表 1-2。

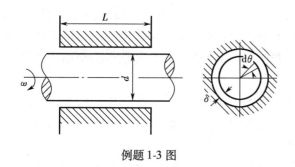

例题 1-3 图

【例题 1-3】 有一轴承长 $L = 0.5\ \mathrm{m}$,轴的直径 $d = 150\ \mathrm{mm}$,转速 $n = 400\ \mathrm{r/min}$,轴与轴承径向间隙 $\delta = 0.25\ \mathrm{mm}$,其间充满润滑油,现测得作用在转轴上的摩擦力矩 $M = 10.89\ \mathrm{N \cdot m}$,如图所示。求润滑油的动力黏性系数 μ。

【解】 忽略轴承两端的影响,用牛顿内摩擦定律计算摩擦力。

在转轴圆心角 $\mathrm{d}\theta$ 的微元面积 $\mathrm{d}A = L\dfrac{d}{2}\mathrm{d}\theta$ 上,所受的摩擦力为

$$\mathrm{d}F = \mu \frac{\mathrm{d}u}{\mathrm{d}y}\mathrm{d}A = \mu \frac{\mathrm{d}u}{\mathrm{d}y}L\frac{d}{2}\mathrm{d}\theta$$

摩擦力矩(摩擦力对轴心的矩)为

$$\mathrm{d}M = \frac{d}{2}\mathrm{d}F = \left(\frac{d}{2}\right)^2 \mu \frac{\mathrm{d}u}{\mathrm{d}y}L\mathrm{d}\theta$$

整个转轴的摩擦力矩为

$$M = \int dM = \int_0^{2\pi} \left(\frac{d}{2}\right)^2 \mu \frac{du}{dy} L d\theta$$

$$= \left(\frac{d}{2}\right)^2 \mu \frac{du}{dy} L \cdot 2\pi = \frac{d}{2} dL\pi\mu \frac{du}{dy}$$

由于径向间隙 δ 与轴径 d 相比很小,假定润滑油的速度分布为线性分布

$$\frac{du}{dy} = \frac{\Delta u}{\delta} = \frac{\frac{d}{2}\omega}{\delta} = \frac{d\pi n}{60\delta}$$

于是,可得

$$M = \frac{d}{2} dL\pi\mu \frac{d\pi n}{60\delta}$$

因此

$$\mu = \frac{120 \times 10.89 \times 0.25 \times 10^{-3}}{0.15^3 \times 3.14^2 \times 400 \times 0.5} = 0.049 \text{ Pa} \cdot \text{s}$$

从分析结果可以看出,转轴受到的摩擦力矩,在数值上等价于将轴面展开的面积为 $d\pi L$ 的平板所受的摩擦力乘以半径 $\frac{d}{2}$。

*1.3.5 表面张力与毛细现象

1.3.5.1 表面张力

当液体与气体存在分界面时,在液体表面画出一个厚度为分子有效作用距离(数量级为 10^{-9} m)的薄层,称为表面层。在表面层以下的液体分子,在各方向上受到周围分子的作用力(斥力和引力)处于平衡状态,如图1-3中1的情况;在表面层上的液体分子,受到内部液体分子的吸引力与其上部气体分子的吸引力不相平衡,其合力垂直液面指向液体内部,如图1-3中2的情况。图1-3中以分子有效作用距离为半径的

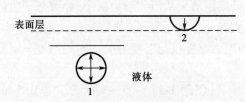

图1-3 液体分子作用球

空间球 1 和 2 称为作用球。

处在表面层的液体分子,在不平衡的分子合力作用下,都力图向液体内部收缩,把表面层拉向液体内部,使表面层达到与容器的约束及外力相适应的最低程度。常用表面张力描述表面层的这一特征。设想在液体表面内画一条截线,截线两边的液面存在着相互作用的拉力(张力),此力与截面垂直并与该处液面相切,这种力称为**表面张力**。表面张力系数 σ 表示液面上单位长度截面上的表面张力,其大小主要由物质种类决定,单位为 N/m。

在液体与固体之间的界面上以及两种互不相溶液体的界面上,也有表面张力存在。液体表面层中存在不平衡的分子合力,但表面张力并不是分子合力,二者相互垂直。表面张力的本质是液体表面层分子的内聚力(吸引力),因此温度升高时液体的表面张力下降。液体表面张力的大小还与液体表面相接触介质的种类有关。表面张力一般忽略不计,但在毛细现象、气泡或液滴的形成、液体射流的破碎和小尺寸模型实验等问题中至关重要,不可忽略。

当液体的自由面为曲面时,表面张力可以平衡一定量的荷载,或造成曲面两侧的压强差,如,将缝衣针轻轻地放在水面上,水面微小的下陷形成局部曲面,其表面张力将平衡掉针的重力使其不下沉。对一般曲面的情况,在弯曲液面上选取边长为 dx、dy 的微元面积,如图 1.4所示,其平衡方程为

$$(p_1 - p_2)dxdy = 2\sigma dy \sin \alpha + 2\sigma dx \sin \beta$$

式中,p_1、p_2 为曲面两侧压强,Pa。

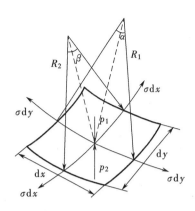

图1-4　曲面上的表面张力

等号左边是微元矩形两边受到的压力差,右边是微元矩形受到的表面张力沿矩形的法线方向的分量。分界面很薄,受到的重力可忽略不计。由几何关系有

$$\sin \alpha \approx \alpha = \frac{dx/2}{R_1} \qquad \sin \beta \approx \beta = \frac{dy/2}{R_2}$$

所以

$$p_1 - p_2 = \sigma \left(\frac{1}{R_1} + \frac{1}{R_2} \right) \tag{1-12}$$

该式可用于计算由表面张力引起的气泡、液滴或细小射流的压差。R_1、R_2 分别为过液面上一点且垂直于液面而又相互垂直的两个平面内的曲率半径。对于球形曲面,$R_1 = R_2$;对于圆柱面,如射流,$R_1 = R$,$R_2 = \infty$,R 为圆柱半径。

1.3.5.2　毛细现象

液体、气体与固体相接触的情况如图 1-5(a)所示。O 点处的分子同时受到水、空气以及玻璃对它的作用力。玻璃对 O 点的分子作用力(也称为附着力)f_1 大于水对 O 点的分子作用力(也称为内聚力)f_2,空气对 O 点的分子作用力可以忽略不计。于是,O 点的不平衡分子合力 N 必然朝右下方而指向玻璃一侧,且与自由液面相垂直,因而与玻璃接触处的液面必向上凸。周线上的表面张力 F_T 与弯曲液面相切指向右上方,F_T 与玻璃壁面的夹角 θ 称为接触角,此时 $\theta < \frac{\pi}{2}$,这种情况称为流体湿润壁面。图 1-5(b)是水银、空气和玻璃相接触的情况,因为 O 点水银分子受到水银的内聚力 f_2,将大于玻璃的附着力 f_1,不平衡的分子合力 N 将朝向左下方指向水银内部,液面与 N 垂直而下凹,表面张力 F_T 指向右下方,此时接触角 $\theta > \frac{\pi}{2}$,这种情况称为液体不湿润壁面。

表面张力的数值不大,对一般的工程流体力学问题影响较小,但当内径较小的管子插入液体中时,表面张力作用会使管中的液体上升或下降一个高度,这种现象称为毛细现象。在使用液位计和单管测压计等仪器时,应选取合适的管径以尽量避免由毛细现象造成的读数误差。

如图 1-6 所示,细玻璃管插入水或水银中,由于表面张力作用使管中液柱上升或下降高度 h。玻璃管内径很小时,假定管中液面形状为球面的一部分,有

$$\cos \theta = \frac{d}{2R}$$

式中,d 为管内径;R 为液面曲率半径。

设玻璃管中空气的压强为 p_0,对于湿润壁面,液面下方的压强为 $p_0 - \rho gh$,对于不湿润壁

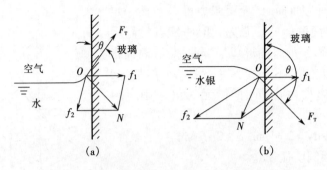

图 1-5 液体与固体接触处的分子力与表面张力

面,液面下方的压强为 $p_0 + \rho g h$。由式(1-12)得到

$$\rho g h = \sigma\left(\frac{2\cos\theta}{d} + \frac{2\cos\theta}{d}\right)$$

所以

$$h = \frac{4\sigma\cos\theta}{\rho g d} \qquad\qquad (1\text{-}13)$$

也可由管外液面上的压强与管内同一水平面上的压强相等得到上式。

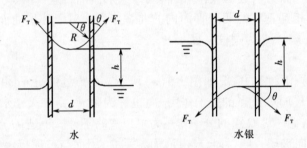

图 1-6 毛细现象

✔**本章小结**

■ 动力黏度是流体内摩擦阻力特性的度量,运动黏度等于动力黏度除以流体的密度。

■ 对于液体,除海洋深处、水下爆炸及有压管中发生水击(water hammer)现象等极特殊的情况外,液体一般可视为不可压缩流体;对于气体,当其运动速度小于 68 m/s(马赫数 $Ma = 0.2$)时,一般也可将气体视为不可压缩流体。不可压缩的含义是均质流体密度为常数。

■ 严格地说,自然界中所存在的任何种类的流体都是有黏性的,但是在流体力学中,当流场中流体所受的黏性力远小于它所受的惯性力时,往往可以将黏性力忽略不计,在此情况下,将流体视为一种无黏流体或理想流体。无黏或理想流体意味着流体的动力黏度和运动黏度皆为零。应该注意的是,并非任何情况下都可以将流体(如水和空气)视为理想流体。

■ 当流体内表面或流体与固体的接触面上黏性切应力分布均匀时,可以直接用切应力乘以作用面的面积得到一个有限面积的切力;当流体内表面或流体与固体的接触面上黏性切应力分布不均匀时,则需要通过将切应力对面积积分来得到总的切力。

思　考　题

1.1　流体区别于固体的本质特征是什么？

1.2　流体的连续介质模型的主要内容有哪几点？提出这一模型的依据是什么？

1.3　根据连续介质模型怎样定义流体的密度和压强？

1.4　流体的动力黏度与运动黏度、牛顿流体和非牛顿流体各有什么区别？

1.5　吹肥皂泡为什么要用劲？写一个式子表示肥皂泡内外的压强差。

1.6　"流体有黏性，所以流体内一定存在黏性力"对吗，为什么？

习　　题

1.1　空气的密度 $\rho = 1.165\ \text{kg/m}^3$，动力黏度 $\mu = 1.87 \times 10^{-5}\ \text{Pa·s}$，求它的运动黏度 ν。

1.2　水的密度 $\rho = 992.2\ \text{kg/m}^3$，运动黏度 $\nu = 0.661 \times 10^{-6}\ \text{m}^2/\text{s}$，求它的动力黏度 μ。

1.3　当压强增量为 50 000 N/m^2 时，某种液体的密度增长 0.02%，求此种液体的体积弹性模量。

1.4　试求在 20 ℃和 1 标准大气压情况下，水的体积弹性模量与空气等温压缩时体积弹性模量之比。

1.5　如图所示，一个边长 200 mm、重量为 1 kN 的滑块在 20°斜面的油膜上滑动，油膜厚度 0.005 mm，油的动力黏度 $\mu = 7 \times 10^{-2}\ \text{Pa·s}$。设油膜内速度为线性分布，试求滑块的平衡速度。

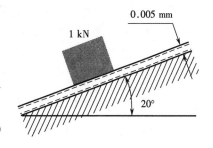

习题 1.5 图

1.6　有一轴长 $L = 0.3$ m，直径 $d = 15$ mm，转速 400 r/min，轴与轴承间隙 $\delta = 0.25$ mm，其间充满润滑油膜，油动力黏度为 $\mu = 0.049$ Pa·s。假定润滑油膜内速度为线性分布，试求轴转动时的功率消耗(注：轴转动时消耗的功率 = 轴表面的面积×切应力×线速度)。

1.7　有两块平行平板，两板的间隙为 2 mm，间隙内充满了密度为 885 kg/m^3、运动黏度 $\nu = 0.001\ 59\ \text{m}^2/\text{s}$ 的油，两板的相对运动速度为 4 m/s，求作用在平板上的摩擦应力。

1.8　两个圆筒同心地套在一起，其长度为 300 mm，内筒直径为 200 mm，外径直径为 210 mm，两筒间充满密度为 900 kg/m^3、运动黏度 $\nu = 0.260 \times 10^{-3}\ \text{m}^2/\text{s}$ 的液体，现内筒以角速度 $\omega = 10$ rad/s 转动，求转动时所需要的转矩。

1.9　动力黏度 $\mu = 0.048$ Pa·s 的流体流过两平行平板的间隙，间隙宽 $\delta = 4$ mm，流体在间隙内的速度分布为 $u = \dfrac{cy(\delta - y)}{\delta^2}$。其中，$c$ 为待定系数；y 为垂直于平板的坐标。设最大速度 $u_{\max} = 4$ m/s，试求最大速度在间隙中的位置及平板壁面上的切应力。

1.10　宽度为 0.06 m 的缝隙中央放置一很大的薄平板，平板两侧充满两种不同的油，一种油的动力黏性系数为另一种油的 2 倍。当以 0.3 m/s 的速度拉动平板时，平板每平方米面积上受到的摩擦阻力为 29 N。假定各端部的影响均可忽略不计，试计算两种油的动力黏度。

1.11　上下两平行圆盘,直径均为 d,间隙厚度为 δ,间隙中液体的动力黏度为 μ,若下盘固定不动,上盘以角速度 ω 旋转,求所需力矩 M 的表达式。

1.12　在 $\delta = 40$ mm 的两平行壁面间充满动力黏度 $\mu = 0.7$ Pa·s 的液体,液体中有一长为 $a = 60$ mm 的薄平板以 $U = 15$ m/s 的速度在板所在的平面内运动,如图所示。假定平板运动引起液体流动的速度分布是线性分布。

(1) 当 $h = 10$ mm 时,求平板单位宽度(垂直纸面)上受到的阻力。

(2) 若平板的位置可变,试求 h 为多大时平板单位宽度上受到的阻力最小?最小阻力为多少?

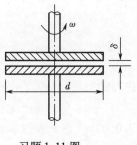
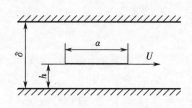

习题1.11 图　　　　　　　　　　　　　　习题1.12 图

1.13　内径为 1 mm 的玻璃毛细管,插在水银中,如图所示。水银在空气中的表面张力系数为 0.514 N/m,水银与玻璃的接触角 $\theta = 140°$,水银密度为 13 600 kg/m³。试求毛细管内外水银液面的高度差 d。

1.14　设一直立壁浸入体积很大的水中。由于存在表面张力,在靠近壁面的地方要形成一个曲面,如图所示。假定曲面曲率半径 r 可以表示为 $\dfrac{1}{r} = \dfrac{\mathrm{d}^2 y}{\mathrm{d}x^2}$,接触角 θ 和表面张力系数 σ 已知。试确定直立壁附近水面的形状和最大高度 h。

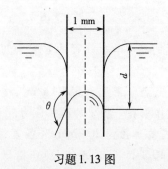

习题1.13 图　　　　　　　　　　　　　　习题1.14 图

第1章习题参考答案

2 流体静力学

📖**本章的学习目的**

■ 理解质量力(body force)和表面力(surface force)的概念,以及作用在流体上的力哪些属于质量力,哪些属于表面力。

■ 压强和切应力的概念、水头(head)的概念及意义、标准大气压强和工程大气压强的定义。

■ 压强的度量与测量。

■ 一定液体深度下,静压强的计算。

■ 作用在平面和曲面上静水总压力的计算。

流体静力学研究流体处于静止或相对静止状态下的平衡规律及其应用。处于静止或相对静止的流体,由于质点之间没有相对位移,故不存在黏性切应力。此时作用在流体上的表面力只有压应力,即压强,因此流体静力学要解决的主要是压强的求解问题。本章介绍静止流体压强的性质、分布规律以及作用在固体表面上的液体总压力的计算方法。

2.1 作用在流体上的力

一般而言,流体无论处于静止或运动状态,都要受到各种力的作用。因此要研究流体的力学规律必须先分析作用于流体上的力。按物理性质的不同,作用在流体上的力分为惯性力、重力、黏性力、压力等;按作用特点的不同,又可分为质量力和表面力两类。

2.1.1 质量力

质量力是作用在流体的每一质点上且大小与流体质量成正比的力。若流体是均质流体,其大小也与流体的体积成正比,因此亦称为体积力。常见的质量力是重力。若流体作加速运动,根据达朗贝尔原理加在流体上的惯性力也是质量力。质量力的大小通常用单位质量力表示。设在流体中取一质量为 m、体积为 V 的流体微团,作用在微团上的质量力为 F,则单位质量力

$$f = \frac{F}{m} \tag{2-1}$$

在直角坐标系中,F 在 x、y、z 轴上的分量分别为 F_x、F_y、F_z。单位质量力在 x、y、z 轴上的投影用 X、Y、Z 表示,则

$$X = \frac{F_x}{m} \atop Y = \frac{F_y}{m} \atop Z = \frac{F_z}{m}\}$$ (2-2)

或

$$\boldsymbol{f} = X\boldsymbol{i} + Y\boldsymbol{j} + Z\boldsymbol{k}$$ (2-3)

质量力的单位为 N，单位质量力的单位为 m/s^2。

若作用在流体上的质量力只有重力 $G = mg$，则在直角坐标系中，轴向的单位质量力为

$$X = 0 \atop Y = 0 \atop Z = -g\}$$ (2-4)

式中，负号表示 Z 的方向与 z 轴正向相反（假设 z 轴正向垂直向上）。

2.1.2　表面力

　　表面力直接作用在流体表面上，大小与作用的表面积成正比。如图 2-1 所示，在流体表面 A 上任取一点 a，绕 a 取一微元面积 ΔA。ΔF 为作用在 ΔA 上的表面力。ΔF 的方向一般与 ΔA 斜交，为了方便起见，把 ΔF 分解为垂直于 ΔA 的法向分力 ΔP 和沿 ΔA 切平面的切向分力 ΔT。由于流体不能承受任何拉力，故垂直于 ΔA 的分力 ΔP 只能垂直指向作用面，称为压力。表面力常用单位面积上的表面力即应力形式表示如下：

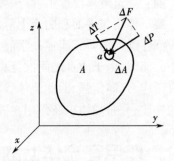

图 2-1　表面力的分解

$$\bar{p} = \frac{\Delta P}{\Delta A} \atop \bar{\tau} = \frac{\Delta T}{\Delta A}\}$$ (2-5)

式中，$\bar{p}$ 为平均压强；$\bar{\tau}$ 为平均切应力。当表面力分布均匀时，在整个表面 A 上，$\bar{p}$ 和 $\bar{\tau}$ 为常数。若分布不均匀，$\bar{p}$ 和 $\bar{\tau}$ 将随位置而变化。这时，流场中任一处点 a 处的压强 p 和切应力 τ 定义为

$$p = \lim_{\Delta A \to a} \frac{\Delta P}{\Delta A} \atop \tau = \lim_{\Delta A \to a} \frac{\Delta T}{\Delta A}\}$$ (2-6)

p 和 τ 的单位均为 Pa。

2.2　静止流体中应力的性质

　　在静止流体中，应力有以下两个特性：一是应力的方向总是垂直指向作用面；二是应力的

大小与作用面的方位无关,仅与作用点的位置有关,即只是坐标位置的函数。现分别证明如下。

　　特性一　用反证法证明。在图 2-2 所示的静止流体表面上任取一点 B,假设作用在 B 点的应力方向沿不垂直作用面 ΔA 的任意方向,如图 2-2 中(a)所示。按上一节所述,p 可分解为切向分力 τ 及法向分力 p_n。显然,在切向分力 τ 的作用下流体将发生运动,这与流体静止的前提不符,所以必有 $\tau = 0$。另外,因流体不能承受拉力,

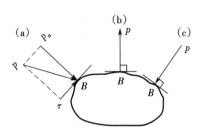

图 2-2　静止流体应力方向示意图

应力 p 也不能沿作用面外法线方向,见图 2-2(b),故 p 只能沿作用面的内法线方向,即垂直指向作用面,见图 2-2(c)。因此静止流体中的应力也称为静压强。

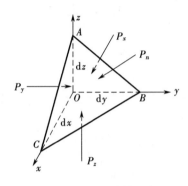

图 2-3　微小四面体平衡

　　特性二　在静止流体内部,过任意一点 O 任取一直角四面体,如图 2-3 所示。其三条边分别与 x、y、z 轴重合,相应边长分别为 dx、dy、dz。四个面的面积分别为 $\frac{1}{2}dxdy$、$\frac{1}{2}dydz$、$\frac{1}{2}dxdz$、ΔA。设微元体四个面的形心处压强分别为 p_x、p_y、p_z 和 p_n。由于 dx、dy、dz 是微元小量,相应各个面的面积也是微元小量。因此可以近似地认为作用在四个面上的压强呈均匀分布。从而作用在四个面上的压力分别为

$$\left.\begin{aligned} P_x &= p_x \cdot \frac{1}{2}dzdy \\ P_y &= p_y \cdot \frac{1}{2}dxdz \\ P_z &= p_z \cdot \frac{1}{2}dxdy \\ P_n &= p_n \cdot \Delta A \end{aligned}\right\} \tag{2-7}$$

式中,n 表示任意取定斜面的外法线方向。

　　作用在四面体上的质量力在各轴向的分量为

$$\left.\begin{aligned} F_x &= \rho X \cdot \frac{1}{6}dxdydz \\ F_y &= \rho Y \cdot \frac{1}{6}dxdydz \\ F_z &= \rho Z \cdot \frac{1}{6}dxdydz \end{aligned}\right\} \tag{2-8}$$

　　对于静止流体,外力的合力在各个轴向的投影应为零,从而得

$$\left.\begin{aligned} P_x - P_n\cos(n,x) + F_x &= 0 \\ P_y - P_n\cos(n,y) + F_y &= 0 \\ P_z - P_n\cos(n,z) + F_z &= 0 \end{aligned}\right\} \tag{2-9}$$

式中,(n,x)、(n,y)、(n,z) 分别表示斜面的外法线与 x、y、z 轴的夹角。由以上三式可得 x 方向力的平衡方程

$$p_x \cdot \frac{1}{2}\mathrm{d}y\mathrm{d}z - p_n\mathrm{d}A\cos(n,x) + \rho X \cdot \frac{1}{6}\mathrm{d}x\mathrm{d}y\mathrm{d}z = 0 \qquad (2\text{-}10)$$

因 $\mathrm{d}A\cos(n,x) = \frac{1}{2}\mathrm{d}y\mathrm{d}z$,代入上式整理得

$$p_x - p_n + \frac{1}{3}X\rho\mathrm{d}x = 0$$

同理,可得

$$p_y - p_n + \frac{1}{3}Y\rho\mathrm{d}y = 0$$

$$p_z - p_n + \frac{1}{3}Z\rho\mathrm{d}z = 0$$

令 $\mathrm{d}x \to 0, \mathrm{d}y \to 0, \mathrm{d}z \to 0$,即四面体的体积向 O 点缩小并趋近于零,由以上三式得到

$$\left.\begin{array}{c} p_x = p_n \\ p_y = p_n \\ p_z = p_n \end{array}\right\} \qquad (2\text{-}11)$$

上式表明在静止流体中任一点处的压强值与作用面的方位无关。若以 p 表示静止流体中某点处的压强,则 p 仅是空间坐标的函数,即

$$p = p(x,y,z)$$

2.3 流体平衡微分方程及其积分

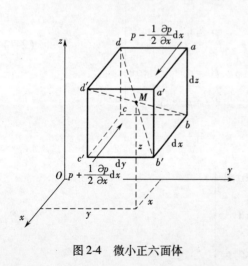

图 2-4 微小正六面体

如前所述,作用在流体上的力有质量力和表面力。当流体处于平衡状态时,二者应满足一定关系,基于此关系可建立起流体的平衡微分方程,从而确定静压强分布规律。如图 2-4 所示,在平衡流体的内部任取一微小平行六面体,其棱边分别与三个坐标轴平行,相应的边长分别为 $\mathrm{d}x$、$\mathrm{d}y$ 及 $\mathrm{d}z$。为分析六面体的受力情况,设六面体中心点 M 处的坐标为 (x,y,z),压强为 p,沿 x 方向作用在六面体上的表面力只有平面 $abcd$ 和 $a'b'c'd'$ 上的不等于零。这两个面中心点处的压强分别为 $p' = p\left(x - \frac{\mathrm{d}x}{2}, y, z\right)$ 和 $p'' = p\left(x + \frac{\mathrm{d}x}{2}, y, z\right)$。

设压强沿 x 正方向的递增率为 $\frac{\partial p}{\partial x}$,将 p'、p'' 按泰勒级数展开,并忽略二阶以上无穷小量,则 p'、p'' 分别可表示为 $p - \frac{1}{2}\frac{\partial p}{\partial x}\mathrm{d}x$,$p + \frac{1}{2}\frac{\partial p}{\partial x}\mathrm{d}x$。

由于平面 $abcd$ 与 $a'b'c'd'$ 面积是微元小量,可近似认为作用其上的压强分布是均匀的,故作用在两个面上的表面力在 x 方向上的分力分别为 $\left(p - \frac{1}{2}\frac{\partial p}{\partial x}\mathrm{d}x\right)\mathrm{d}y\mathrm{d}z$ 和 $\left(p + \frac{1}{2}\frac{\partial p}{\partial x}\mathrm{d}x\right)\mathrm{d}y\mathrm{d}z$。

作用在微元体上沿 x 方向的质量力为 $X\rho\mathrm{d}x\mathrm{d}y\mathrm{d}z$。流体处于平衡状态时 x 方向上的合力应为零,即

$$\left(p - \frac{1}{2}\frac{\partial p}{\partial x}\mathrm{d}x\right)\mathrm{d}y\mathrm{d}z - \left(p + \frac{1}{2}\frac{\partial p}{\partial x}\mathrm{d}x\right)\mathrm{d}y\mathrm{d}z + X\rho\mathrm{d}x\mathrm{d}y\mathrm{d}z = 0$$

从而有

$$X = \frac{1}{\rho}\frac{\partial p}{\partial x} \qquad\qquad (2\text{-}12\mathrm{a})$$

同理,可得

$$Y = \frac{1}{\rho}\frac{\partial p}{\partial y} \qquad\qquad (2\text{-}12\mathrm{b})$$

$$Z = \frac{1}{\rho}\frac{\partial p}{\partial z} \qquad\qquad (2\text{-}12\mathrm{c})$$

式(2-12)称为流体平衡微分方程式,由欧拉在 1755 年导出,故又称欧拉平衡微分方程式。它给出了单位质量力与单位质量的表面力之间的关系。从中可以看出质量力的作用方向与表面力的方向是一致的。

将以上三式两端依次乘以 $\mathrm{d}x$、$\mathrm{d}y$、$\mathrm{d}z$,然后相加可得

$$X\mathrm{d}x + Y\mathrm{d}y + Z\mathrm{d}z = \frac{1}{\rho}\left(\frac{\partial p}{\partial x}\mathrm{d}x + \frac{\partial p}{\partial y}\mathrm{d}y + \frac{\partial p}{\partial z}\mathrm{d}z\right)$$

括号内的三项和正是压强的全微分 $\mathrm{d}p$,故有欧拉平衡微分方程式的另一形式

$$\mathrm{d}p = \rho(X\mathrm{d}x + Y\mathrm{d}y + Z\mathrm{d}z) \qquad\qquad (2\text{-}13\mathrm{a})$$

在柱坐标系下,欧拉平衡方程式可表示为

$$\mathrm{d}p = \rho(R\mathrm{d}r + \vartheta r\mathrm{d}\theta + Z\mathrm{d}z) \qquad\qquad (2\text{-}13\mathrm{b})$$

式中,R、ϑ、Z 分别表示单位质量力在 r、θ、z 轴方向的分力。

流体力学中将压强相同的点所组成的面称为等压面,等压面具有两个重要性质。

1) 等压面与质量力处处正交

在等压面上,$\mathrm{d}p = 0$,从而由式(2-13a)得

$$X\mathrm{d}x + Y\mathrm{d}y + Z\mathrm{d}z = 0 \qquad\qquad (2\text{-}14)$$

式中,X、Y、Z 为单位质量力 f 的轴向分量,而 $\mathrm{d}x$、$\mathrm{d}y$、$\mathrm{d}z$ 表示等压面上任一点处位移 $\mathrm{d}s$ 的轴向分量,将上式写成矢量形式,即

$$\boldsymbol{F} \cdot \mathrm{d}\boldsymbol{s} = 0 \qquad\qquad (2\text{-}15)$$

显然,两个矢量都不等于零,但其点积为零。这仅在两个矢量相互垂直的情况下才有可能,因此等压面与质量力必然相互正交。由此可知,当质量力只有重力时,等压面是水平面。

2) 两种不相混合的平衡液体的分界面是等压面

(该性质请读者自行证明)

2.4　重力场中静止流体压强的分布规律

当作用于流体上的质量力只有重力,即 $X = 0$,$Y = 0$,$Z = -g$ 时,将其代入式(2-13a)得到

$$\mathrm{d}p = \rho(-g\mathrm{d}z) = -\gamma\mathrm{d}z$$

对上式积分得

$$p = -\gamma z + C \qquad (2\text{-}16)$$

或者

$$z + \frac{p}{\gamma} = C \qquad (2\text{-}17)$$

上式称为流体静力学基本方程式。式中 C 为积分常数,可根据边界条件确定,如自由液面的坐标为 z_0、液面压强为 p_0,代入式(2-16),可得 $C = p_0 + \gamma z_0$,从而有

$$p = -\gamma z + p_0 + \gamma z_0 = p_0 + \gamma(z_0 - z)$$

其中 $(z_0 - z)$ 表示坐标为 z 的点距离液面的深度,用 h 表示,于是上式可表示为

$$p = p_0 + \gamma h \qquad (2\text{-}18)$$

这是流体静力学基本方程式的另一种表达形式。

需要说明的是,上述关于流体静压强的分布规律是在同种流体且分布连续的条件下推导出来的,应用时要注意满足这两个条件。

由式(2-18)不难导出帕斯卡压强传递定律。假设液面压强改变 Δp_0,由此而引起液面下任意深度 h 处的压强改变为 Δp,代入方程(2-18)得

$$p + \Delta p = p_0 + \Delta p_0 + \gamma h$$

故

$$\Delta p = \Delta p_0$$

由此可知,静止液体液面上压强的变化将等值地传递到内部各个点上,这就是著名的帕斯卡定律。它在工程上应用广泛,如水压机就是根据该原理设计的。

2.5 压强的测量

2.5.1 压强的计算基准

在工程上,测量某点的压强,可以采用两种不同的基准表示,即绝对压强和相对压强。**绝对压强**是以没有一点气体的绝对真空为零点算起的压强,用 p' 表示。当问题涉及流体本身的热力学特性时,必须用绝对压强。**相对压强**是以同高程的当地大气压 p_a 为零点算起的压强,以 p 表示,相对压强也称为表压。

相对压强与绝对压强相差一个当地大气压,即

$$p = p' - p_a$$

显然,绝对压强只能取正值,而相对压强可能是正值也可能是负值。当某点的绝对压强大于大气压时,相对压强为正值。当绝对压强小于大气压时,相对压强为负值,这时的压强称为负压。负压的绝对值又称为**真空压强**,用 p_v 表示。显然上述三个概念之间的关系可表示为

$$p_v = p_a - p' = |p|$$

在工程计算中,采用相对压强可使计算简化。因为通常工程建筑及工业设备都处于大气压的作用下,而大气压在物体上的合力效应为零,所以计算时一般可不考虑大气压的作用。用于测量压强的各种压力表,其读数均为相对压强。绝对压强、相对压强和真空压强的关系如图 2-5 所示。

【**例题 2-1**】 如图所示为一 U 形管测压计,用来测量容器的压强:

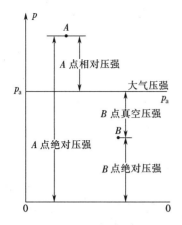

图 2-5 压强的图示

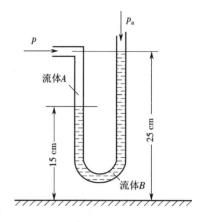

例题 2-1 图

(1)如果流体 A 是空气,流体 B 是水;

(2)如果流体 A 是空气,流体 B 是油(相对密度为 0.83);

(3)如果流体 A 是水,流体 B 是水银,试计算被测容器的相对压强。

【解】 (1)如果流体 A 是空气,流体 B 是油,则

$$p = \gamma_{水}(0.25 - 0.15) = 9.807 \times (0.25 - 0.15) = 0.98 \text{ kPa}$$

(2)如果流体 A 是空气,流体 B 是油,则

$$p = \gamma_{油}(0.25 - 0.15) = 0.83 \times 9.807 \times (0.25 - 0.15) = 0.81 \text{ kPa}$$

(3)如果流体 A 是水,流体 B 是水银,则被测容器的相对压强

$$p = \gamma_{Hg}(0.25 - 0.15) - \gamma_{水}(0.25 - 0.15)$$
$$= (\gamma_{Hg} - \gamma_{水})(0.25 - 0.15)$$
$$= (13.6 - 1) \times 9.807 \times (0.25 - 0.15) = 12.35 \text{ kPa}$$

2.5.2 压强的度量单位

工程上常用的压强计量单位有三种。

1)应力单位

由压强的定义出发,即以单位面积上的力表示,单位为 Pa。在工程上通常采用 MPa($1 \text{ MPa} = 10^6 \text{ Pa}$)或 bar($1 \text{ bar} = 10^5 \text{ Pa}$)表示。

2)液柱高度

用液柱高度表示压强的大小。常用的有水柱高度和汞柱高度,单位为 mH_2O、mmH_2O 及 mmHg 等。它们和应力单位的换算关系为

$$p = \gamma h \text{ 或 } h = \frac{p}{\gamma}$$

$$1 \text{ mH}_2\text{O} = 9\,807 \text{ Pa}$$

$$1 \text{ mmH}_2\text{O} = 9.807 \text{ Pa}$$

$$1 \text{ mmHg} = 133 \text{ Pa}$$

例如一个标准大气压相应的水柱和汞柱高度分别为

$$h = \frac{101\ 325}{9\ 807} = 10.\ 33\ \text{mH}_2\text{O}$$

$$h' = \frac{101\ 325}{133\ 375} = 0.\ 76\ \text{mHg} = 760\ \text{mmHg}$$

一个工程大气压相应的水柱和汞柱高度分别为

$$h = \frac{98\ 070}{9\ 807} = 10\ \text{mH}_2\text{O}$$

$$h' = \frac{98\ 070}{133\ 375} = 0.\ 736\ \text{mHg} = 736\ \text{mmHg}$$

3）大气压单位

用大气压的倍数表示压强的大小。一个标准大气压是 0 ℃时海平面处的大气压强,1 atm = 101 325 Pa。一个工程大气压等于海拔 200 m 处的大气压强,1 at = 98 070 Pa。

各量度单位之间的换算关系见表2-1。

表 2-1 压强单位换算表

压强单位	Pa （N/m²）	kPa （10³ N/m²）	bar （10⁵ N/m²）	mmH₂O	mmHg
换算关系	9. 807	9. 807 × 10⁻³	9. 807 × 10⁻⁵	1	0. 073 56
	9. 807 × 10⁴	9. 807 × 10	9. 807 × 10⁻¹	10⁴	735.6
	101 325	101. 325	1. 013 25	10 332. 3	760
	133. 332	0. 133 33	1. 333 3 × 10⁻³	13. 595	1

2.6 液柱式测压计

液柱式测压计是根据流体静力学原理设计的,因其直观、方便、经济且精度较高而在工程上低压场合得到应用。下面介绍几种常用的液柱式测压计。

2.6.1 测压管

一根直玻璃管的一端连接于被测点 A,另一端开口通大气,如图 2-6(a)所示。玻璃管内液体的高度即为该点的压强

$$p_A = \gamma h_A \tag{2-19}$$

为了减少毛细现象所引起的读数误差,一般测压管的内径不得小于 5 mm。这种测压计只能测量液体的压强,而不能用于气体,且被测点的压强必须是正压。

2.6.2 U 形测压管

U 形测压管是一 U 形玻璃管,一端连在被测容器上,另一端开口通大气。U 形测压管克服了直测压管的缺点。当被测容器中的压强小于大气压或容器中是气体时,必须用 U 形测压管测量。如图 2-6(b)、(c)所示,玻璃管中装有某种液体,称为封液,颜色应与被测液体不同,且不能与被测液体相混,一般选用水或水银。例如,在图 2-6(b)中,被测压强小于大气压,取基准面 1－1,列等压面方程如下:

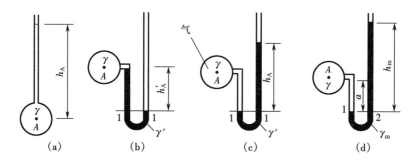

图2-6 测压管

$$p_A + \gamma' h'_A = 0$$
$$p_A = -\gamma' h'_A \tag{2-20}$$

在图2-6(c)中,被测点 A 的流体为气体,气柱所产生的压强忽略不计。取等压面 $1-1$,可明显看出容器中的压强大于大气压。

$$p_A = \gamma' h_A \tag{2-21}$$

若被测压强较大,封液一般采用水银,如图2-6(d)所示。被测容器中为液体,取等压面 $1-2$。列等压面方程为

$$p_A + \gamma\, a = h_m \gamma_m$$
$$p_A = h_m \gamma_m - \gamma a \tag{2-22}$$

2.6.3 压差计

用一 U 形管分别连接两个被测容器,管中有重度为 γ 的封液,如图 2-7 所示,A 容器液体重度为 γ_A,B 容器液体重度为 γ_B,考虑等压面 $2-3$,列方程

$$p_A + \gamma_A h_1 = p_B + \gamma_B h_3 + \gamma h_2$$

从而

$$p_A - p_B = \gamma_B h_3 + \gamma h_2 - \gamma_A h_1 \tag{2-23}$$

若 A、B 为同种液体,则上式变为

$$p_A - p_B = \gamma_A(h_3 - h_1) + \gamma h_2 \tag{2-24}$$

若 A、B 为气体,则

$$p_A - p_B = \gamma h_2 \tag{2-25}$$

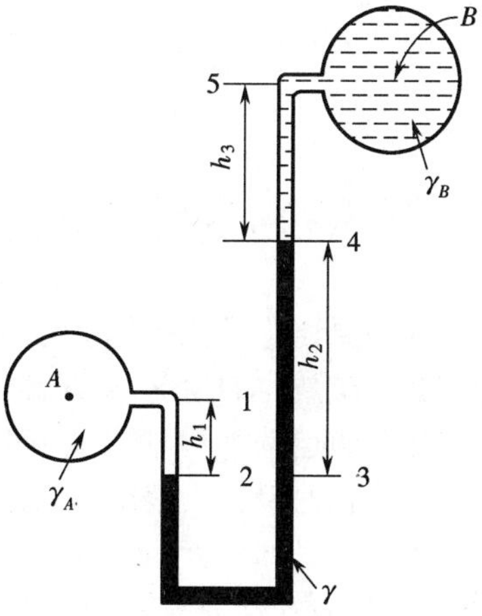

图2-7 差压测量

2.6.4 微压计

当容器内流体压力非常小时,可采用倾斜测压管即微压计提高测量精度,如图2-8所示。壶口与被测点相通,右边的斜管可绕轴转动,使倾斜角可以根据需要调节。当角度 α 确定以后,测管读数为管长 l,管液面与壶中液面的高度差 h 为

$$h = l\sin\alpha$$

显然,被测压强

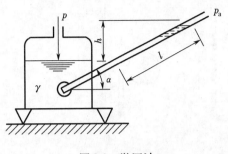

图 2-8 微压计

$$p = \gamma \, l \sin \alpha \qquad (2\text{-}26)$$

读出 l 值即可由上式求出压强 p,从图中的几何关系可知

$$\frac{l}{h} = \frac{1}{\sin \alpha}$$

l/h 称为放大倍数,α 越小放大倍数越大,则相对误差越小。同样 γ 越小 l 越大,这样也可提高测量精度。工业上常采用重度比水小的液体,如酒精进行测量。

【例题 2-2】 一封闭容器中盛有相对密度为 0.8 的油,油下面的液体是水,如图所示。$h_1 = 300 \text{ mm}$,$h_2 = 500 \text{ mm}$,测压管中汞液的读数 $h = 400 \text{ mm}$。求封闭容器中的油面压强 p 值。

【解】 流体静力学基本方程只适用于同种、连续的静止流体。本题由于有两种液体,应通过流体的分界面分段进行运算。

分界面 b-b 为等压面,根据已知条件得

$$p_b = \gamma_m h$$
$$p_c = p_b - \gamma h_2$$
$$p_d = p_c - \gamma_o h_1$$

从而得

$$\begin{aligned}
p = p_d &= \gamma_m h - \gamma h_2 - \gamma_o h_1 \\
&= 133.4 \times 0.4 - 9.807 \times 0.5 - 9.807 \times 0.8 \times 0.3 \\
&= 46.1 \text{ kPa}
\end{aligned}$$

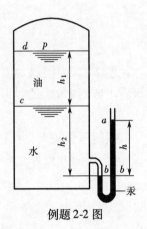

例题 2-2 图

2.7 等角速度旋转的液体平衡

前面主要讨论了流体处于绝对静止状态的平衡规律。本节将考虑除了重力外,流体上还作用有其他质量力的情况,此时流体处于相对平衡状态。相对平衡是指流体相对于地球像刚体一样作变速运动,但相对于跟随流体一起运动的某一运动坐标系是静止的。这种情况称为相对平衡或相对静止。根据达朗伯(D'Alembert)原理,把惯性力假想地加在液体上,则质量力除重力外还包含惯性力,此时可以把运动的问题作为静平衡问题处理。由于流体内部质点没有相对位移,故黏性力为零。因此作用于流体上的表面力只有压力。工程实践中常会遇到这种现象,如流体随容器作等加速直线运动,或绕容器中心轴作等角速度旋转等都属于相对平衡问题。下面以流体绕中心轴作等角速度旋转的情况为例分析平衡规律。

如图 2-9 所示,盛有静止液体的圆柱形容器上端开口,令其绕中心轴旋转。由于黏性的作用,液体被带动一起绕轴转动。经过一段时间后液体转动稳定,这时液体中每一质点均与容器一起都以角速度 ω 旋转,质点间没有相对位移,自由液面呈漏斗形。将坐标系固连在容器上与容器一起运动,坐标原点取在自由液面的最低点,即自由面与中心轴的交点上。

作用在流体上的质量力包括重力和惯性力。现考虑距 z 轴为 r 处的任一流体质点 A 所受到的单位质量力。为方便起见,在柱坐标系下进行分析。作用在单位质量上的惯性力 R 沿 r

轴正向,故有

$$R = \frac{v^2}{r} = \frac{1}{r}(\omega r)^2 = \omega^2 r$$

作用在单位质量上的重力沿 z 轴负向,故有

$$Z = -g$$

将 R 和 Z 代入流体平衡微分方程式(2-13b),即得

$$dp = \rho(\omega^2 r dr - g dz)$$

对上式积分,得

$$p = \rho\left(\frac{\omega^2 r^2}{2} - gz\right) + C \qquad (2-27)$$

式中,C 为积分常数,根据已知的边界条件确定。

　　在原点处,$z = 0$,$r = 0$,压强 $p = 0$,故 $C = 0$,代回上式便得到液面下任一点处的压强

$$p = \gamma\left(\frac{\omega^2 r^2}{2g} - z\right) \qquad (2-28)$$

上式中的压强为相对压强。若令 $p = $ 常数,代入上式即得等压面方程

$$z = \gamma\frac{\omega^2 r^2}{2g} + C \qquad (2-29)$$

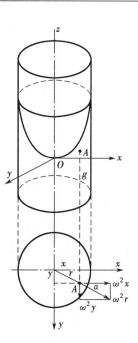

图2-9　液体等角速度旋转

可见,等压面为绕 z 轴的抛物面簇。在式(2-28)中令 $p = 0$ 即得自由面方程

$$z = \frac{\omega^2 r^2}{2g} \qquad (2-30)$$

　　由式(2-28)可以看出,当液体等角速度旋转时,水平面不是等压面。由于水平面内各质点所受的离心惯性力是随半径 r 变化的,因而各质点所受质量力的大小及方向都在不断改变。在同一水平面上的轴心处压强最小,边缘处的压强最大,这就是等角速旋转运动液体的一个显著特点。实际工程中的许多设备都是依据这一特点工作的。

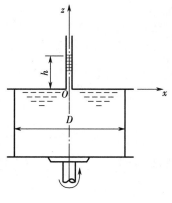

例题 2-3 图

　　【例题 2-3】　　如图所示,一圆柱形容器顶盖中心装有一敞口的测压管,容器中装满水,测压管中的水面比顶盖高 h,圆柱形容器的直径为 D,当它绕竖直轴 z 以角速度 ω 旋转时,顶盖受到多大的液体向上的压力?

　　【解】　由式(2-27)得,顶盖的液体压强

$$p = \rho\left(\frac{\omega^2 r^2}{2} - gz\right) + C$$

在坐标原点处,$z = 0$,$r = 0$,$p = \gamma h$。从而由上式可得 $C = \gamma h$,将其代回上式得

$$p = \rho\left[\frac{\omega^2 r^2}{2} + g(h - z)\right]$$

在顶盖处 $z = 0$,故其上压强分布

$$p = \gamma\left(\frac{\omega^2 r^2}{2g} + h\right)$$

则作用在顶盖上的液体压力

$$P = \int_0^{D/2} \gamma\left(\frac{\omega^2 r^2}{2g} + h\right)2\pi r\mathrm{d}r$$

$$= \gamma\left(\frac{\pi\omega^2 D^4}{64g} + \frac{\pi D^2}{4}h\right)$$

2.8　作用在平面上的液体总压力

在工程实践中,有时不仅需要求解液体中某一点处的压强,可能还需要求解液体作用在某平面上的总压力。如在对闸门、水池和大坝等构筑物进行设计或稳定性校核时,应计算作用于物体表面上的静止液体总压力的大小、方向和作用点。作用在平面上的液体总压力的求解方法有两种,即解析法和图解法。

2.8.1　解析法

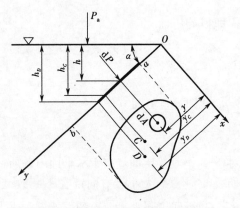

图 2-10　作用在平面上的液体总压力

如图 2-10 所示,取任意形状的平面放置于液面下,平面的面积为 A,与液面的夹角为 α,液面压强为大气压,平面左侧受液体的作用。选平面直角坐标系,坐标原点 O 取在平面之延伸面与液面交界面上。坐标轴 Oy 与平面重合,Ox 轴与纸面垂直。为了清楚地展现受压平面的形状,将平面绕 Oy 轴翻转 90°。

在受压平面上任取一微元面积 $\mathrm{d}A$。由于 $\mathrm{d}A$ 很小,故可近似地认为在 $\mathrm{d}A$ 上压强分布均匀,并表示为 γh。设作用在 $\mathrm{d}A$ 上的液体压力为 $\mathrm{d}P$,则

$$\mathrm{d}P = \gamma h\mathrm{d}A$$

根据平行力系求和的原理,作用在整个受压面 A 上的液体总压力 P 可通过对上式积分得到,故有

$$P = \int \mathrm{d}P = \int_A \gamma h\mathrm{d}A = \gamma\sin\alpha\int_A y\mathrm{d}A$$

积分 $\int_A y\mathrm{d}A$ 为受压面对 Ox 轴的静面矩,它等于面积 A 与形心处的 y 坐标值 y_C 的乘积,即

$$\int_A y\mathrm{d}A = y_C A$$

于是

$$P = \gamma\sin\alpha\int_A y\mathrm{d}A = \gamma\sin\alpha y_C A = \gamma h_C A = p_C A \qquad (2\text{-}31)$$

式中:h_C 为平面形心处的水深。

上式表明作用在任意形状平面上的液体总压力等于形心处的压强与作用面积的乘积。其方向是沿受压面的内法线方向。

合力的作用点(也称为压力中心)即图 2-10 中的 D 点。该点距 Ox 轴的距离 y_D 可以通过合力矩定理求得。合力矩定理在此可表述为:作用在受压平面的任一微小面积 $\mathrm{d}A$ 上静水压

力 dP 对某一轴(如 x 轴)力矩的总和等于静水压力的合力 P 对同一轴的力矩。将该定理用公式表示为

$$P \, y_D = \int dP \cdot y = \gamma \sin \alpha \int_A y^2 dA$$

式中：$\int_A y^2 dA$ 为受压面 A 对 Ox 轴的惯性矩 I_x。上式改写为

$$P \, y_D = \gamma \sin \alpha I_x$$

于是得

$$y_D = \frac{\gamma \sin \alpha I_x}{P} = \frac{\gamma \sin \alpha I_x}{\gamma y_C \sin \alpha A} = \frac{I_x}{y_C A} \qquad (2\text{-}32)$$

由惯性矩平行移轴定理

$$I_x = I_C + y_C^2 A$$

代入上式化简后，得

$$y_D = \frac{I_C + y_C^2 A}{y_C A} = y_C + \frac{I_C}{y_C A} \qquad (2\text{-}33)$$

$$y_E = y_D - y_C = \frac{I_C}{y_C A} \qquad (2\text{-}34)$$

式(2-33)和式(2-34)即是压力中心的计算公式。式中 y_E 为压力中心沿 y 轴方向至受压面形心点的距离；I_C 为受压面对通过平面形心并与 Ox 轴平行的轴的惯性矩。

从上式中可以看出，$y_E > 0$，故 $y_D > y_C$。因而 D 点一般在形心 C 的下方。这是由于压强沿水深增加的结果。压力中心点 D 至 y 轴的距离 x_D 可用同样方法求出。在实际工程中受压面往往是关于 y 轴对称的，故 x_D 点应在对称轴上，无须进行计算。常见图形的 y_C 和 I_C 值可根据表 2-2 进行计算。

表 2-2 常见图形的 A、y_C 及 I_C 值

几何图形名称	面积 A	形心坐标 y_C	通过形心轴的惯性矩 I_C
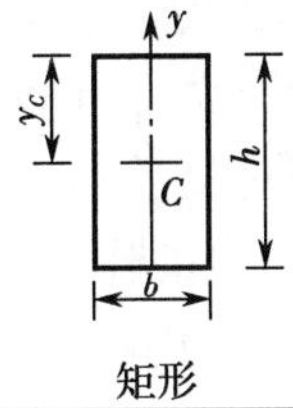 矩形	bh	$\frac{1}{2}h$	$\frac{1}{12}bh^3$
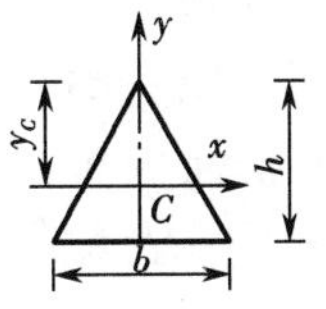 三角形	$\frac{1}{2}bh$	$\frac{2}{3}h$	$\frac{1}{36}bh^3$

几何图形名称	面积 A	形心坐标 y_C	通过形心轴的惯性矩 I_C
梯形	$\dfrac{h}{2}(a+b)$	$\dfrac{h}{3}\dfrac{(a+2b)}{(a+b)}$	$\dfrac{h^3}{36}\left[\dfrac{a^2+4ab+b^2}{a+b}\right]$
圆	$\dfrac{\pi}{4}d^2$	$\dfrac{d}{2}$	$\dfrac{\pi}{64}d^4$

对于周围同时受到大气压作用的平面,两侧大气压强的作用相互抵消。

如果容器封闭,液面的压强可能大于或小于大气压,此时在计算合力 P 和压力中心 y_D 时,公式中的 y_C 和 h_C 应以相对压强为零的平面为假想液面计算。如 $p'_0 > p_a$,则相对压强为零的假想液面在实际液面的上方,相当于在实际液面上附加了一层假想的液体,其厚度为 $\dfrac{p'_0 - p_a}{\gamma}$。计算时,$y_C$ 应为平面形心到相对压强为零的液面的距离。如 $p'_0 < p_a$,则相对压强为零的液面在实际液面的下方,相当于把实际液面去掉了 $\dfrac{p'_0 - p_a}{\gamma}$ 的高度。此时,y_C 也应以形心至假想液面的高度为准进行计算。

2.8.2　图解法

求解矩形平面上的静水压力问题时,采用图解法不仅能直观地反映力的实际分布,而且有时比解析法简单。使用图解法,应先绘出静水压强分布图,然后据此计算静水压力。静水压强

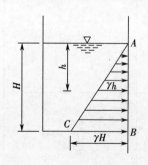

图 2-11　静水压强分布图

分布图是根据基本方程 $p = p_0 + \gamma h$,直接绘在受压面上并表示各点压强大小及方向的图形。如前所述,大气压强对受压面不产生力学效应。因此,实际工程计算中,只考虑相对压强的作用,因而在绘制压强分布图时也采用相对压强。现以图 2-11 中铅直面 AB 左侧为例绘制静水压强分布图。根据压强与水深成直线变化的规律,只要定出 AB 面上两端点的压强,并用有向线段表示在相应点上,然后用直线连接两线段的端点,即得静水压强分布图。例如在水面上的 A 点,$p_A = 0$,在水箱底部的 B 点,$p_B = \gamma H$,取有向线段 $BC = p_B$ 标在 B 点上,连接两端点 A、C,三角形 ABC 就是 AB 部分的静水压强分布图。图 2-12 是根据式(2-18)和静水压强垂直于作用面的特性,绘出的斜面、折面及铅直面上的静水压强分布图。

现在讨论如何用静水压强分布图来求解作用在矩形平面 $AA'BB'$ 上的静水总压力(图 2-13)。

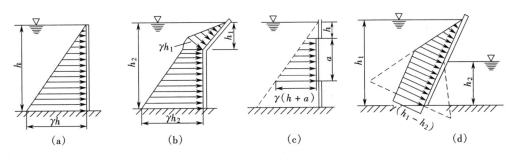

图 2-12 静水压强分布图

由解析法不难求得作用在平面上的静水总压力

$$P = p_c A = \frac{1}{2}\gamma h^2 b = Sb$$

式中:S 为压强分布图三角形的面积,$S = \frac{1}{2}\gamma h^2$,$b$ 为平板的宽度。

上式可写成

$$P = \frac{1}{2}\gamma h^2 b = Sb = V \qquad (2\text{-}35)$$

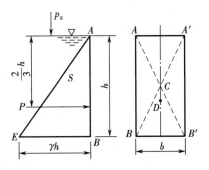

图 2-13 作用在铅直平面上的静水总压力

式(2-35)说明,作用在平面 AB 上的静水压力等于以平面上压强分布图为底,平面宽度 b 为高的柱体体积,即压强分布图的体积。P 的作用点通过压强分布图的形心,并位于矩形的对称轴上。

【例题 2-4】 密封方形柱体容器中盛水,底部侧面开 $0.5\ \text{m} \times 0.6\ \text{m}$ 的矩形孔,水面绝对压强 $p_0' = 117.7\ \text{kPa}$,当地大气压强 $p_a = 98.07\ \text{kPa}$,求作用于闸门的静水总压力及作用点。

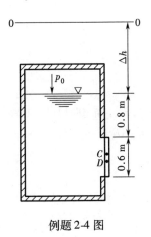

例题 2-4 图

【解】 题中液面处相对压强大于零,设相对压强为零的假想液面 $0-0$ 位于真实液面上方 Δh 处,如图所示。Δh 值可按下式求出。

$$\Delta h = \frac{p_0' - p_a}{\gamma} = \frac{117.7 - 98.07}{9.807} = 2\ \text{m}$$

则闸门形心 C 到假想液面 $0-0$ 的距离 h_C' 为

$$h_C' = \Delta h + 0.8 + \frac{0.6}{2} = 3.1\ \text{m}$$

故作用在闸门上的液体压力 P 为

$$P = \gamma h_C' A = 9.807 \times 3.1 \times 0.5 \times 0.6 = 9.12\ \text{kN}$$

合力作用点 D 至 $0-0$ 面的距离 h_D' 为

$$h_D' = h_C' + \frac{I_C}{h_C' A} = 3.1 + \frac{\dfrac{0.5 \times 0.6^3}{12}}{3.1 \times 0.3} = 3.11\ \text{m}$$

D 点至真实液面的距离 h_D 为

$$h_D = 3.11 - 2 = 1.11\ \text{m}$$

D 点至形心 C 点的距离 h_E 为

$$h_E = h_D - h_C = 3.11 - 3.1 = 0.01 \text{ m}$$

2.9　作用在曲面上的液体总压力

求解作用于曲面上的静止液体总压力,可以采用与平面情形相类似的方法,即先求出作用在每一微元面积上的压力,然后积分求和。但由于作用在曲面上各点压强的方向不同,因此求合力不能像平面那样直接对各点的压强积分,而是要将其先分解为水平方向和铅直方向分别进行计算,然后再求其合力。为了方便起见,先以二维曲面(柱面)为对象进行分析,然后将结论推广到任意形状的空间曲面。

如图 2-14 所示,选取二维曲面 AB 的长度为 L,受压面和纸面垂直,曲面左侧受液体压力作用。在受压曲面上任取一点 E,该点处于水深 h 处,压强为 γh,以 E 点为中心取一微元面积 dA,如前所述,在其上的压强可视为常数,且方向一致。则作用在该微元面上的压力为

$$dP = pdA = \gamma h dA$$

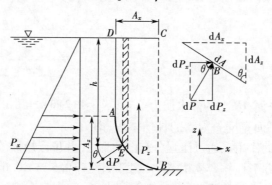

图 2-14　作用在曲面上的液体总压力

dP 与水平面夹角为 θ。dP 沿水平方向和垂直方向的分量 dP_x、dP_z 分别为

$$dP_x = dP\cos\theta = pdA\cos\theta = \gamma h dA\cos\theta$$

及

$$dP_z = dP\sin\theta = pdA\sin\theta = \gamma h dA\sin\theta$$

从右图中可以看出,dA 在水平面和铅直面上的投影分别为 dA_x、dA_z,而 dA 与 dA_z 的夹角正好也等于 θ,则 $dA\cos\theta = dA_z$,$dA\sin\theta = dA_x$,代入上式并对整个曲面 AB 进行积分

$$P_x = \int_{A_z} dP_x = \int_{A_z} pdA\cos\theta = \int_{A_z} \gamma h dA_z$$

$$P_z = \int_{A_x} dP_z = \int_{A_x} pdA\sin\theta = \int_{A_x} \gamma h dA_x$$

式中,$\int_{A_z} h dA_z$ 采用与上一节相同的解法,即有

$$\int_{A_z} h dA_z = h_C A_z$$

因此

$$P_x = \int_{A_z} \gamma h dA_z = \gamma h_C A_z = p_C A_z \qquad (2-36)$$

上式说明,作用在曲面上的液体总压力的水平分力 P_x 等于作用于该曲面铅直投影面 A_z 上的静水压力,即可按求作用在平面上的液体总压力的方法计算。在液体总压力的垂直分力 P_z 中,$h\mathrm{d}A_x$ 可以理解为高为 h、底为 $\mathrm{d}A_x$ 的柱体体积 $h\mathrm{d}A_x$,$\int_{A_x} h\mathrm{d}A_x$ 则为整个受压曲面与其在液面或其延伸面上的投影面积 A_x 之间的柱体体积,称为**压力体**,用 V 表示。γV 表示压力体的液体重量。故作用在曲面上的静水压力在铅直方向上的分力 P_z 数值上等于压力体内液体的重量,即

$$P_z = \gamma V \qquad (2\text{-}37)$$

从图 2-14 中可以看出,压力体由三个面组成:底面为受压曲面,一般在压力体的底端;顶面为受压曲面在液面或其延伸面上的投影面积 A_x;侧面为过受压曲面边界线上每一点向上作铅直线所形成垂直的封闭面。此三个面围成的封闭体就是**压力体**。

压力体的确定

铅直分力 P_z 的方向一般可以通过压力体是实压力体还是虚压力体判断。若压力体内充满液体或压力体内存在与受压面直接接触的部分液体,这种压力体称为**实压力体**,P_z 的作用方向垂直向下;反之,若压力体内不存在一点液体或压力体内存在未与受压面直接接触的部分液体,这种压力体称为**虚压力体**,P_z 的作用方向垂直向上。P_z 的作用线应垂直通过压力体的形心。

在确定和绘制压力体时,若受压曲面形状复杂,可将曲面分段考虑,然后进行叠加。

在求得铅直分力 P_z 和水平分力 P_x 后,即可求出合力

$$P = \sqrt{P_x^2 + P_z^2} \qquad (2\text{-}38)$$

P 的作用线与水平线夹角

$$\theta = \arctan \frac{P_z}{P_x} \qquad (2\text{-}39)$$

合力的作用线必须通过 P_x 与 P_z 的交点,并与水平方向的夹角为 θ,但合力的交点并不一定位于受压曲面上。

以上讨论的是二维柱面上的液体总压力,此结论可以推广到任意形状的三维曲面。此时作用在曲面上的力不仅有 P_x、P_z,还有 P_y。P_y 的计算方法和 P_x 一样,只是将 $P_x = p_C A_z$ 中的 A_z 改为 A_y 即可。

三维曲面的总压力

$$P = \sqrt{P_x^2 + P_y^2 + P_z^2} \qquad (2\text{-}40)$$

【例题 2-5】　曲面形状为 $\frac{3}{4}$ 圆柱面,半径 $R = 0.8$ m,宽度为 1 m,位于水面下 $h = 2.4$ m 深处,求曲面所受的静水总压力。

【解】　1)求作用在曲面上的水平分力 P_x

作用在曲面 bc 和 cd 上的水平压力互相抵消,曲面 ab 上的水平分力方向向右,水平分力为

$$P_x = \left(h - \frac{R}{2}\right)\gamma R$$

$$= (2.4 - 0.4) \times 9.807 \times 0.8 = 15.7 \text{ kN}$$

2)求作用在曲面上的垂直分力 P_z。

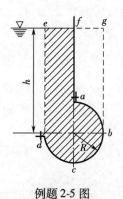

例题 2-5 图

曲面 ab 上的压力体是 abgfa(虚),bc 上的压力体是 cbgfc(实)。两者叠加之后的压力体为 abca(实)。cd 上的压力体为 dcfed(实)。故最终整个曲面的压力体为图中阴影部分。垂直分力为

$$P_z = \gamma \left(hR + \frac{3}{4}\pi R^2 \right)$$

$$= 9.807 \times \left(2.4 \times 0.8 + \frac{3}{4}\pi \times 0.8^2 \right)$$

$$= 33.63 \text{ kN} \quad （方向向下）$$

总压力为

$$P = \sqrt{P_x^2 + P_z^2} = \sqrt{15.7^2 + 33.63^2} = 37.11 \text{ kN}$$

✔本章小结

■ 流体内部静压强的大小仅与作用点的位置有关,而与作用面的方位无关。

■ 水头(head)就是可以产生相同大小的压强的一段液柱的高度。

■ 绝对压强和真空压强(真空度)总是大于或等于零的,而相对压强(表压)是可正可负的。

■ 分界面对于连通器中压强或压差的计算具有重要意义。

■ 作用在某一平面上的静水总压力等于作用在该平面形心点处的压强乘以平面的面积。

■ 作用在某一曲面上的静水总压力的水平分力 P_x 等于该曲面在铅垂面上的投影面积(平面)所受到的静水总压力,铅直分力 P_z 等于受压曲面压力体的体积乘以液体的重度。

思 考 题

2.1 静止流体有哪些特点?

2.2 静止液体基本方程式适用于何种条件? 该方程式中的表面压强传递方式如何?

2.3 绝对压强、相对压强、真空压强之间的关系如何? 它们的单位有哪几种表示方式?

2.4 压强 p 和压力 P 有何不同?

2.5 说明压强梯度的物理意义。

2.6 证明惯性系中静止流体的等压面与等密度面重合。

2.7 证明惯性系中两种不相混合的静止流体的分界面必定是水平的等压面。

2.8 为什么说最大的真空压强为 1 个大气压是个理论值?

2.9 何谓等压面? 如何得到等压面的方程?

2.10 如果受压面在液体中水平放置时,其压力中心和受压面的形心相对位置如何?

2.11 当受压面为二维曲面时,如何确定作用在受压面上的合力的大小、方向和作用点?

2.12 实压力体和虚压力体有何异同?

2.13 如何确定物体受到的浮力?

习　题

2.1　封闭容器内水面的绝对压强 $p_0 = 107.7$ kN/m^2, 当地大气压 $p_a = 98.07$ kN/m^2。试求:(1)水深 $h_1 = 0.8$ m 时, A 点的绝对压强;(2)压力表 M 和酒精($\gamma = 7.94$ kN/m^3)U 形测压管 h 的读数为何值?

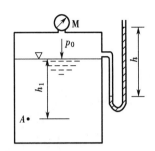

习题 2.1 图

2.2　一潜水员在水下 15 m 处工作,问潜水员在该处所受的压强是多少?

2.3　标出图中 A 点的位置水头、压强水头和测压管水头。

2.4　一封闭容器盛有 γ_2(水银)$> \gamma_1$(水)的两种不同液体,试问同一水平线上的 1、2、3、4、5 各点的压强哪点最大? 哪

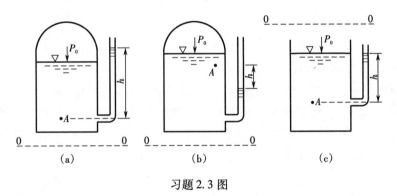

|(a)|(b)|(c)|

习题 2.3 图

点最小? 哪些点相等?

2.5　试求水在自由液面下 5 m 处的绝对压强和相对压强。分别用压强的三个度量单位 Pa、mmHg 及 at 表示。

2.6　若一气压表在海平面时的读数为 760 mmHg,在一山顶时测得的读数为 730 mmHg,设空气的密度为 1.3 kg/m^3,试计算山顶高度。

2.7　量测容器中 A 点压强的真空计如图所示,已知 $z = 1$ m, $h = 2$ m,当地大气压值为 98 kPa,求 A 点的绝对压强、相对压强和真空度。

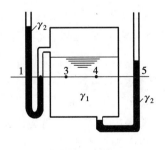

习题 2.4 图

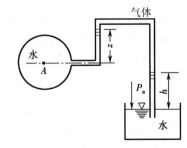

习题 2.7 图

2.8 计算图中各液面的相对压强。已知:$h_1 = 0.91$ m,$h_2 = 0.61$ m,$h_3 = h_4 = 0.305$ m,$\gamma_{水}$ $= 9\,789$ N/m³,$\rho_{油} = 900$ kg/m³。

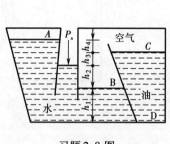

习题2.8图

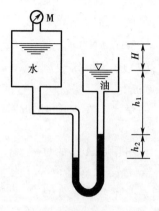

习题2.9图

2.9 已知水箱真空表 M 的读数为 0.98 kN/m²,水箱与油箱的液面差 $H = 1.5$ m,水银柱差 $h_2 = 0.2$ m,$\gamma_{油} = 7.85$ kN/m³,求 h_1 为多少米?

2.10 如图所示,密闭容器上层为空气,中层为密度 $\rho = 834$ kg/m³ 的原油,下层为密度 $\rho_G = 1\,250$ kg/m³ 的甘油,测压管中的甘油表面高程为 9.14 m,求压力表 G 的读数。

2.11 图为倾斜水管上测定压差的装置,测得 $Z = 200$ mm,$h = 120$ mm,当 $\gamma_1 = 9.02$ kN/m³ 为油和 γ_1 为空气时,分别求 A、B 两点的压差。

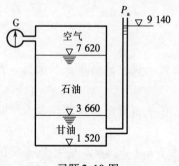

习题2.10图

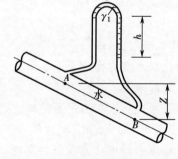

习题2.11图

2.12 如图所示,某容器中充满相对密度为 0.91 的油液,其压强由水银压差计的读数 h 确定,水银相对密度为 13.57。如果压强不变,而使压差计下移到 a 的位置,试问压差计读数的变化是多少?

2.13 如图所示,两容器 A、B,容器 A 装的是水,容器 B 装的是酒精,其重度为 8 kN/m³,用 U 形水银压差计测量 A、B 中心点压差,已知 $h_1 = h = 0.3$ m,$h_2 = 0.25$ m,求其压差。

2.14 图示 U 形管压差计,水银面高差 $h = 15$ cm,求充满水的 A,B 两圆筒内的压强差。

2.15 如图所示,试按复式水银测压管的读数算出锅炉中水面上蒸汽的绝对压强。已知:$H = 3$ m,$h_1 = 1.4$ m,$h_2 = 2.5$ m,$h_3 = 1.2$ m,$h_4 = 2.3$ m。

2.16 一直立煤气管,在底部测压管中测得水柱差 $h_1 = 100$ mm,在 $H = 20$ m 高处的测压

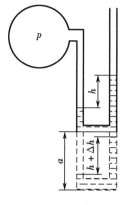

习题 2.12 图

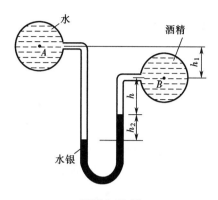

习题 2.13 图

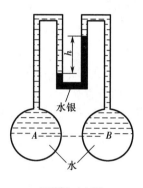

习题 2.14 图

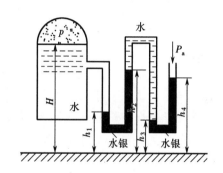

习题 2.15 图

管测得水柱差 $h_2 = 115$ mm, 管外空气重度 $\gamma_{气} = 12.64$ N/m³, 求管中静止煤气的重度。

2.17 在直径 $D = 0.4$ m 的圆桶中盛有油和水, 如图所示, 用玻璃管 A 和 B 确定油水分界面和油的上表面, 求:(1) $a = 0.2$ m, $b = 1.2$ m, $c = 1.4$ m 时油的重度;(2) $a = 0.5$ m, $b = 1.6$ m, 油的重度为 8 240 N/m³ 时, 圆桶内水和油的体积。

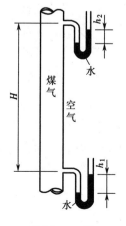

习题 2.16 图

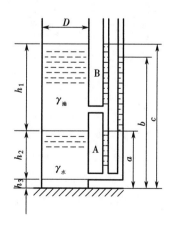

习题 2.17 图

2.18 潜艇内的汞气压差计读数 $h_1 = 800$ mm,多管汞压差计读数 $h_2 = 500$ mm,海平面上汞气压差计读数为 760 mm,海水密度为 1 025 kg/m³,试求潜艇在海面下的深度 H。

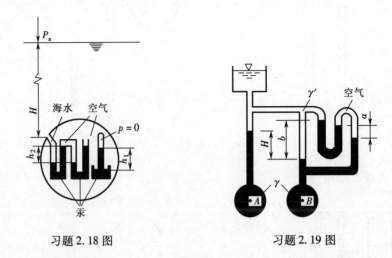

习题2.18图   习题2.19图

2.19 为了精确测定重度为 γ 的液体中 A、B 两点的压差,特设计图示微压机。测定时的各液面差如图所示。试求 γ 与 γ' 的关系及同一高程上 A、B 两点的压差。

2.20 密封方形柱体容器中盛水,底部侧面开 0.5 m × 0.6 m 的矩形孔,水面绝对压强 p_0 = 117.7 kN/m²,当地大气压 p_a = 98.07 kN/m²,求作用于闸门的静水压力及作用点。

2.21 宽为 1 m,长为 AB 的矩形闸门,倾角为 45°,左侧水深 $h_1 = 3$ m,右侧水深 $h_2 = 2$ m。试求作用在闸门上的静水总压力及其作用点。

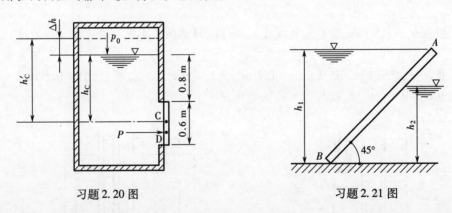

习题2.20图   习题2.21图

2.22 矩形平板闸门,宽 $b = 0.8$ m,高 $h = 1$ m,若要求箱中水深 h_1 超过 2 m 时闸门即可自动开启,铰链的位置 y 应设在何处?

2.23 金属矩形平板闸门,宽 1 m,由两根工字钢横梁支撑。闸门高 $h = 3$ m,容器中水面与闸门顶齐平,如要求两横梁受力相等,两工字钢的位置 y_1 和 y_2 应为多少?

2.24 如图所示,水箱有四个支座,求容器底的总压力和四个支座反力,并讨论总压力与支座反力不相等的原因。

2.25 图示一容器,上部为油,下部为水。已知 $h_1 = 1$ m,$h_2 = 2$ m,油的密度为 $\rho_0 = 800$ kg/m³。求作用在容器侧壁 AB 单位宽度上的作用力及其作用位置。

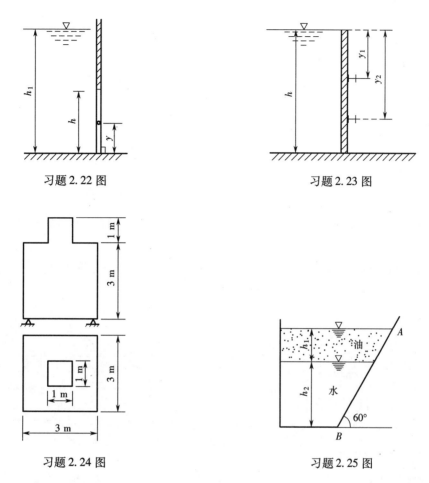

习题 2.22 图

习题 2.23 图

习题 2.24 图

习题 2.25 图

2.26　如图所示,圆桶直径 $D=1.6$ m,内部装满水,套在直径 $d=0.8$ m 的活塞上,$H=2$ m,$a=0.5$ m,求压力表的读数。

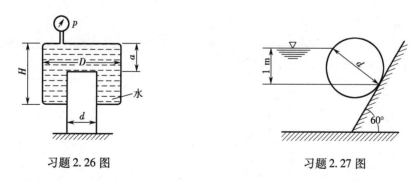

习题 2.26 图

习题 2.27 图

2.27　某圆柱体的直径 $d=2$ m、长 $l=5$ m,放置于 60°的斜面上,求水作用于圆柱体上的水平和铅直分压力及其方向。

2.28　如图所示,一球形容器由两个半球铆接而成,已知球的半径 $R=1$ m,$H=3$ m,求作用于螺栓上的力。

2.29　图(a)为圆筒,图(b)为圆球。试分别绘出压力体图并标出力的方向。

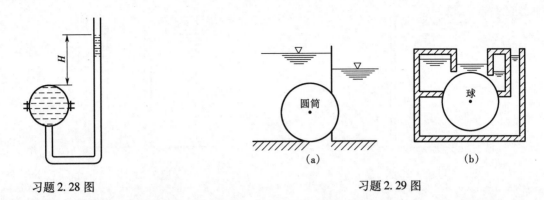

习题2.28 图　　　　　　　　　　　　　习题2.29 图

2.30　一挡水二向曲面 AB 如图所示,已知 $d=1$ m,$h_1=0.5$ m,$h_2=1.5$ m,曲面宽为 $b=1.5$ m,求总压力的大小和方向。

2.31　如图所示,一贮水容器,容器壁上装有 3 个直径为 $d=0.5$ m 的半球形圆盖,设 $h=2$ m,$H=2.5$ m,试求作用在每个球盖上的静水压力。

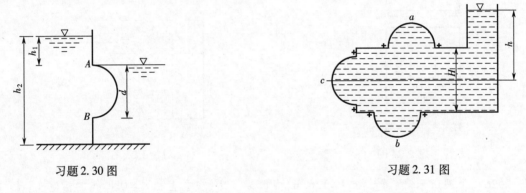

习题2.30 图　　　　　　　　　　　　　习题2.31 图

2.32　如图所示,左端半球的直径为 1 m,试确定当 $y=+\dfrac{D}{5}$,$-\dfrac{D}{5}$ 和 0 三种情况下作用于图中半球形曲面上的静水压力的大小及方向。

2.33　图示为一圆柱形盛水容器,半径为 R,原水深为 h,今以角速度 ω 绕 z 轴旋转,试求容器底开始露出时的转速。

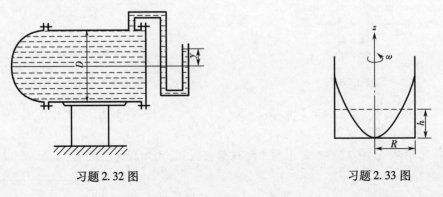

习题2.32 图　　　　　　　　　　　　　习题2.33 图

2.34　在 $D=30$ cm,高度 $H=50$ cm 的圆柱形容器中盛水深至 $h=30$ cm,当容器绕中心轴等角速旋转时,求使水恰好上升到 H 时的转速。

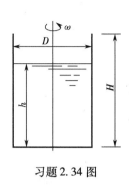

习题2.34 图

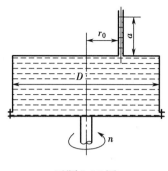

习题2.35 图

2.35　如图所示,有一圆柱形容器中充满水,直径 $D=1.2$ m,顶盖上在 $r_0=0.43$ m 处开一小孔,在敞口测压管中的水位 $a=0.5$ m,顶盖此时所受的静水总压力为零,问此容器绕中心轴的转速 n 为多少?

2.36　直径 $D=600$ mm,高度 $H=500$ mm 的圆柱形容器,盛水深至 $h=0.4$ m,剩余部分装相对密度为 0.8 的油,封闭容器上部盖板中心有一小孔。假定容器绕中心轴等角速旋转时,容器转轴和分界面的交点下降 0.4 m,直至容器底部。求必需的旋转角速度及盖板上和容器底部最大和最小压强。

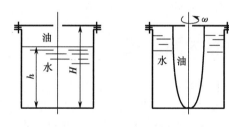

习题2.36 图

第 2 章习题参考答案

3 流体运动学基础

📖**本章的学习目的**

■ 明晰质点导数、元流、总流、流管、流束、流量及平均速度等流体运动学概念。
■ 理解定常流与非定常流、均匀流与急变流、流线与迹线、系统与控制体等概念之间的差异。
■ 了解连续性微分方程及一元总流连续性方程的推导思路,并能够应用其求解流体力学问题。
■ 了解流体微团的概念及其基本运动形式的分解。

静止(包括相对静止)是流体的一种特殊的存在形态,运动(或流动)才是流体更普遍的存在形态,也更能反映流体的本质特征。因此,相对流体静力学而言,研究流体的运动规律具有更加深刻和广泛的意义。本章暂不涉及引起流体运动的动力要素——力,主要讨论流体的运动特征(如流体的速度和加速度)和流体运动的描述等问题。

3.1 描述流体运动的两种方法

根据第 1 章中介绍的连续性介质假定,在流体力学中组成流体的最小基元是流体质点,将流体视为由无穷多流体质点所组成的一种连续介质。因此,要从宏观上研究流体的运动规律,就必须在数学上对流体质点的运动特征给出描述。流体力学中分析和描述流体运动的方法有两种,即拉格朗日(Lagrange)法和欧拉(Euler)法。

3.1.1 拉格朗日法

拉格朗日法(以下简称拉氏法)的**着眼点**是流体质点。其基本思路是跟踪单个流体质点,并且随时间连续记录其位置坐标和其他物理量,从而摸清该质点随时间变化的规律。若对每一个流体质点皆照此办理,那么全部流体的运动规律即可知道。比如,每年冬夏两季,由数千只鸟组成的鸟群都要往返迁徙。鸟类学家通过研究鸟的迁徙来获得各种重要的信息,研究的方法之一是在鸟的身上放置无线电发射器跟踪鸟群在迁徙过程中的运动。与这种方法相对应的是拉氏方法的描述——确定质点的位置是时间的函数。

显然,拉氏法是一种质点系法,是理论力学中质点模型在流体运动上的直接应用。由于流体质点是连续分布的,因此要研究某个确定质点的运动,首先必须有一个表征这个质点的办法,以便识别和区分不同的流体质点。通常取初始时刻 $t = t_0$ 时每一个质点的空间位置坐标 (a, b, c) 作为区分质点的标识,不同的 a、b、c 值代表不同的流体质点,不同流体质点在初始时刻也唯一地对应一组 a、b、c 值。正如将一组 a、b、c 值比作每个人的身份证号码,每个人唯一地对应一个号码,反之亦然。

在直角坐标系下,某一流体质点在流场中运动时的轨迹方程可表示为

$$\left.\begin{array}{l} x = x(a,b,c,t) \\ y = y(a,b,c,t) \\ z = z(a,b,c,t) \end{array}\right\} \tag{3-1}$$

式中:a、b、c 和 t 称为拉格朗日变数。

将式(3-1)对时间求一阶和二阶偏导数,便得到某一质点的速度和加速度,表达式分别为

$$\left.\begin{array}{l} u = \dfrac{\partial x(a,b,c,t)}{\partial t} \\[2mm] v = \dfrac{\partial y(a,b,c,t)}{\partial t} \\[2mm] w = \dfrac{\partial z(a,b,c,t)}{\partial t} \end{array}\right\} \tag{3-2}$$

及

$$\left.\begin{array}{l} a_x = \dfrac{\partial u}{\partial t} = \dfrac{\partial^2 x(a,b,c,t)}{\partial t^2} \\[2mm] a_y = \dfrac{\partial v}{\partial t} = \dfrac{\partial^2 y(a,b,c,t)}{\partial t^2} \\[2mm] a_z = \dfrac{\partial w}{\partial t} = \dfrac{\partial^2 z(a,b,c,t)}{\partial t^2} \end{array}\right\} \tag{3-3}$$

3.1.2　欧拉法

在物理学中将**场**定义为物理量在空间的分布,如速度场、压力场和温度场等。在流体力学中**流场**是指流体运动所经过的空间。

欧拉法以流场为研究对象,以空间点为**着眼点**。设法在每一空间点上描述流体运动随时间变化的规律。其基本思路是在固定的空间点上设置"观察哨",随时间连续变化,将有不同的流体质点鱼贯通过观察哨,通过连续记录不同流体质点在经过哨所时的流动要素(如速度、压强等),就可以掌握这一点(哨位)上的流动情况。若将此做法遍及流场中的每一点,就可以了解流场中流体运动的全部信息。显然,在欧拉法描述中,各空间点上的物理量(实际上是通过此点的流体质点所具有的物理量)是随时间变化的。因此,流体的运动参数应该是空间坐标和时间的函数。如流体的速度、压强和密度可以表示为

$$\left.\begin{array}{l} \boldsymbol{v} = \boldsymbol{v}(x,y,z,t) \\ p = p(x,y,z,t) \\ \rho = \rho(x,y,z,t) \end{array}\right\} \tag{3-4}$$

3.1.3　质点导数与质点加速度

流体质点的物理量对于时间的变化率定义为**质点导数**。

在拉氏法中,流体质点(a,b,c)的速度对于时间的变化率就是这个质点的加速度

$$\frac{\partial \boldsymbol{v}(a,b,c,t,)}{\partial t} = \boldsymbol{a}(a,b,c,t) \tag{3-5}$$

但是,在欧拉法中,$\dfrac{\partial \boldsymbol{v}(x,y,z,t)}{\partial t}$仅表示在固定空间点$(x,y,z)$上流体速度对时间的变化

率,而不代表某个确定的流体质点的速度对时间的变化率,即不代表流体质点的加速度。那么,在欧拉法中应该如何表示流体质点的加速度呢?

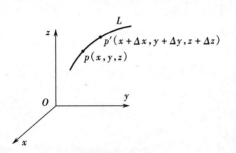

图 3-1 质点加速度

设某个质点在流场中运动,如图 3-1 所示,运动轨迹为 L,在 t 时刻该质点位于 p 点,速度为 $\boldsymbol{v}(p, t)$,在 $t + \Delta t$ 时刻运动至 p' 点,速度为 $\boldsymbol{v}(p', t + \Delta t)$。根据定义,加速度的表达式为

$$\boldsymbol{a} = \frac{\mathrm{d}\boldsymbol{v}}{\mathrm{d}t} = \lim_{\Delta t \to 0} \frac{\boldsymbol{v}(p', t + \Delta t) - \boldsymbol{v}(p, t)}{\Delta t} \quad (3\text{-}6)$$

由式(3-6)可以看出,当流体质点从 $p(x, y, z)$ 点运动到 $p'(x + \Delta x, y + \Delta y, z + \Delta z)$ 点时,速度的变化是由两个因素引起的:①时间变化了 Δt,场的非定常性将引起速度的变化;②质点的位置沿迹线发生了移动,场的非均匀性也将引起速度的变化。下面做进一步分析。

在 t 时刻位于 $p(x, y, z)$ 点的流体质点的速度为 $\boldsymbol{v}_p = \boldsymbol{v}(x, y, z, t)$,经过时间 Δt 该质点移动到 $p'(x + \Delta x, y + \Delta y, z + \Delta z)$ 点,其速度

$$\boldsymbol{v}_{p'} = \boldsymbol{v}(x + u\Delta t, y + v\Delta t, z + w\Delta t, t + \Delta t)$$

速度增量

$$\Delta \boldsymbol{v} = \boldsymbol{v}_{p'} - \boldsymbol{v}_p = \boldsymbol{v}(x + u\Delta t, y + v\Delta t, z + w\Delta t, t + \Delta t) - \boldsymbol{v}(x, y, z, t)$$

利用 Taylor 级数展开且仅保留一阶小量,得

$$\Delta \boldsymbol{v} = \frac{\partial \boldsymbol{v}}{\partial x} u\Delta t + \frac{\partial \boldsymbol{v}}{\partial y} v\Delta t + \frac{\partial \boldsymbol{v}}{\partial z} w\Delta t + \frac{\partial \boldsymbol{v}}{\partial t} \Delta t$$

从而,可得该质点的加速度(即速度的质点导数)为

$$\boldsymbol{a} = \lim_{\Delta t \to 0} \frac{\Delta \boldsymbol{v}}{\Delta t} = \underbrace{\frac{\partial \boldsymbol{v}}{\partial t}}_{\text{当地加速度或局部加速度}} + \underbrace{u \frac{\partial \boldsymbol{v}}{\partial x} + v \frac{\partial \boldsymbol{v}}{\partial y} + w \frac{\partial \boldsymbol{v}}{\partial z}}_{\text{位变加速度或迁移加速度}} \quad (3\text{-}7)$$

式中:右端前一项代表因时间变化而引起的速度变化率称为当地加速度(或局部加速度);后三项代表因空间位置变化而引起的速度变化率称为位变加速度(或迁移加速度)。

需要说明的是拉氏法和欧拉法是从不同角度描绘了同一流体的运动,因而二者之间可以相互转换。

【例题 3-1】 如图所示直线过 $O(0,0)$ 点与 $(8,6)$ 点。若流体质点沿该直线以速度 $V = 3\sqrt{x^2 + y^2}$ m/s 运动。求质点在 $(8,6)$ 点的加速度。

例题 3-1 图

【解】 $\alpha = \arctan \dfrac{6}{8}$,$u = V\cos \alpha = 3\sqrt{x^2 + y^2} \dfrac{x}{\sqrt{x^2 + y^2}} = 3x$,

$$v = V\sin \alpha = 3y,$$

$$a_x = \frac{\partial u}{\partial t} + u \frac{\partial u}{\partial x} + v \frac{\partial u}{\partial y} = 3x \times 3 + 3y \times 0 = 9x = 72 \text{ m/s}^2$$

$$a_y = \frac{\partial v}{\partial t} + u \frac{\partial v}{\partial x} + v \frac{\partial v}{\partial y} = 3x \times 0 + 3y \times 3 = 9y = 54 \text{ m/s}^2$$

$$a = \sqrt{a_x^2 + a_y^2} = \sqrt{72^2 + 54^2} = 90 \text{ m/s}^2$$

3.2　描述流场的几个概念

3.2.1　迹线与流线

3.2.1.1　迹线

迹线是流体质点运动的轨迹线。

根据定义,不难得出迹线的微分方程为

$$\left.\begin{array}{l} \dfrac{\mathrm{d}x}{\mathrm{d}t}=u(x,y,z,t) \\[2mm] \dfrac{\mathrm{d}y}{\mathrm{d}t}=v(x,y,z,t) \\[2mm] \dfrac{\mathrm{d}z}{\mathrm{d}t}=w(x,y,z,t) \end{array}\right\} \tag{3-8}$$

或

$$\frac{\mathrm{d}x}{u}=\frac{\mathrm{d}y}{v}=\frac{\mathrm{d}z}{w}=\mathrm{d}t \tag{3-9}$$

3.2.1.2　流线

流线是某一瞬时流场中的一条(或一簇)曲线,该曲线与流场速度处处相切。或者说流线是流场中某一瞬时流体质点的速度方向线。由定义不难导出流线微分方程。

在流线上任一点处,沿切向选取微元有向线段 $\mathrm{d}l$,根据流线的定义,位于该点处的流体质点的速度 v 与 $\mathrm{d}l$ 方向一致,故

$$v \times \mathrm{d}l = 0 \tag{3-10}$$

这就是微分形式的流线方程。在直角坐标系中流线方程可以表示为

$$\frac{\mathrm{d}x}{u}=\frac{\mathrm{d}y}{v}=\frac{\mathrm{d}z}{w} \tag{3-11}$$

流线的定义是对某一瞬时而言的,因而在对流线方程进行积分时,时间 t 变量可视为常数。

如果能够将流场中的流线画出,或者通过某些实验方法显示流线(如图 3-2 所示),就可以得到直观、清晰的流动图案。因此,流线是显示流动特征的一种重要的概念和方法。

流线具有以下性质。

①流线不能相交也不能是折线。因为在流线的相交点或折点处速度无法定义(在同一空间点上速度不能有两个方向)。

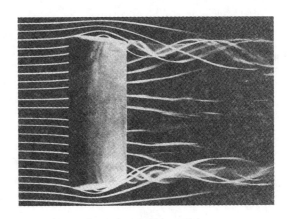

图 3-2　流线演示照片

但有三种情况例外:在速度为零的点上,如图 3-3(a)中的 A 点;在速度为无穷大的点上,如图 3-3(b)中的 O 点;流线相切,如图 3-3(a)中的 B 点。

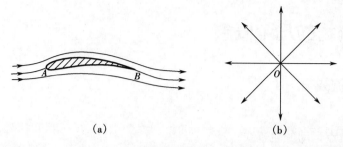

图3-3　流线

②流场中流线密集的地方流速相对较大,反过来,流线稀疏的地方流速相对较小。

③定常流动时,流线与迹线重合;而非定常流动时,流线与迹线一般不重合。

④起点在不可穿透的光滑固体边界上的流线将与该边界位置重合,因为在不可穿透的固体边界上沿边界法向的流速分量为零。

【例题 3-2】 已知平面速度场

$$u = x + t$$
$$v = y + t$$

试求:(1)在 $t = 1$ 时刻过(1,2)点的质点的迹线方程;(2)在 $t = 1$ 时刻过(1,2)点的流线方程。

【解】 (1)由迹线微分方程(3-8),将 u,v 代入得

$$\frac{\mathrm{d}x}{\mathrm{d}t} = x + t$$
$$\frac{\mathrm{d}y}{\mathrm{d}t} = y + t$$

(a)

对上式积分,得

$$x = C_1 \mathrm{e}^t - t - 1$$
$$y = C_2 \mathrm{e}^t - t - 1$$

(b)

式中:C_1、C_2 为积分常数。

利用条件 $t = 1$、$x = 1$、$y = 2$,可得

$$C_1 = 3\mathrm{e}^{-1}, \quad C_2 = 4\mathrm{e}^{-1}$$

从而,所求迹线方程为

$$x = 3\mathrm{e}^{t-1} - t - 1$$
$$y = 4\mathrm{e}^{t-1} - t - 1$$

(2)将 u、v 代入流线微分方程(3-11)得

$$\frac{\mathrm{d}x}{x + t} = \frac{\mathrm{d}y}{y + t}$$

对上式积分,得

$$\ln(x + t) = \ln(y + t) + \ln C$$

或

$$x + t = C(y + t)$$

式中:C 为积分常数。

利用条件 $t = 1$、$x = 1$、$y = 2$,可得

$$C = \frac{2}{3}$$

故所求流线方程为

$$3x - 2y + 1 = 0$$

3.2.2 定常流与非定常流

采用欧拉法描述流体的运动时,流场中的流动参数表示为空间和时间的函数。如果流场中的所有流动参数都不随时间变化,这样的流动称为**定常流**,否则称为**非定常流**。

定常流可以表示为

$$\frac{\partial \varphi}{\partial t} = 0$$

式中:φ 代表流场中的任何物理量,既可以是矢量也可以是标量。

3.2.3 元流、总流、流量和平均速度

在流场中通过任一非流线的封闭曲线上各点的流线所构成的管状曲面称为**流管**,如图 3-4 所示。流管中包含的全部流体称为**流束**。过流断面积无穷小的流束称为**元流**。当元流的过流断面积趋于零时,元流就蜕化为流线;若流管的壁面是流动区域的周界(比如管道的内壁),则将流管内所有流体质点的集合称为**总流**,如图 3-5 所示。

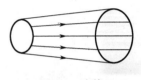

图 3-4 流管

与流线处处垂直的断面称为**过流断面**。过流断面可以是曲面。只有当流线彼此平行时,过流断面才是平面。如图 3-6 所示。

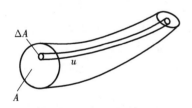

图 3-5 元流和总流

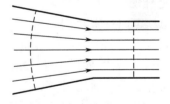

图 3-6 过流断面和流线

单位时间通过某一过流断面的流体体积称为**体积流量**,用符号 Q 表示,常用单位是 m^3/s 或 L/s。

类似地可定义质量流量和重量流量。根据定义,体积流量一般形式的计算公式为

$$Q = \int_A \boldsymbol{u} \cdot \mathrm{d}A \tag{3-12a}$$

当过流断面为平面时,流量计算公式简化为

$$Q = \int_A u\mathrm{d}A \tag{3-12b}$$

过流断面上的**平均速度** v 定义如下

$$v = \frac{Q}{A} = \frac{\displaystyle\int_A u\mathrm{d}A}{A} \tag{3-13}$$

流量是一个重要的物理量,具有普遍的实际意义。例如,在实际工程中,通风就是将一定流量的空气输送到被通风的地区。供热就是将一定流量的携热流体输送到需要热量的单位或区域。管道设计问题的核心是流体输送,而流量则是其主要指标。如果不加说明,所提到的流量均指体积流量。

3.2.4 三元流、二元流和一元流

如果流场中的流动参数依赖于空间三个坐标,则称这样的流动为**三元流**。流动参数依赖于空间二个坐标的流动称为**二元流**。运动要素仅随空间一个坐标(包括曲线坐标流程 s)变化的流动称为**一元流**。

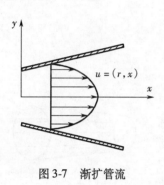

图 3-7 渐扩管流

相对而言,一元流最简单,但是在自然界和实际工程中,严格的一元流动是极少见的。出于工程应用的目的或者为了简化流动分析,有时将一些二元流或准二元流问题简化为一元流处理。例如,渐扩管中的不可压缩流体的定常流动问题(如图 3-7 所示),若以断面分布速度 u 描述和分析流动,则 u 依赖于径向坐标 r 和轴向坐标 x,即 $u = u(r,x)$ 属于二元流问题。而若以平均速度 v 分析和描述流动,由于管中流量 Q 是常数,则显然 $v = Q/A(x)$ 仅随轴向坐标 x 变化,从而简化为一元流问题。

3.2.5 均匀流、急变流和渐变流

在流场中,如果任一确定流体质点在运动过程中速度保持不变(大小和方向均不变),则将这样的流动称为**均匀流**。均匀流具有下列性质:①各质点的流速相互平行,过流断面为一平面;②位于同一流线上的各个质点速度相等;③沿流程各过流断面上流速剖面相同,因而平均速度相等,但在同一过流断面上各点处的速度可以不同;④可以证明,过流断面上压强服从静压强分布规律,即同一过流断面上各点的测压管水头相等。这一性质在下一章推导重要的总流能量方程时将用到。

如果流体质点在运动过程中速度大小或方向发生明显变化,这样的流动称为**急变流**。

在实际工程中,有些流动虽然不属于严格意义上的均匀流,但是流体质点的速度变化比较缓慢(例如渐扩管或渐缩管中的流动),这样的流动称为**渐变流**。渐变流中的流线近乎平行直线,过流断面也可以近似看成平面。上述性质④可以推广至渐变流断面,参见图 3-8。

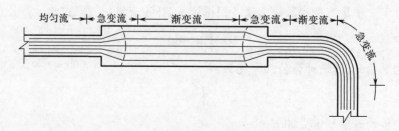

图 3-8 均匀流、急变流和渐变流

3.2.6 系统与控制体

3.2.6.1 系统

在流体力学中,**系统**是指包含确定不变的物质的任何集合。系统以外的一切称为外界,分隔系统与外界的界面,称为系统的边界。系统通常是研究的对象,外界则用来区别于系统。系统的特点如下:

① 系统的边界随系统内质点一起运动,系统内的质点始终包含在系统内,系统边界的形状和所围体积的大小可随时间变化;

② 系统与外界无质量的交换,但可以有力的相互作用及能量(热和功)交换。

如果研究对象是系统,那就意味着采用拉格朗日法描述,即以确定流体质点所组成的流体微团为研究对象。但是在多数流体力学问题中,以系统作为研究对象而得出的基本方程应用起来并不方便,而且令人感兴趣的往往是流体物理量的空间分布。例如:在飞机或其他飞行器的飞行过程中,要关心的是其表面的压强分布和温度分布;当分析孔口或管嘴流动时,要关心的只是出口断面上的流速和流量;在研究气体射流时,一般主要关心的也只是在工作段上的物理量(如速度、温度或浓度)等的分布情况。这就需要采用欧拉法描述,因此,必须引进控制体的概念。

3.2.6.2 控制体

在流场中,相对某个坐标系来说,任何固定不变的空间体积称为**控制体**。控制体的边界面称为控制面。它总是封闭曲面。占据控制体的流体质点随时间在不断更换。

控制体的特点如下:①控制体的边界(控制面)相对坐标系是固定不变的;②在控制面上可以有质量和能量交换;③控制外流体或固体可以通过控制面对控制内流体施加作用力。

3.3 连续性方程

流体的流动性质极其复杂,运动形态千变万化。尽管如此,也有其内在的规律可循。这些规律就是已经为大量实践和实验证明了的质量守恒定律、能量守恒定律及动量守恒定律等。本节从质量守恒定律出发分别对三元流动的一般情形和工程上经常遇到的总流流动这一特殊情形来推导流体的连续性方程。

3.3.1 流体连续性微分方程

下面介绍一般情形连续性方程的推导方法。在直角坐标系中任意选取一微元六面控制体,沿坐标轴向边长分别为 $\mathrm{d}x$、$\mathrm{d}y$、$\mathrm{d}z$,如图 3-9 所示。

首先计算通过六面体表面的流体质量。在 x 轴方向,单位时间内由表面 $EFGH$ 流入的质量是

$$\rho u \mathrm{d}y \mathrm{d}z$$

同时由表面 $ABCD$ 流出的质量是

$$\left(\rho u + \frac{\partial \rho u}{\partial x}\mathrm{d}x\right)\mathrm{d}y\mathrm{d}z$$

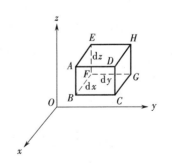

图 3-9 微元控制体

在单位时间内,沿 x 方向净流出(流出的减去流入的)控制体的质量是

$$\frac{\partial \rho u}{\partial x}\mathrm{d}x\mathrm{d}y\mathrm{d}z$$

同理,可得沿 y 方向和 z 方向净流出控制体的质量分别为

$$\frac{\partial \rho v}{\partial x}\mathrm{d}x\mathrm{d}y\mathrm{d}z$$

及

$$\frac{\partial \rho w}{\partial x}\mathrm{d}x\mathrm{d}y\mathrm{d}z$$

将上面三式相加,便得单位时间净流出控制体的总质量为

$$\left(\frac{\partial \rho u}{\partial x}+\frac{\partial \rho v}{\partial y}+\frac{\partial \rho w}{\partial z}\right)\mathrm{d}x\mathrm{d}y\mathrm{d}z$$

同时,单位时间六面体内流体质量变化量为

$$-\frac{\partial(\rho \mathrm{d}x\mathrm{d}y\mathrm{d}z)}{\partial t}$$

根据质量守恒定律,相同时间净流出六面体的流体质量应等于六面体内质量的减少量,即

$$\left(\frac{\partial \rho u}{\partial x}+\frac{\partial \rho v}{\partial y}+\frac{\partial \rho w}{\partial z}\right)\mathrm{d}x\mathrm{d}y\mathrm{d}z=-\frac{\partial(\rho \mathrm{d}x\mathrm{d}y\mathrm{d}z)}{\partial t}$$

于是,得

$$\frac{\partial \rho}{\partial t}+\frac{\partial \rho u}{\partial x}+\frac{\partial \rho v}{\partial y}+\frac{\partial \rho w}{\partial z}=0 \tag{3-14a}$$

或

$$\frac{\mathrm{d}\rho}{\mathrm{d}t}+\rho\left(\frac{\partial u}{\partial x}+\frac{\partial v}{\partial y}+\frac{\partial w}{\partial z}\right)=0 \tag{3-14b}$$

这就是直角坐标系下连续性微分方程的一般形式。

下面讨论几种特殊情形下的连续性方程。

对于定常流动,$\frac{\partial \rho}{\partial t}=0$,于是连续性方程形式变为

$$\frac{\partial \rho u}{\partial x}+\frac{\partial \rho v}{\partial y}+\frac{\partial \rho w}{\partial z}=0 \tag{3-15}$$

上式表明对于定常流动,在相同时间里流进和流出控制体的质量相等。

对于不可压缩流体,$\frac{\mathrm{d}\rho}{\mathrm{d}t}=0$,由式(3-14b)得不可压缩流体连续性方程

$$\frac{\partial u}{\partial x}+\frac{\partial v}{\partial y}+\frac{\partial w}{\partial z}=0 \tag{3-16a}$$

或表示成散度形式

$$\mathrm{div}\ \boldsymbol{v}=0 \tag{3-16b}$$

在柱坐标系 (r,θ,z) 下,不可压缩流体的连续性方程表达式为

$$\frac{\partial v_r}{\partial r}+\frac{v_r}{r}+\frac{1}{r}\frac{\partial v_\theta}{\partial \theta}+\frac{\partial v_z}{\partial z}=0 \tag{3-17}$$

3.3.2 定常总流连续性方程

在实际工程中,相当多的流动是局限于固体边界的内部并沿某一方向流动,因而具有一元流动特征,例如管道内的流动。这种流动的连续性方程的形式比较简单。

在总流中任意选取断面积分别为 A_1 和 A_2 的两个过流断面 1、2,以此二断面和管壁间所围区域为控制体(图 3-10)。设断面 1、2 上分布速度分别为 u_1 和 u_2,并假设在总流各断面上密度为常数。因为是定常流动,故控制体内的流体质量应保持不变。根据质量守恒定律,在单位时间内由断面 1 流入控制体的质量应等于同时间内由断面 2 流出控制体的质量,即

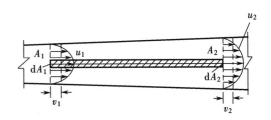

图 3-10 定常总流控制体

$$\int_{A_1} \rho_1 u_1 \mathrm{d}A_1 = \int_{A_2} \rho_2 u_2 \mathrm{d}A_2 \tag{3-18}$$

进而,得

$$\rho_1 \int_{A_1} u_1 \mathrm{d}A_1 = \rho_2 \int_{A_2} u_2 \mathrm{d}A_2 \tag{3-19}$$

或

$$\rho_1 v_1 A_1 = \rho_2 v_2 A_2 \tag{3-20}$$

当流体不可压缩时,密度为常数,即 ρ = 常数。故不可压缩流体的连续性方程为

$$v_1 A_1 = v_2 A_2 \tag{3-21a}$$

或

$$v A = C \tag{3-21b}$$

【例题 3-3】 试检验下列速度场是否满足不可压缩流体连续性方程:

1) $u = -(2xy + x)$, $v = y^2 + y - x^2$;

2) $v_r = 2r\cos 2\theta + \dfrac{1}{r}$, $v_\theta = -2r\sin 2\theta$。

【解】 1) $\dfrac{\partial u}{\partial x} = -(2y + 1)$, $\dfrac{\partial v}{\partial y} = 2y + 1$, $\dfrac{\partial u}{\partial x} + \dfrac{\partial v}{\partial y} = 0$

2) $\dfrac{\partial v_r}{\partial r} = 2\cos\theta - \dfrac{1}{r^2}$, $\dfrac{v_r}{r} = 2\cos\theta + \dfrac{1}{r^2}$, $\dfrac{\partial v_\theta}{r\partial\theta} = -4\cos\theta$

代入柱坐标系下的连续性方程(3-13)得

$$\frac{\partial v_r}{\partial r} + \frac{v_r}{r} + \frac{1}{r}\frac{\partial v_\theta}{\partial \theta} = 0$$

显然题中给出的两个速度场均满足连续性方程。

【例题 3-4】 已知 0.6 m 直径水管中的断面平均流速为 6 m/s,求孔口断面和射流收缩断面上的平均流速。孔口直径 0.3 m,射流收缩断面直径 0.24 m。如图所示。

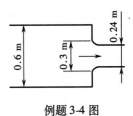

例题 3-4 图

【解】 设水管、孔口和射流的过流断面面积和平均流速分别为 A_1、A_2、A_3 和 v_1、v_2、v_3。由总流连续性方程可得

$$v_2 = \frac{v_1 A_1}{A_2} = v_1 \left(\frac{d_1}{d_2}\right)^2 = 6 \times \left(\frac{0.6}{0.3}\right)^2 = 24 \text{ m/s}$$

$$v_3 = \frac{v_1 A_1}{A_3} = v_1 \left(\frac{d_1}{d_3}\right)^2 = 6 \times \left(\frac{0.6}{0.24}\right)^2 = 37.5 \text{ m/s}$$

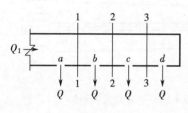

例题 3-5 图

【例题 3-5】 断面为 50 cm × 50 cm 的送风管，通过 a、b、c、d 四个 40 cm × 40 cm 的送风口向室内输送空气。如图所示。送风口气流平均速度均为 5 m/s，求通过送风管 1 – 1，2 – 2 及 3 – 3 断面的流速和流量。

【解】 每一送风口流量

$$Q = 0.4 \times 0.4 \times 5 = 0.8 \text{ m}^3/\text{s}$$

由总流连续性方程可得

$$Q_1 = 3Q = 3 \times 0.8 = 2.4 \text{ m}^3/\text{s}$$

$$Q_2 = 2Q = 2 \times 0.8 = 1.6 \text{ m}^3/\text{s}$$

$$Q_3 = Q = 1 \times 0.8 = 0.8 \text{ m}^3/\text{s}$$

各断面流速

$$v_1 = \frac{2.4}{0.5 \times 0.5} = 9.6 \text{ m/s}$$

$$v_1 = \frac{1.6}{0.5 \times 0.5} = 6.4 \text{ m/s}$$

$$v_3 = \frac{0.8}{0.5 \times 0.5} = 3.2 \text{ m/s}$$

*3.4 流体微团运动分析

由理论力学得知，刚体具有两种基本的运动形式，即平移和旋转运动。由于流体具有特殊的物理力学性质，所以流体运动要比刚体运动复杂得多。除了具有平移和旋转两种运动形式外，流体在运动过程中还要发生变形。注意这里所指流体微团与流体质点并非同一概念。在连续介质假定中，流体质点定义为宏观上充分小，可视为只有质量而无体积的"点"，流体微团则是由一定流体质点所组成的具有一定体积的微小流体团。

为分析方便，现以二元流动情形为例进行分析。

假设流体在 x,y 平面上运动。于时刻 t，在流场中任意选取一个矩形平面流体微团 $ABCD$（图 3-11），轴向边长分别为 dx、dy，设顶点 A 坐标为 (x,y)，流速分量为 u、v。利用泰勒级数展开且仅保留一阶小量，可得平面流体微团其余各顶点 B、C、D 的

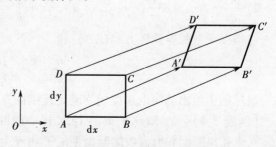

图 3-11 平面流体微团运动

速度分量,如表 3-1 所示。

表 3-1　平面流体微团顶点速度分量

A	B	C	D
u	$u + \frac{\partial u}{\partial x}dx$	$u + \frac{\partial u}{\partial x}dx + \frac{\partial u}{\partial y}dy$	$u + \frac{\partial u}{\partial y}dy$
v	$v + \frac{\partial v}{\partial x}dx$	$v + \frac{\partial v}{\partial x}dx + \frac{\partial v}{\partial y}dy$	$v + \frac{\partial v}{\partial y}dy$
$\boldsymbol{v}$	$\boldsymbol{v} + \frac{\partial \boldsymbol{v}}{\partial x}dx$	$\boldsymbol{v} + \frac{\partial \boldsymbol{v}}{\partial x}dx + \frac{\partial \boldsymbol{v}}{\partial y}dy$	$\boldsymbol{v} + \frac{\partial \boldsymbol{v}}{\partial y}dy$

由于该流体微团上各点速度不同,所以大小和形状都将随时间变化。假设经过微小时间间隔 dt 后,微团顶点 $ABCD$ 运动到新的位置 $A'B'C'D'$。

首先证明所选正四边形微团在经历了 dt 时间后将变为斜平行四边形,参见图 3-11。因为

$$\boldsymbol{BB'} = \boldsymbol{v}_B dt, \boldsymbol{AA'} = \boldsymbol{v}_A dt, \boldsymbol{AB} = dx\boldsymbol{i}$$

故

$$\boldsymbol{A'B'} = \boldsymbol{AB} + \boldsymbol{BB'} - \boldsymbol{AA'}$$

$$= dx\boldsymbol{i} + \boldsymbol{v}_B dt - \boldsymbol{v}_A dt$$

$$= dx\boldsymbol{i} + \frac{\partial \boldsymbol{v}}{\partial x}dx dt$$

类似地,可得

$$\boldsymbol{D'C'} = \boldsymbol{DC} + \boldsymbol{CC'} - \boldsymbol{DD'}$$

$$= dx\boldsymbol{i} + \frac{\partial \boldsymbol{v}}{\partial x}dx dt$$

可见当忽略高阶小量时,$\boldsymbol{A'B'} = \boldsymbol{D'C'}$。同样可证明 $\boldsymbol{A'D'} = \boldsymbol{B'C'}$。从而就证明了四边形是平行四边形 $A'B'C'D'$。不难求得

$$\boldsymbol{A'D'} = dy\boldsymbol{j} + \frac{\partial \boldsymbol{v}}{\partial y}dy dt$$

故 $\boldsymbol{A'B'}$ 与 $\boldsymbol{A'D'}$ 的点积为

$$\boldsymbol{A'B'} \cdot \boldsymbol{A'D'} = \left(dx\boldsymbol{i} + \frac{\partial \boldsymbol{v}}{\partial x}dx dt \right) \cdot \left(dy\boldsymbol{j} + \frac{\partial \boldsymbol{v}}{\partial y}dy dt \right)$$

而上式在一般情况下不等于零,即证明了 $\boldsymbol{A'B'C'D'}$ 是斜平行四边形。

流体微团从正四边形变成斜四边形的过程,可以看成由下列四种基本运动形式复合而成。

1)平移　正四边形流体微团作为一个整体平移到新的位置。由表 3-1 可以看出流体微团上各点均含与 A 点相同的速度 $\boldsymbol{v}$,微团将以公有速度 $\boldsymbol{v}$ 在 dt 时间内平移一个微元距离 $\boldsymbol{v}dt$。参见图 3-12(a)。

2)旋转　正四边形像刚体一样旋转,参见图 3-12(b)。

3)角变形　过 A 点的两条正交流体线之间的角度变化,与此相应的是正四边形形状的变化,参见图 3-12(c)。

4)线变形　过 A 点的两条正交流体线伸长或压缩,与此相应的是面积增大或缩小,参见图 3-12(d)。

综上所述,平移运动只改变四边形的位置而不改变其形状、大小和方向。而后三种运动形式会使四边形的形状、大小或方向发生变化。

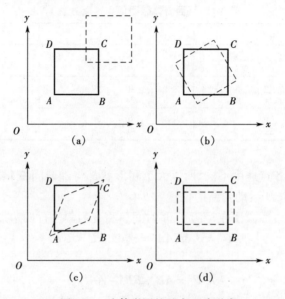

图 3-12　流体微团的基本运动形式
(a)平移运动;(b)旋转运动;(c)角变形运动;(d)线变形运动

下面继续以二元情形为例,分析后三种基本运动形式的几何特征及其数学描述。

3.4.1　旋转角速度

将过 A 点的任意两条正交微元流体线在 x、y 平面运动的旋转角速度的平均值定义为 A 点流体旋转角速度在垂直该平面方向的分量,用 ω 表示,如图 3-13 所示。AB 线的旋转角速度为

$$\omega_{AB} = \lim_{\Delta t \to 0} \frac{\Delta \alpha}{\Delta t} = \lim_{\Delta t \to 0} \frac{\Delta \eta / \Delta x}{\Delta t}$$

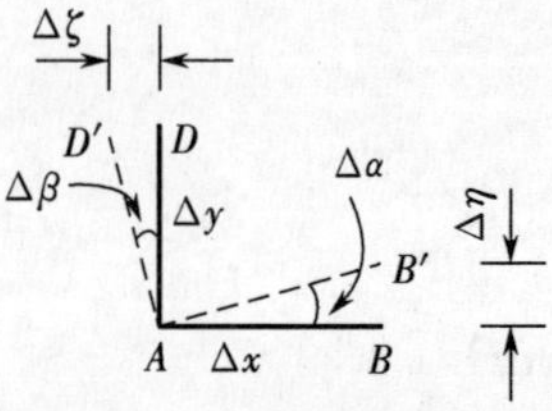

由于

$$\Delta \eta = \frac{\partial v}{\partial x} \Delta x \Delta t$$

故

$$\omega_{AB} = \lim_{\Delta t \to 0} \frac{(\partial v / \partial x) \Delta x \cdot (\Delta t / \Delta x)}{\Delta t} = \frac{\partial v}{\partial x}$$

图 3-13　旋转角速度

同理可得 AD 线旋转角速度为

$$\omega_{AD} = -\frac{\partial u}{\partial y}$$

所以

$$\omega_z = \frac{1}{2}(\omega_{AB} + \omega_{AD}) = \frac{1}{2}\left(\frac{\partial v}{\partial x} - \frac{\partial u}{\partial y}\right)$$

推广到三维空间即可得到 x 和 y 方向的旋转角速度分量 ω_x 和 ω_y

$$\omega_x = \frac{1}{2}\left(\frac{\partial w}{\partial y} - \frac{\partial v}{\partial z}\right)$$

$$\omega_y = \frac{1}{2}\left(\frac{\partial u}{\partial z} - \frac{\partial \omega}{\partial x}\right)$$

从而得整个流体微团的旋转角速度

$$\boldsymbol{\omega} = \omega_x \boldsymbol{i} + \omega_y \boldsymbol{j} + \omega_z \boldsymbol{k}$$

$$= \frac{1}{2}\left(\frac{\partial w}{\partial y} - \frac{\partial v}{\partial z}\right)\boldsymbol{i} + \frac{1}{2}\left(\frac{\partial u}{\partial z} - \frac{\partial \omega}{\partial x}\right)\boldsymbol{j} + \frac{1}{2}\left(\frac{\partial v}{\partial x} - \frac{\partial u}{\partial y}\right)\boldsymbol{k} \qquad (3\text{-}22)$$

根据 $\boldsymbol{\omega}$ 是否为零,流体力学将流动划分为有旋流动和无旋流动。

如果在流场中的每一点处,流体微团的旋转角速度 $\boldsymbol{\omega}$ 均为零,即

$$\omega_x = \omega_y = \omega_z = 0 \qquad (3\text{-}23)$$

则称这样的流场处处无旋,相应的流动为**无旋流动**,反之为**有旋流动**。

3.4.2　角变形速度

流体微团的任意相互垂直的两条线段之间的夹角随时间的变化速度称为**直角变形速度**。如图 3-14 所示,在 xy 平面流体微团的直角变形速度就等于 AB 与 AD 线段之间的夹角 α 的减小率,经过 Δt 时间,$\Delta\alpha = \alpha - 90° = -(\Delta\alpha_1 + \Delta\alpha_2)$,因此直角变形速度为

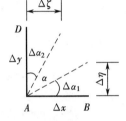

图 3-14　角变形速度

$$-\frac{\mathrm{d}\alpha}{\mathrm{d}t} = \frac{\mathrm{d}\alpha_1}{\mathrm{d}t} + \frac{\mathrm{d}\alpha_2}{\mathrm{d}t}$$

而

$$\frac{\mathrm{d}\alpha_1}{\mathrm{d}t} = \lim_{\Delta\alpha\to 0}\frac{\Delta\alpha_1}{\Delta t} = \lim_{\Delta t\to 0}\frac{\Delta\eta/\Delta x}{\Delta t} = \lim_{\Delta t\to 0}\frac{(\partial v/\partial x\,\Delta x\,\Delta t)/\Delta x}{\Delta t} = \frac{\partial v}{\partial x}$$

同理可得

$$\frac{\mathrm{d}\alpha_2}{\mathrm{d}t} = \frac{\partial u}{\partial y}$$

因此,xy 平面流体微团的直角变形速度为

$$-\alpha = -\frac{\mathrm{d}\alpha}{\mathrm{d}t} = \frac{\mathrm{d}\alpha_1}{\mathrm{d}t} + \frac{\mathrm{d}\alpha_2}{\mathrm{d}t} = \frac{\partial v}{\partial x} + \frac{\partial u}{\partial y}$$

直角变形速度的一半称为流体微团的角变形速度,记作 ε_{xy} 或 ε_{yx}。即,

$$\varepsilon_{xy} = \varepsilon_{yx} = \frac{1}{2}\left(\frac{\partial u}{\partial y} + \frac{\partial v}{\partial x}\right)$$

推广到三维空间可得到三个正交方向的角变形速度分量为

$$\left.\begin{aligned}
\varepsilon_{xy} = \varepsilon_{yx} &= \frac{1}{2}\left(\frac{\partial u}{\partial y} + \frac{\partial v}{\partial x}\right) \\
\varepsilon_{yz} = \varepsilon_{zy} &= \frac{1}{2}\left(\frac{\partial v}{\partial z} + \frac{\partial w}{\partial y}\right) \\
\varepsilon_{xz} = \varepsilon_{zx} &= \frac{1}{2}\left(\frac{\partial u}{\partial z} + \frac{\partial w}{\partial x}\right)
\end{aligned}\right\} \qquad (3\text{-}24)$$

3.4.3　线变形速度

将单位时间单位长度流体线的伸长量定义为**线变形速度**。由表 3-1 可以看出 B、A 两点及

C、D 两点均存在沿 x 方向的速度差 $\frac{\partial u}{\partial x}\mathrm{d}x$。显然,如果 $\frac{\partial u}{\partial x}$ 不等于零,则流体微元沿 x 方向的长度将发生变化。容易证明,$\frac{\partial u}{\partial x}$ 即代表流体微元沿 x 方向线变形速度。同理可知微团沿 y 和 z 方向的线变形速度分别为 $\frac{\partial v}{\partial y}$ 和 $\frac{\partial w}{\partial z}$。微团各边长度的变化将导致其体积的变化。可以证明,沿三个正交方向线变形速度的代数和 $\left(\frac{\partial u}{\partial x} + \frac{\partial v}{\partial y} + \frac{\partial w}{\partial z}\right)$ 即为流体微团的体积膨胀速度。

对于不可压缩流体

$$\frac{\partial u}{\partial x} + \frac{\partial v}{\partial y} + \frac{\partial w}{\partial z} = 0 \tag{3-25}$$

表明不可压缩流体的体积膨胀速度等于零。

综上可见,流体微团上任意一点的运动可以表示为平移、刚体旋转(绕通过微团自身某点的轴旋转)和变形三种基本运动形式的叠加。

✔本章小结

■ 流体质点的速度既可能随时间变化,也可能随空间位置而发生改变。

■ 连续性方程是质量守恒律在流体力学中的体现。总流连续性方程可用于求解变截面积管道的流动问题。

■ "微元体"方法是流体力学中建立基本方程式时经常使用的一种基本方法。

■ 若整个流场中流体的旋转角速度恒等于零,则称为无旋流动;反之,则为有旋流动。

思 考 题

3.1　为什么描述流动最好引用"场"的概念?

3.2　流体力学中拉格朗日法与欧拉法有何不同?

3.3　对流体质点和刚体质点的运动进行比较。

3.4　流线与迹线有何区别? 证明定常流动的流线与迹线重合。你能设计一种或几种显示流线的方法吗? 电学中和流线相类似的线是什么线?

3.5　在同一流场中,同一时刻不同的流体质点组成的曲线是否都是流线?

3.6　你能举一个报刊上提到体积流量的例子吗?

3.7　为什么流体质点某一参数的改变率要用质点导数表示? 质点导数由哪两部分组成? 各在什么条件下出现?

3.8　证明线变形速度 $\theta_x = \frac{\partial u}{\partial x}$。

3.9　证明在直角坐标系下,沿 z 轴方向的旋转角速度分量 ω_z 的表达式为

$$\omega_z = \frac{1}{2}\left(\frac{\partial v}{\partial x} - \frac{\partial u}{\partial y}\right)$$

3.10　流体微团的旋转角速度与刚体的旋转角速度有何不同?

3.11　试在柱坐标系下推导连续性微分方程。

习　题

3.1　流体在等截面直圆管内作层流流动,过流断面上的流速分布为

$$u = u_{\max}\left[1 - \left(\frac{r}{R}\right)^2\right]$$

式中:R 表示圆管的内半径;$u_{\max}$ 和 u 分别表示断面上的最大流速和断面上的分布速度;$0 \leqslant r \leqslant R$。求断面平均流速。

3.2　流体在等截面直圆管中作紊流流动,过流断面上的流速分布为

$$u = u_{\max}\left(1 - \frac{r}{R}\right)^{1/n}$$

式中:n 为常数,R、$u_{\max}$ 及 u 的意义与上题相同,求平均流速。若 $n=7$,平均流速为多少?

3.3　已知速度场为

$$\boldsymbol{u} = (2x + 2y)\boldsymbol{i} + (-y + x)\boldsymbol{j} + (x - z)\boldsymbol{k}$$

求 $(2,4,2)$ 点的速度大小和方向。

3.4　已知平面流动的速度场为

$$\boldsymbol{u} = (4y - 6x)t\,\boldsymbol{i} + (6y - 9x)t\,\boldsymbol{j}$$

求:$t = 2$ s 时,$(2,4)$ 点的加速度为多少?

3.5　上题中,若 $t=1$,(1)求该瞬时的流线方程;(2)绘出 $x=0$ 至 $x=4$ 区间穿过 x 轴的四条流线图形。

3.6　已知平面速度场

$$\begin{cases} u = 1 - y \\ v = t \end{cases}$$

求:$t=1$ 时过 $(0,0)$ 点的流线及 $t=1$ 时位于 $(0,0)$ 点的质点轨迹。

3.7　试求下列流动中的线变形速度和角变形速度。

(1) $u = -ky$,$v = kx$;　(2) $u = \dfrac{-y}{x^2 + y^2}$,$v = \dfrac{x}{x^2 + y^2}$;　(3) $u = 2y$,$v = 2x$。

3.8　已知 $u = x^2 y + y^2$,$v = x^2 - y^2 x$,试求此流场中在 $x = 1$、$y = 2$ 点处的线变形速度、角变形速度和旋转角速度。

3.9　求两平行平板间流体的单位宽度体积流量,如流速分布为

$$u = u_{\max}\left[1 - \left(\frac{y}{6}\right)^2\right]$$

式中:$y=0$ 为中心线,$y = \pm b$ 为平板所在的位置,$u_{\max}$ 为常数。

3.10　验证下列速度场哪些满足连续性方程,哪些不满足?

(1) $u = -ky$,$v = kx$,$w = 0$;　　　　　　(2) $u = kx$,$v = -ky$,$w = 0$;

(3) $u = \dfrac{-y}{x^2 + y^2}$,$v = \dfrac{x}{x^2 + y^2}$,$w = 0$;　　(4) $u = ay$,$v = w = 0$;

(5) $u = 4$,$v = w = 0$;　　　　　　　　　(6) $u = 1$,$v = 2$;

(7) $v_r = k/r$(k 是不为零的常数),$v_\theta = 2$;　　(8) $v_r = 0$,$v_\theta = k/r$(k 是不为零的常数);

(9) $u = 4x, v = c$;　　　　　　　　　　(10) $u = 4xy, v = 0$。

3.11　试证明椭圆

$$\frac{x^2}{a^2} + \frac{y^2}{b^2} = 2$$

是平面流速场

$$\boldsymbol{v} = \left(-\frac{y}{b^2}\right)\boldsymbol{i} + \left(\frac{x}{a^2}\right)\boldsymbol{j}$$

中,经过点(a,b)的流线。

3.12　直径为 150 mm 的给水管道,输水量为 980.7 kg/h,试求断面平均流速。

3.13　断面为 300 mm×400 mm 的矩形风道,风量为 2 700 m³/h,求平均流速。如风道出口处断面收缩为 150 mm×400 mm,求该断面的平均流速。

3.14　水从水箱流经直径为 $d_1 = 10$ cm、$d_2 = 5$ cm、$d_3 = 2.5$ cm 的管道流入大气中。当出口流速为 10 m/s 时,求:(1)体积流量及质量流量;(2)d_1 及 d_2 管段的流速。

3.15　设计输水量为 2 942.1 kN/h 的给水管道,流速限制在 0.9~1.4 m/s 之间。试确定管道直径,根据所选直径求流速,直径规定为 50 mm 的倍数。

3.16　圆形风道的流量为 10 000 m³/h,流速不超过 20 m/s。试设计圆形风道直径并根据所选直径求流速。直径应当是 50 mm 的倍数。

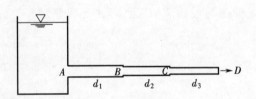

习题 3.14 图

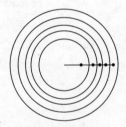

习题 3.15 图

3.17　在直径为 d 的圆形风道断面上,用如下方法选定五个点,测量局部风速。设想用和管轴同心但不同半径的圆周,将全部断面分为中间是圆,其他是圆环的五个面积相等的部分。测点即位于等分此部分面积的圆周上,由此测得的各点流速,分别代表相应断面的平均流速。求:(1)试计算各测点到管心的距离,表示为直径的倍数;(2)若各点流速为 u_1、u_2、u_3、u_4、u_5,空气密度为 ρ,求质量流量 Q_m。

3.18　某蒸汽干管的始端蒸汽流速为 25 m/s,密度为 2.62 kg/m³。干管前段直径为 50 mm,接出直径 40 mm 支管后,干管后段直径改为 45 mm。如果支管末端密度降低至 2.30 kg/m³,干管后段末端密度降低至 2.24 kg/m³,但两管质量流量相等,求两管末端流速。

3.19　空气流速由超音流过渡到亚音流时,要经过冲击波。如果在冲击波前,风道中速度 $v = 660$ m/s,密度 $\rho = 1$ kg/m³。冲击波后速度降低至 $v = 250$ m/s。求冲击波后的空气密度。

第 3 章习题参考答案

4　流体动力学基础

📖**本章的学习目的**

■　透彻理解物理量的量纲(dimension)和单位(unit)的定义,以及二者之间的联系与差异。

■　理解流体运动微分方程的推导思路和基本方法。

■　深刻理解能量方程和动量方程的物理意义,并能够熟练应用。

■　了解水头线图的工程意义及其绘制方法。

　　流体动力学研究流体的机械运动规律,即研究流体运动与其所受外力之间的关系,包括运动流体与固体之间相互作用的问题。流体的运动规律及其与固体之间的相互作用是通过流体运动参数之间的关系表现出来的,如压强、密度(重度)、流速、黏滞力以及质量力等参数间的关系。其中起主导作用的参数是压强和流速,流速的分布(或者说速度场)则是流体力学主要关注的目标。流体力学仍然属于牛顿经典力学的范畴,因此,流体运动除了要服从前面已经提到的三大基本守恒定律之外,还应满足所有的牛顿力学原理和定律。

　　本章首先讨论理想不可压缩流体的一般运动规律,然后重点讨论实际不可压缩流体的一元运动的基本规律,并相应推导出几个重要的基本方程。

4.1　量纲、单位及量纲和谐原理

　　在流体力学的问题中,会涉及各种不同的物理量,这就需要对这些物理量进行定性或定量的描述。定性描述是用以识别物理量的性质或类型(如密度、速度、加速度、时间、力和应力等)。**量纲**是表征各种物理量类别的标志。定量描述是提供一种度量物理量数值大小的方法。显然,在定量描述时要用到数以及用来比较各种物理量大小的一种标准。比如长度标准是 m 或 km 等,质量标准是 g 或 kg 等,这种标准就是**单位**的概念。量纲反映物理量的固有属性和本质特征,本身不受人为因素的影响。而单位则是人为规定的度量标准。

　　量纲可以分为基本量纲和导出量纲。基本量纲是相互独立的量纲,除了这些基本量纲以外的所有量纲都能由这些基本量纲导出,但是基本量纲之间不相互依赖。利用基本量纲(如长度 L、质量 M、时间 T 及温度 Ⓗ等)进行定性描述是很容易的。导出量纲则是由基本量纲组合出来的其他物理量的量纲。比如,速度的量纲为 LT^{-1},密度的量纲为 ML^{-3},力的量纲为 MLT^{-2}等。

　　流体力学中常用物理量的量纲和单位在表 4-1 中列出

　　在流体力学中基本量纲的个数一般为三个,但是在某些问题中可能多于或少于三个。

　　量纲和谐原理的含义是:一个完整、正确的物理方程式中的每一项应具有相同的量纲。或者说,只有相同量纲的物理量才能够相加减。

由量纲和谐原理可以得出两点推论:

①凡正确的物理方程均可以表示为由无量纲项组成的无量纲方程;

②某一物理过程(或现象)中所涉及的各物理量之间必然具有某种确定的联系,遵循物理量之间的这种规律性,就可能建立起表征物理过程(或现象)的数学方程。

表 4-1　常见物理量的量纲

物理量		符号	量纲	SI 单位
几何学量	长度	L	L	m
	面积	A	L^2	m^2
	体积	V	L^3	m^3
	水头	H	L	m
	分子平均自由程	λ	L	m
运动学量	时间	t	T	s
	流速	v	LT^{-1}	m/s
	加速度	a	LT^{-2}	m/s^2
	重力加速度	g	LT^{-2}	m/s^2
	角速度	ω	T^{-1}	rad/s
	流量	Q	L^{3}T^{-1}	m^3/s
	流函数	ψ	L^{2}T^{-1}	m^2/s
	速度势函数	φ	L^{2}T^{-1}	m^2/s
	运动黏度	ν	L^{2}T^{-1}	m^2/s
动力学量	质量	m	M	kg
	力	F	MLT^{-2}	N
	密度	ρ	ML^{-3}	Kg/m^3
	压强	p	ML^{-1}T^{-2}	N/m^2
	动力黏度	μ	ML^{-1}T^{-1}	Pa·s
	切应力	τ	ML^{-1}T^{-2}	Pa
	表面张力	σ	ML^{-2}	N/m
	能量、功	E、W	ML^{2}T^{-2}	N·M
	功率	N	ML^{2}T^{-3}	W

4.2　理想不可压缩流体运动微分方程

自然界中存在的所有真实流体都具有黏性,但是流体力学的发展过程表明,如果在任何情形下都考虑流体的黏性,那么,绝大多数的流体力学问题会因数学上的复杂性而难于求解,甚至无法求解。大量的理论分析和实验结果表明,一些流动情形中,忽略流体黏性的影响(即将流体视为没有黏性的理想流体)在工程上是允许的,相应问题的求解也因此而变得容易。所以研究理想不可压缩流体动力学具有理论和应用双重意义。

本节研究理想不可压缩流体的运动与其所受外力之间的关系。由于忽略了流体的黏性,所以作用在流体上的表面力只有法向应力(即压强),而无切向应力。

在如图 4-1 所示的直角坐标系下,选取一边长为 dx、dy、dz 的微元六面体系统。假定其中

心位于坐标为 (x,y,z) 的 M 点，M 点速度、压强及单位质量力分别为 $\boldsymbol{v}$、p 和 $\boldsymbol{f}$。$\boldsymbol{f}$ 的分力为 X、Y、Z。

沿 x 轴方向，对微元系统写出牛顿第二定律

$$\rho X \mathrm{d}x\mathrm{d}y\mathrm{d}z + \left(p - \frac{1}{2}\frac{\partial p}{\partial x}\mathrm{d}x\right)\mathrm{d}y\mathrm{d}z - \left(p + \frac{1}{2}\frac{\partial \rho}{\partial x}\mathrm{d}x\right)\mathrm{d}y\mathrm{d}z = \rho\frac{\mathrm{d}u}{\mathrm{d}t}\mathrm{d}x\mathrm{d}y\mathrm{d}z \tag{4-1}$$

整理，可得

$$\frac{\mathrm{d}u}{\mathrm{d}t} = X - \frac{1}{\rho}\frac{\partial \rho}{\partial x} \tag{4-2}$$

类似地，可以得出 y 和 z 两个轴向的投影方程

$$\frac{\mathrm{d}v}{\mathrm{d}t} = Y - \frac{1}{\rho}\frac{\partial p}{\partial y} \tag{4-3}$$

和

$$\frac{\mathrm{d}w}{\mathrm{d}t} = Z - \frac{1}{\rho}\frac{\partial p}{\partial z} \tag{4-4}$$

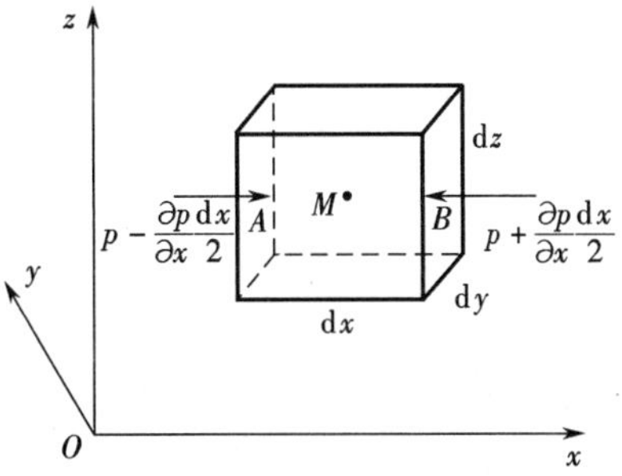

于是，便得到理想不可压缩流体的运动微分方程

图 4-1　微元六面体系统

$$\left.\begin{aligned}\frac{\mathrm{d}u}{\mathrm{d}t} &= X - \frac{1}{\rho}\frac{\partial p}{\partial x}\\[1mm]\frac{\mathrm{d}v}{\mathrm{d}t} &= Y - \frac{1}{\rho}\frac{\partial p}{\partial y}\\[1mm]\frac{\mathrm{d}w}{\mathrm{d}t} &= Z - \frac{1}{\rho}\frac{\partial p}{\partial z}\end{aligned}\right\} \tag{4-5}$$

这是著名的欧拉运动微分方程，是由瑞士科学家欧拉在 1755 年提出的。

根据式(3-7)，可将上式化为如下形式

$$\left.\begin{aligned}X - \frac{1}{\rho}\frac{\partial p}{\partial x} &= \frac{\partial u}{\partial t} + u\frac{\partial u}{\partial x} + v\frac{\partial u}{\partial y} + w\frac{\partial u}{\partial z}\\[1mm]Y - \frac{1}{\rho}\frac{\partial p}{\partial y} &= \frac{\partial v}{\partial t} + u\frac{\partial v}{\partial x} + v\frac{\partial v}{\partial y} + w\frac{\partial v}{\partial z}\\[1mm]Z - \frac{1}{\rho}\frac{\partial p}{\partial z} &= \frac{\partial \omega}{\partial t} + u\frac{\partial w}{\partial x} + v\frac{\partial w}{\partial y} + w\frac{\partial w}{\partial z}\end{aligned}\right\} \tag{4-6a}$$

上式可以用一个矢量方程表示为

$$\frac{\mathrm{d}\boldsymbol{v}}{\mathrm{d}t} = \boldsymbol{f} - \frac{1}{\rho}\mathrm{grad}\,p \tag{4-6b}$$

在式(4-5)的三个方程中包含三个轴向流速分量 u、v、w 及压强 p 共四个未知参数。若再补充一个方程，通常是不可压缩流体的连续性方程，即可使方程组封闭。从理论上说，理想不可压缩流体的动力学问题是完全可以解决的。但实际情况是除少数特殊情形外，一般很难得到这个非线性微分方程组的解析解。

4.3　实际流体的运动微分方程

实际流体运动微分方程可以仿照欧拉运动微分方程去推导，二者不同之处在于：对于实际流体，作用于微元六面体系统各个面上，不仅有法向应力，还有切向应力，如图 4-2 所示。现在不加推导地直接给出实际流体运动微分方程(具体推导过程可参阅有关文献)

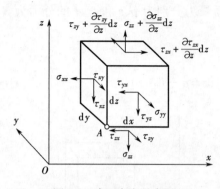

图 4-2　表面应力示意图

$$\frac{du}{dt} = X - \frac{1}{\rho}\frac{\partial p}{\partial x} + \nu\left(\frac{\partial^2 u}{\partial x^2} + \frac{\partial^2 u}{\partial y^2} + \frac{\partial^2 u}{\partial z^2}\right)$$

$$\frac{dv}{dt} = Y - \frac{1}{\rho}\frac{\partial p}{\partial y} + \nu\left(\frac{\partial^2 v}{\partial x^2} + \frac{\partial^2 v}{\partial y^2} + \frac{\partial^2 v}{\partial z^2}\right)$$

$$\frac{dw}{dt} = Z - \frac{1}{\rho}\frac{\partial p}{\partial z} + \nu\left(\frac{\partial^2 w}{\partial x^2} + \frac{\partial^2 w}{\partial y^2} + \frac{\partial^2 w}{\partial z^2}\right)$$

$$(4\text{-}7)$$

这就是实际不可压缩流体的运动微分方程,是由法国人纳维尔(Navier)和英国人斯托克斯(Stokes)先后独立提出,因此也称该方程为纳维—斯托克斯方程,简称 N-S 方程。它是实际流体运动的一般形式的控制方程。

与欧拉运动微分方程相比较,N-S 方程是一个二阶非线性偏微分方程组,求解难度更大,一般极少能够得到解析解。但令人乐观的是,随着计算机与计算技术日新月异的发展,利用数值方法求解流体力学方程的解已经成为流体力学几种主要的研究方法之一。

4.4　沿流线方向的欧拉运动微分方程及其积分

根据第三章中的介绍,流线与流场中的速度矢量处处相切,而且在定常流中,由于迹线与流线重合,流体质点将沿流线运动。因此,在描述定常流动中流体质点的运动时,选取质点沿流线的运动距离为坐标建立方程是十分方便的。

4.4.1　沿流线方向的欧拉运动微分方程及其积分

将理想不可压缩流体运动微分方程(4-6b)在如图 4-3 所示的流线坐标 s 方向投影,流线上速度以及单位质量力沿流线方向的分力分别用 u 和 S 表示,可得

$$\frac{\partial u}{\partial t} + \frac{\partial u}{\partial s}\frac{ds}{dt} = S - \frac{1}{\rho}\frac{\partial p}{\partial s} \tag{4-8}$$

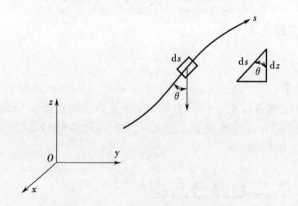

图 4-3　流线坐标下的运动分析

对于一元定常流动,所有参数只是流线坐标 s 的函数,即有

$$\frac{\partial u}{\partial t}=0,\frac{\partial u}{\partial s}=\frac{\mathrm{d}u}{\mathrm{d}s},\frac{\mathrm{d}s}{\mathrm{d}t}=u,\frac{\partial p}{\partial s}=\frac{\mathrm{d}p}{\mathrm{d}s}$$

当质量力仅为重力时,单位质量力在流线坐标方向的分量可表示为

$$s=-g\cos\theta=-g\frac{\mathrm{d}z}{\mathrm{d}s}$$

从而,可将方程(4-8)变形为

$$u\frac{\mathrm{d}u}{\mathrm{d}s}=-g\frac{\mathrm{d}z}{\mathrm{d}s}-\frac{1}{\rho}\frac{\mathrm{d}p}{\mathrm{d}s} \tag{4-9}$$

或

$$u\mathrm{d}u+g\mathrm{d}z+\frac{\mathrm{d}p}{\rho}=0 \tag{4-10}$$

这就是沿流线的欧拉运动微分方程。将上式变形为

$$\mathrm{d}\left(\frac{u^2}{2g}\right)+\mathrm{d}z+\mathrm{d}\left(\frac{p}{\gamma}\right)=0$$

并积分之,得

$$\frac{p}{\gamma}+z+\frac{u^2}{2g}=C(\text{常数}) \tag{4-11a}$$

对于流线上的任意两点1、2,也可将上式写成如下形式

$$\frac{p_1}{\gamma}+z_1+\frac{u_1^2}{2g}=\frac{p_2}{\gamma}+z_2+\frac{u_2^2}{2g} \tag{4-11b}$$

这就是著名的理想不可压缩流体伯努利方程,是瑞士科学家丹尼尔·伯努利(Daniel Bernoulli)在1738年发表的。

如图4-4所示,方程(4-11a)是方程(4-10)沿元流中某一流线 $m-m$ 积分而得的结果。由于元流的过流断面积是一个微元面积,因而过流断面上的任一流动参数(如 p、u 或 z 等)可视为具有相同的值。于是,可将方程(4-11a)和(4-11b)推广至元流,相应地称为元流伯努利方程。

伯努利方程是(工程)流体力学中最重要的和具有实用价值的方程式之一。因为在此方程中包含了流体力学中两个重要的参数,即压强和流速。元流伯努利方程反映压强、流速和位置高度沿某一元流(或流线)的变化情况。应该注意的是元流伯努利方程是在理想、定常、不可压缩及沿流线(或元流)四个限定条件下导出的,因此,在使用伯努利方程时应满足此四个条件。另外,方程(4-11a)中的积分常数 c 沿不同的流线(或元流)可以具有不同的值。

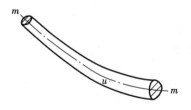

图4-4　流线与元流

4.4.2　元流伯努利方程的物理意义

伯努利方程的物理意义可从以下两个方面来解释。

(1)能量意义

伯努利方程(4-11a)中的各项都可以理解为某一种形式的机械能。第一项 p/γ 代表单位重量流体具有的压能。第二项 z 代表单位重量的流体具有的位能。同理,第三项 $u^2/2g$ 代表

单位重量的流体具有的动能。(以上三点请读者自行证明)

上述三项之和代表单位重量流体所具有的总机械能。因此,在前面提到的四个限定条件下,伯努利方程表示单位重量流体所具有的总机械能沿任意一条流线保持不变,但不同类型的机械能之间可以相互转化。

(2)几何意义

从量纲上看,伯努利方程中各项的量纲为长度,其数值相应地表示重度为 γ 的液体高度,在流体力学中习惯称为水头。譬如:p/γ 称为压强水头,可以理解为产生大小为 p 的压强所需的流体柱的高度;z 称为位置水头,可理解为流体质点相对于零势面(基准面)的高度;$u^2/2g$ 称为速度水头,可理解为流体以初速度 u 垂直上射,在不考虑摩擦损失的情况下所能达到的高度。伯努利方程表明沿流线(或元流)压强水头、位置水头以及速度水头之和为常数。

下面,以毕托管为例说明元流伯努利方程的应用。

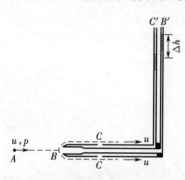

图4-5　毕托管测速原理

毕托管是由毕托(Pitot)首先使用的一种简单的流场测速仪器,如图4-5所示。管前端开孔 B 迎向来流,B 端有通路与 B' 端相通。管侧壁有多个开孔(或条形缝)C,有通路与 C' 相通。当测定水流时,C'、B' 两管水面高差 Δh 反映 B、C 两处的压差。当测定气流时,C'、B' 两端与液柱式压差计连接,以测出 B、C 两处的压差。

水流(假定流动介质是水)最初由 B、C 处流入并分别沿管上升至一定高度后达到稳定,此后流体不再由 B、C 处流入。沿流线 A、B、C 分析流动:流体质点沿流线由 $A\rightarrow B$,流速由 u 变为 0 ,B 点称为**滞止点**或**驻点**。由 $B\rightarrow C$,流速又由 0 逐渐恢复到 u。严格地讲,由于置放毕托管而引起的扰动,C 点的流速和压强应略有别于 A 点。但是,由于毕托管管径较小,可暂不考虑它对流场的扰动,即认为 C 点的流速和压强与 A 点相同,即 $p_C = p_A = p$,$u_C = u_A = u$。实际产生的误差最后统一修正。

沿流线 BC 写伯努利方程(不考虑能量损失)

$$\frac{p_B}{\gamma} + 0 = \frac{p}{\gamma} + \frac{u^2}{2g}$$

于是,得

$$u = \sqrt{2g \cdot \frac{(p_B - p)}{\gamma}} \tag{4-12}$$

不难看出,$\dfrac{p_B - p}{\gamma}$ 就等于两开口压差计中液面高差 Δh。于是,流场中 A 点流速的计算公式可表示为

$$u = \varphi \sqrt{2g\Delta h} \tag{4-13}$$

式中:φ 是对上面提到及其他因素所引起误差的修正,称为流速系数,其取值一般在 $1.0 \sim 1.04$ 之间。在要求精度不是很高的情况下,可以取 $\varphi = 1.0$。

如果测定的是气体流场,则可根据液柱式压差计测出的压差 $p_B - p = \gamma'\Delta h$,代入式(4-12)得到气体流速的计算公式

$$u = \varphi \sqrt{2g \frac{\gamma'}{\gamma} \Delta h} \tag{4-14}$$

式中:γ' 表示压差计中所用液体的重度,γ 表示流场中气体的重度。

【**例题 4-1**】 在如图所示的管道中插入毕托管,管中流体为空气,压差计中的液体为水银,空气密度 $\rho = 1.2 \ \text{kg/m}^3$。假定管中流动是理想、定常和不可压缩流动。试求:管中空气的流速 u。

【**解**】 如图(4-1b)所示,沿流线对 a、b 两点写能量方程

$$\frac{p}{\gamma} + \frac{u^2}{2} = \frac{p_b}{\gamma}$$

式中:p_b 是滞止点压强。解得

$$u = \sqrt{\frac{2(p_b - p)}{\rho}}$$

由静力学关系得

$$p_b - p = \gamma_{Hg} \times 0.03$$

于是

$$\begin{aligned} u &= \sqrt{2 \frac{\rho_{Hg}}{\rho} \times g \times 0.03} \\ &= \sqrt{2 \times 13.6 \times \frac{1\,000}{1.23} \times 9.807 \times 0.03} \\ &= 80.8 \ \text{m/s} \end{aligned}$$

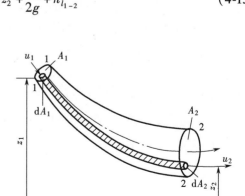

例题 4-1 图

以上导出了理想流体的元流能量方程。对于实际流体而言,当流体流动时,在流体与固体壁面之间以及流体内部都存在黏性切应力。这种黏性切应力将做负功,不断消耗流体的能量。也就是说,在实际流体的运动过程中一直伴随着能量损失的存在。因此,若以 $h'_{l_{1-2}}$ 表示元流 1、2 两断面间单位重量流体的流动能量损失,则由方程(4-11b)不难得到适用于实际流体的元流能量方程

$$\frac{p_1}{\gamma} + z_1 + \frac{u_1^2}{2g} = \frac{p_2}{\gamma} + z_2 + \frac{u_2^2}{2g} + h'_{l_{1-2}} \tag{4-15}$$

4.5 实际流体总流伯努利方程

在上一节中得到了元流能量方程式。现在把它推广到总流,以得出在实际工程中更加具有实用价值、对平均流速和压强计算极为重要的总流能量方程式。

设不可压缩流体作定常流动。在总流各自处于渐变流的流段上,任意选取 1、2 两个过流断面(图 4-6),并在总流中任选一元流(图中阴影部分),根据式(4-15)写出元流伯努利

图 4-6 元流与总流

方程

$$\frac{p_1}{\gamma} + z_1 + \frac{u_1^2}{2g} = \frac{p_2}{\gamma} + z_2 + \frac{u_2^2}{2g} + h'_{l_{1-2}}$$

将方程中各项同乘此元流的重量流量 $\gamma \mathrm{d}Q$,得

$$\left(\frac{p_1}{\gamma} + z_1 + \frac{u_1^2}{2g}\right)\gamma \mathrm{d}Q = \left(\frac{p_2}{\gamma} + z_2 + \frac{u_2^2}{2g}\right)\gamma \mathrm{d}Q + h'_{l_{1-2}}\gamma \mathrm{d}Q$$

现将上式中各项在相应过流断面对流量积分,得

$$\int_Q \left(\frac{p_1}{\gamma} + z\right)\gamma \mathrm{d}Q + \int_Q \frac{u_1^2}{2g}\gamma \mathrm{d}Q = \int_Q \left(\frac{p_2}{\gamma} + z\right)\gamma \mathrm{d}Q + \int_Q \frac{u_2^2}{2g}\gamma \mathrm{d}Q + \int_Q h'_{l_{1-2}}\gamma \mathrm{d}Q \qquad (4\text{-}16)$$

式中的积分可分为如下三个部分。

(1)势能项积分 $\int_Q \left(\frac{p}{\gamma} + z\right)\gamma \mathrm{d}Q$

根据上一章介绍,知道在渐变流过流断面上压强服从静压强分布规律,即在过流断面上

$$\frac{p}{\gamma} + z = c$$

从而

$$\int_Q \left(\frac{p}{\gamma} + z\right)\gamma \mathrm{d}Q = \left(\frac{p}{\gamma} + z\right)\gamma Q$$

(2)动能项积分 $\int_Q \frac{u^2}{2g}\gamma \mathrm{d}Q$

引入动能修正系数 α,进而将动能项积分用平均速度 v 表示,α 的定义如下:

$$\alpha = \frac{\int_A u^3 dA}{v^3 A} \qquad (4\text{-}17)$$

于是,得

$$\int_Q \frac{u^2}{2g}\gamma \mathrm{d}Q = \frac{\alpha v^2}{2g}\gamma \mathrm{d}Q$$

动能修正系数 α 的物理意义是:单位时间通过过流断面的实际流量与按平均流速 v 计算的流量的比值。断面流速分布均匀时,$\alpha = 1$;断面流速分布不均匀时,$\alpha \neq 1$。而且,流速分布越不均匀,α 值越大。对于管中紊流,$\alpha = 1.05 \sim 1.1$。在实际工程计算中,常取 $\alpha = 1$。

(3)能量损失项积分 $\int_Q h'_{l_{1-2}}\gamma \mathrm{d}Q$

积分 $\int_Q h'_{l_{1-2}}\gamma \mathrm{d}Q$ 的物理意义是:单位时间流过 1 断面的所有流体质点(其重量和为 γQ)由 1 断面运动到 2 断面的(总)能量损失。定义每单位重量流体由 1 断面运动到 2 断面的平均能量损失为 $h_{l_{1-2}}$。显然

$$\int_Q h'_{l_{1-2}}\gamma \mathrm{d}Q = h_{l_{1-2}}\gamma Q$$

综上分析,可得

$$\left(\frac{p_1}{\gamma} + z\right)\gamma Q + \frac{\alpha_1 v^2}{2g}\gamma Q = \left(\frac{p_2}{\gamma} + z\right)\gamma Q + \frac{\alpha_2 v^2}{2g}\gamma Q + h_{l_{1-2}}\gamma Q$$

将上式中各项遍除 γQ，即得

$$\frac{p_1}{\gamma} + z_1 + \frac{\alpha_1 v_1^2}{2g} = \frac{p_2}{\gamma} + z_2 + \frac{\alpha_2 v_2^2}{2g} + h_{l_{1-2}} \qquad (4\text{-}18)$$

这就是实际不可压缩流体在重力场中作定常流动时的总流伯努利方程(也称为定常总流能量方程)。

在考虑一元流动时,根据总流伯努利方程,可以在某两个断面之间建立起压强和平均流速之间的关系,相应地能够求出某一断面的平均流速或压强。一般来说,能量方程不能反映各种形式的机械能沿管路连续变化的情况,而在实际工程上有时要求做到这一点。为此,以总水头线(H线)和测压管线(H_p线)等几条几何曲线给出这个问题的图形表示。

与元流能量方程的情形相似,总流能量方程中的各项也是长度量纲。因此,可以直接在总流上绘制总水头线和测压管水头线。下面以图4-7为例介绍水头线的绘制方法。

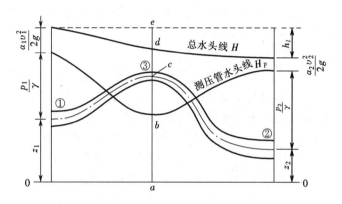

图4-7 水头线示意图

首先将所考虑的总流按一定的比例绘在一坐标图纸上并绘出管流的中心线,选定并绘制基准线 0-0;再由总流各断面中心向上按一定比例尺量取相应断面上的压强水头,将其点绘在坐标图纸上,即得各断面的测压管水头,这些点的连线就是测压管水头线;然后,由各断面的测压管水头线再向上量取相应断面的速度水头,便得到各断面的总水头,各断面的总水头值的连线就是总水头线。

显然,水头线图中共有四条基本线,即基准线(零势线)、总流中心线(通常是管道轴线)、总水头 H 线和测压管水头 H_p 线。在总流某一断面上,几条基本线之间的垂直距离都表示某种水头值。例如,总流中心线、H_p 线和 H 线到基准线的垂直距离分别表示该断面的位置水头值、测压管水头值和总水头值,H_p 线到总流中心线的垂直距离代表断面的压强水头值,H 线到 H_p 线的垂直距离表示断面上的速度水头值。

当不考虑能量损失时,H 线是一水平直线。反之,H 线必定沿流程下降(仅在有外加能量的地点,如通过泵或风机处,总水头线会出现一个骤然上升)。在均匀流段(如等截面直管中的流动),由于能量损失是沿流程均匀发生的,所以 H 线是一条递降直线;在急变流段(如管路大小头连接处、阀门及弯头等处的流动)出现能量的集中损失,因此 H 线会产生突然下跌。

一般 H 线总是位于 H_p 线上方,只在速度为零处二者重合。当 H_p 线位于总流中心线下方时,意味着在这一流段上相对压强为负值,即出现了真空,如图4-7中断面③的前后流段。

4.6　总流伯努利方程的应用

　　总流伯努利能量方程与连续性方程(有时也需要与流体静力学方程)联立,可以解决一元流动的断面流速和压强的计算问题。这在工程上有着重要意义。

　　下面对应用总流伯努利方程时需注意的问题做几点说明。

　　(1)应用时应具有灵活性

　　应用总流伯努利方程(下简称方程)时应具有足够的灵活性。严格地讲,在应用方程时,应该满足其导出条件,即流动定常和流体不可压缩以及断面选在渐变流段上。然而,无论是实际工程上的流动问题,还是自然界中的流动现象都很少是严格满足这三个条件的。因此,出于实际应用的目的,有必要将能量方程使用的条件适当放宽,如对于一些准定常问题和压缩性不很明显的流体或者在某些急变流断面上,可以认为方程仍然是适用的。由此而产生的误差可以根据经验或者通过实验数据修正。这样的处理一般可以满足工程上的精度要求。

　　(2)注意存在外加能量输入(出)的情况

　　方程的推导是在无能量输入或输出的情况下完成的。当所选取列方程的两个断面间存在能量输入(例如中间有泵或风机)或输出(例如中间有水轮机或气轮机)时,只需将输入的水头加在方程的左端或将输出的水头加在方程的右端即可。

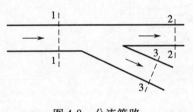

图4-8　分流管路

　　(3)注意合流或分流管路的应用

　　对合流或支流管路(如图4-8所示)方程仍然适用。1、2断面和1、3断面之间的能量方程形式分别为

$$\frac{p_1}{\gamma} + z_1 + \frac{\alpha_1 v_1^2}{2g} = \frac{p_2}{\gamma} + z_2 + \frac{\alpha_2 v_2^2}{2g} + h_{l_{1-2}} \qquad (4-19)$$

及

$$\frac{p_1}{\gamma} + z_1 + \frac{\alpha_1 v_1^2}{2g} = \frac{p_3}{\gamma} + z_3 + \frac{\alpha_3 v_3^2}{2g} + h_{l_{1-3}} \qquad (4-20)$$

式中:$h_{l_{1-2}}$ 和 $h_{l_{1-3}}$ 分别表示平均每单位重量的流体从1断面运动到2、3断面的能量损失。

　　可见,在断面间存在分流的情况下,能量方程的形式并无改变。同样,合流的情况也如此。这是因为总流能量方程表示单位重量的流体平均能量间的关系,而非断面之间总能量的关系。

　　(4)应用能量方程的基本步骤

　　1)分析流动现象(理解题意)　分析流动现象就是弄清楚所考虑的问题是否可按理想流体处理;流动是定常还是准定常;如果考虑的是气体流动问题,可预估气体流动的速度如何,进而判断流体能否被视为不可压缩。这些是在解题前应该明确的。

　　2)选取断面　应用能量方程时,需要选取两个断面。这两个断面应该在包含所求未知数的前提下,使已知参数尽量多。如此可简化求解过程。

　　3)选择基准面　基准面是位置水头 z 的参考面,原则上可以任意选定。但若将其选在通过两断面中较低断面的形心,就可使低断面的 z 值为零,而另一断面的 z 值就是两断面之间的垂直距离。最后列出并求解方程。

　　现在给出几个总流伯努利能量方程具体应用的示例。

　　【例题4-2】　如图所示,一水箱底部有一小孔,泄流的截面积为 $A(x)$,在小孔处 $x=0$,速

度为 v_0,截面积为 A_0。假定水箱中水高 h 保持常数,水箱的横截面远比小孔的大。设流体是理想、不可压缩的。求泄流截面积随高度的变化规律。

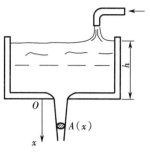

例题 4-2 图

【解】 对泄流 O、x 两断面写出能量方程

$$x + \frac{v_0^2}{2g} = \frac{v^2}{2g}$$

由连续性方程

$$v_0 A_0 = v A$$

①、②两式联立,解出

$$A(x) = \frac{v_0 A_0}{\sqrt{2gx + v_0^2}}$$

显然,随 x 的增大,泄流断面积逐渐减小,这与常识相符。

在实际工程的管流或某些液流的局部区域中,由于流速过大,使压强在该处局部显著降低,达到甚至低于相应水温的汽化压强。这时水迅速汽化,使一部分液体转化为蒸汽,出现了蒸汽气泡的区域,气泡随水流流入压强较高的区域而迅速溃灭,这种现象称为**液体空化**。当发生空化现象时,在某些局部伴随着气泡周期性的溃灭,会产生巨大的高频冲击力;同时,由于压强降低,使原来溶解于水中的某些活泼气体逸出,并在凝结热的助长下对管壁等金属表面产生化学腐蚀。另外,在发生汽化的局部,由于气泡堆积,减少了流通面积,从而影响了流体的正常输送。因此,在设计中必须注意避免空化现象。

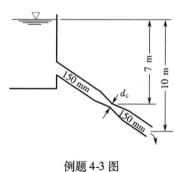

例题 4-3 图

【例题 4-3】 如图所示,当地大气压强为 97 kPa,收缩段的直径应当限制在什么数值以上,才能保证不出现空化。条件是水温为 40 ℃,不考虑损失。

【解】 已知水温为 40 ℃时,$\gamma = 9.73$ kN/m^3,$\rho = 992.2$ kg/m^3。

为了保证不发生空化,以 40 ℃时水的汽化压强 p_v 作为最小压强值,求出最小收缩段直径 d_c。当收缩段直径大于 d_c 时,收缩段压强必大于 p_v,避免产生汽化。水在 40 ℃时的汽化压强 $p_v = 7.38$ kPa。

以出口断面所在的水平面为基准,列液面和收缩断面的能量方程

$$10 + \frac{p_a}{\gamma} + \frac{v_0^2}{2g} = 3 + \frac{p_c}{\gamma} + \frac{v_c^2}{2g}$$

取

$$p_c = p_v = 7.38 \text{ kPa}$$

$$10 + \frac{97}{9.73} + 0 = 3 + \frac{7.38}{9.73} + \frac{v_c^2}{2g}$$

得

$$\frac{v_c^2}{2g} = 16.25 \text{ m}$$

列水面和管路出口断面的能量方程

$$10 + \frac{p_a}{\gamma} + 0 = 0 + \frac{p_a}{\gamma} + \frac{v^2}{2g}$$

$$\frac{v^2}{2g} = 10 \text{ m}$$

对管路出口断面和收缩断面,列连续性方程

$$v\frac{\pi d^2}{4} = v_c\frac{\pi d_c^2}{4}$$

则

$$\left(\frac{v_c}{v}\right)^2 = \frac{16.25}{10} = \frac{150^4}{d_c^4}$$

于是,得

$$d_c = 133 \text{ mm}$$

故收缩断面的直径应大于 133 mm。

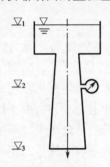

例题 4-4 图

【例题 4-4】 水箱中的水通过一垂直渐扩管满流向下泄出,如图所示。∇_1处为 0.7 m,∇_2处为 0.4 m,∇_3处为 0,$d_2 = 50$ mm,$d_3 = 80$ mm。不计损失。(1)求断面 2 处真空计读数;(2)若使真空计读数为零,d_2 应为多大?

【解】 (1) 对 1、3 两断面写能量方程

$$0.7 = \frac{v_3^2}{2g} \qquad \text{①}$$

$$v_3 = 3.7 \text{ m/s}$$

列 2、3 两断面的能量方程

$$\frac{p_2}{\gamma} + 0.4 + \frac{v_2^2}{2g} = \frac{v_3^2}{2g} = 0.7 \qquad \text{②}$$

由连续性方程,得

$$v_2 d_2^2 = v_3 d_3^2 \qquad \text{③}$$

②、③两式联立,解得

$$p_2 = -41.9 \text{ kPa}$$

即真空计度读数为 41.9 kPa。

(2)若 $p_2 = 0$,对 1、2 两断面列能量方程得

$$0.7 = 0.4 + \frac{v_2^2}{2g} \qquad \text{④}$$

$$v_2 = 2.43 \text{ m/s}$$

又由连续性方程

$$v_2 d_2^2 = v_3 d_3^2 \qquad \text{⑤}$$

得

$$d_2 = d_3\sqrt{\frac{v_3}{v_2}} = 0.99 \text{ m}$$

故要使真空计读数为零,d_2 应等于 0.99 m。

4.7 气体总流伯努利方程

前面,已经推导出不可压缩流体定常总流伯努利方程

$$\frac{p_1}{\gamma} + z_1 + \frac{\alpha_1 v_1^2}{2g} = \frac{p_2}{\gamma} + z_2 + \frac{\alpha_2 v_2^2}{2g} + h_{l_{1-2}}$$

它适用于不可压缩流体,也适用流速不太大的气体。应用于气体时,习惯将方程式中的每一项表示成压强量纲的形式,即

$$p_1' + \gamma z_1 + \frac{\rho v_1^2}{2} = p_2' + \gamma z_2 + \frac{\rho v_2^2}{2} + p_{l_{1-2}} \tag{4-21}$$

上式反映了单位体积气体的各种平均机械能之间的转换关系。式中 $p_{l_{1-2}}$ 表示每单位体积气体由 1 断面到 2 断面的平均压强损失,p_1'、p_2' 表示绝对压强。

若压强是以相对压强表示,对于高差较大、管内外气体重度不同的气体管路,必须考虑大气压强因高度不同而引起的差异。前面已述,相对压强的严格定义是:相对压强是绝对压强与同高程大气压强的差值。设高程 z_1 处大气压强为 p_a,则 z_2 处大气压强应为

$$p_a - \gamma_a(z_2 - z_1)$$

于是,有

$$\begin{cases} p_1' = p_1 + p_a \\ p_2' = p_2 + p_a - \gamma_a(z_2 - z_1) \end{cases} \tag{4-22}$$

将上式代入式(4-21),得

$$p_1 + p_a + \gamma z_1 + \frac{\rho v_1^2}{2} = p_2 + p_a - \gamma_a(z_2 - z_1) + \gamma z_2 + \frac{\rho v_2^2}{2} + p_{l_{1-2}}$$

整理得

$$p_1 + (\gamma_a - \gamma)(z_2 - z_1) + \frac{\rho v_1^2}{2} = p_2 + \frac{\rho v_2^2}{2} + p_{l_{1-2}} \tag{4-23}$$

这是以相对压强形式表示的定常气体总流能量方程式。

必须说明:①使用该方程式时,p_1、p_2 只能是相对压强;②在写能量方程式时,必须沿流动方向的顺序选取断面,即 1 断面一定要取在上游断面(图 4-9)。

类似各种水头的定义,式(4-23)中的各项及其组合也有基本相近的意义。习惯称 p 为静压,$\frac{\rho v^2}{2}$ 称为动压,$(\gamma_a - \gamma)(z_2 - z_1)$ 称为位压,静压与位压之和称为势压,静压与动压之和称为全压,静压、位压及动压三者之和称为总压。

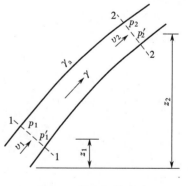

图 4-9 管中气体流动

【**例题 4-5**】 如下图所示,空气由炉口 a 流入,通过燃烧后废气经 b、c、d 由烟囱流出。烟气密度 $\rho = 0.6 \text{ kg/m}^3$,空气密度 $\rho_a = 1.2 \text{ kg/m}^3$,由 $a \to c$ 及 $c \to d$ 的压强损失分别为 $9 \times \frac{\rho v^2}{2}$ 和 $20 \times \frac{\rho v^2}{2}$。求:(1) 出口流速 v;(2) c 处静压 p_c。(假设烟道为等截面通道)

【**解**】 (1)在炉口 a 前取一断面 $0-0$,面积可视为无穷大,断面上速度为零。对 0 断面和出口断面 d 写气流能量方程式(4-23),得

$$(\rho_a - \rho)g(50 - 0) = \frac{\rho v^2}{2} + 29 \times \frac{\rho v^2}{2}$$

代入数据,得

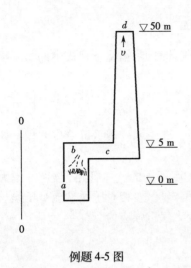

例题 4-5 图

$$0.6g \times 50 = 30 \times \frac{0.6}{2}v^2$$

解得

$$v = 5.7 \text{ m/s}$$

(2)对 c、d 两断面写能量方程

$$p_c + 0.6g(50-5) + \frac{\rho v^2}{2} = \frac{\rho v^2}{2} + 20\frac{\rho v^2}{2}$$

故

$$p_c = 20 \times 9.8 - 45 \times 0.6g = -68.6 \text{ Pa}$$

【例题 4-6】 如图所示,矿井竖井和横向坑道相连,竖井高为 200 m,坑道长 300 m,坑道和竖井内气温保持为 $t = 15 \text{ ℃}$,密度 $\rho = 1.18 \text{ kg/m}^3$,坑道外气温在清晨为 $t = 5 \text{ ℃}$,$\rho_m = 1.29 \text{ kg/m}^3$,中午为 $t = 20 \text{ ℃}$,$\rho_n = 1.20 \text{ kg/m}^3$。问早、午空气的气流流向及气流速度的大小?假定总的损失为 $9\gamma\frac{v^2}{2g}$。

【解】 早晨空气外重内轻,故气流向上流动。在 b 出口外大气中选取一断面,并对该断面与 a 出口断面写能量方程(设此时坑道内气流速度为 v)

$$(\rho_m - \rho)g \times 200 = \frac{\rho v^2}{2} + 9\frac{\rho v^2}{2}$$

代入数据,得

$$(1.29 - 1.18)g \times 200 = \frac{10}{2} \times 1.18v^2$$

解出

$$v = 6.03 \text{ m/s}$$

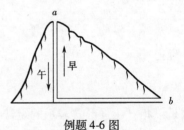

例题 4-6 图

中午空气内重外轻,坑道内空气向下流动,在 a 出口外大气中选取一断面,并对该断面与 b 出口断面写能量方程(设此时坑道内气流速度为 v')

$$g(\rho_n - \rho)(-200) = \frac{\rho v'^2}{2} + 9\frac{\rho v'^2}{2}$$

代入数据,得

$$g \times 0.02 \times 200 = \frac{10}{2} \times 1.18v'^2$$

解出

$$v' = 2.6 \text{ m/s}$$

4.8　定常总流动量方程

前面根据质量和能量守恒定律分别导出了一元流动的连续性方程和能量方程。应用这两个方程,可以求出一元流动的流速及断面压强,但无法求出流体与固体之间的作用力。涉及求解流体与固体之间作用力的问题就必须建立流体力学中的第三个基本方程,即动量方程。动

量方程是动量守恒定律在流体力学中的具体应用。由理论力学知道质点系的动量 $\Sigma m\boldsymbol{v}$ 对时间的变化率等于作用在该质点系上所有外力的合力 $\Sigma\boldsymbol{F}$，即

$$\frac{\mathrm{d}}{\mathrm{d}t}(\Sigma m\boldsymbol{v}) = \Sigma\boldsymbol{F} \tag{4-24}$$

在将动量定理应用到流体连续介质时，以控制体为对象进行描述最为方便。具体表述为：作用在控制体内流体上的外力的合力，等于单位时间控制体内流体动量的增量与通过控制面净流出的(流出与流入的差值)流体动量之和。其数学表达式为

$$\frac{\partial}{\partial t}\int_{CV}\rho\boldsymbol{u}\mathrm{d}V + \int_{CS}\rho\boldsymbol{u}(\boldsymbol{u}\cdot\mathrm{d}\boldsymbol{S}) = \Sigma\boldsymbol{F} \tag{4-25}$$

式中：左侧第一项代表单位时间控制体内流体动量的增量，第二项表示单位时间净流出控制体的流体动量；右侧项表示作用在控制体内流体上的所有外力的合力。

对于定常流动，上式左侧第一项显然为零。动量方程简化为

$$\int_{CS}\rho\boldsymbol{u}(\boldsymbol{u}\cdot\mathrm{d}\boldsymbol{S}) = \Sigma\boldsymbol{F} \tag{4-26}$$

对于总流流动，为便于工程应用，方程(4-26)还可以进一步简化为代数方程。在此仍假定流体是不可压缩的。

在总流各自处于渐变流流动的区段，任意截取两个断面 1、2，面积分别为 A_1 和 A_2，如图 4-10 所示。以二者与总流侧壁围成的封闭曲面为控制面，控制面所包围的体积即为控制体。流体由 1 断面流入，2 断面流出，侧壁上没有流体通过。由于 1、2 两断面都分别选取在渐变流流段，因此，过流断面 1、2 可近似视为平面，1 断面上流速方向与断面外法线方向相反，2 断面流速方向与断面外法线方向相同。此时有

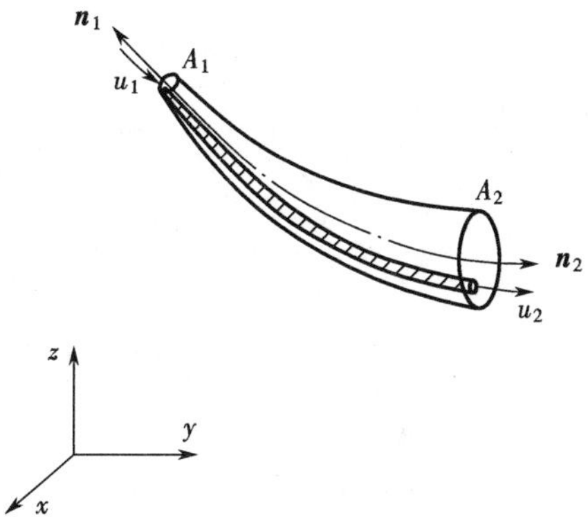

图 4-10 总流控制体

$$\int_{CS}\rho\boldsymbol{u}(\boldsymbol{u}\cdot\mathrm{d}\boldsymbol{S}) = \boldsymbol{n}_2\int_{A_2}\rho u_2^2\mathrm{d}A + \boldsymbol{n}_1\int_{A_1}\rho u_1^2\mathrm{d}A \tag{4-27}$$

与总流伯努利方程的处理方法相似，按如下定义式引入动量修正系数 α_0

$$\alpha_0 = \frac{\int_A u^2\mathrm{d}A}{v^2 A} \tag{4-28}$$

其物理意义与动能修正系数 α 类似，在此不再详细解释。

于是，可将式(4-27)中的断面分布速度 u 用平均速度 v 替换，再注意到 $v_1A_1 = v_2A_2 = Q$，即得

$$\int_{CS}\rho\boldsymbol{u}(\boldsymbol{u}\cdot\mathrm{d}\boldsymbol{S}) = \boldsymbol{n}_2\alpha_{02}\rho v_2^2 A_2 + \boldsymbol{n}_1\alpha_{01}\rho v_1^2 A_1$$

$$= \rho(\alpha_{02}\boldsymbol{v}_2 - \alpha_{01}\boldsymbol{v}_1)Q \tag{4-29}$$

将上式代入式(4-26)中，得

$$\Sigma\boldsymbol{F} = \rho Q(\alpha_{02}\boldsymbol{v}_2 - \alpha_{01}\boldsymbol{v}_1) \tag{4-30}$$

这就是矢量形式的不可压缩流体定常总流动量方程。它在直角坐标系中三个轴向投影表达式为

$$\left.\begin{array}{l} \Sigma F_x = \rho Q(\alpha_{02}v_{2x} - \alpha_{01}v_{1x}) \\ \Sigma F_y = \rho Q(\alpha_{02}v_{2y} - \alpha_{01}v_{1y}) \\ \Sigma F_z = \rho Q(\alpha_{02}v_{2z} - \alpha_{01}v_{1z}) \end{array}\right\} \qquad (4\text{-}31)$$

关于总流动量方程的几点说明如下。

①与动能修正系数 α 同样的分析,一般可将 α_0 值取为 1.0。

②动量方程(4-30)及(4-31)中的左端项的意义是对作用在流体上的全部外力的求和。

③方程(4-31)中的 6 个轴向速度分量 v_{1x}、v_{2x}、……、v_{2z} 本身都是代数量,即当其方向与所选取坐标轴方向一致时,取正值,反之,则取负值。关于这一点请注意例题中的说明。

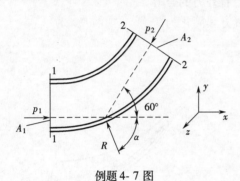

例题 4- 7 图

【例题 4-7】 水在直径为 10 cm 的水平弯管中,以 5 m/s 的流速流动,如图所示,弯管前端的压强为 0.1 at,如不计水头损失,求水流对弯管的作用力。

【解】 在弯管上下游取 1—1 和 2—2 断面,并以此二断面及断面间管壁为控制面。由于管路水平且截面积相等,根据连续方程和能量方程,容易得到 $p_2 = p_1 = 9.807$ kPa。

设弯管对水流作用力为 $\boldsymbol{R}$,则由动量方程,得

$$R_x + p_1 A - p_2 A\cos 60° = \rho Q(v\cos 60° - v)$$

$$R_y - p_2 A\sin 60° = \rho Q(v\sin 60° - 0)$$

代入数据,有

$$R_x + 9.807 \times \frac{\pi}{4} \times 0.1^2 \times (1 - 0.5) = \frac{\pi}{4} \times (0.1)^2 \times 5^2(0.5 - 1)$$

$$R_y - 9.807 \times \frac{\pi}{4} \times (0.1)^2 \times \frac{\sqrt{3}}{2} = \frac{\pi}{4} \times (0.1)^2 \times 5^2 \times \frac{\sqrt{3}}{2}$$

解之得

$$R_x = -0.137 \text{ kN} \ , R_y = 0.237 \text{ kN}$$

$$R = \sqrt{R_x^2 + R_y^2} \approx 0.273 \text{ kN}$$

$$\alpha = \text{arctg} \frac{F_y}{F_x} = \text{arctg} \frac{0.237}{0.137} = 60°$$

水流对弯管的作用力与 $\boldsymbol{R}$ 大小相等、方向相反。

【例题 4-8】 溢流坝宽度为 B(垂直于纸面),上游和下游水深分别为 h_1 和 h_2,不计水头损失,试推导坝体受到的水平推力 F 的表达式。假设水流流速沿深度方向呈均匀分布。

【解】 如图所示,以截面 1—1 和截面 2—2 之间的流动空间为控制体。假如这两个截面处在渐变流中,压强服从静压强分布。对于该控制体来说,控制面 1—1 受到左方水体的总压力为 $\frac{1}{2}\rho g h_1^2 B$,方向自左向右。同理,控制面 2—2 受到的总压力为 $\frac{1}{2}\rho g h_2^2 B$,方向自右向左。

设坝体对水流的作用力为 F。动量方程为

$$-F + \frac{1}{2}\rho g(h_1^2 - h_2^2)B = \rho Q(v_2 - v_1)$$

由连续性方程和沿液面流线的伯努利方程

$$Q = v_1 h_1 B = v_2 h_2 B$$

及

$$h_1 + \frac{v_1^2}{2g} = h_2 + \frac{v_2^2}{2g}$$

得下游流速

$$v_2 = \sqrt{\frac{2g(h_1 - h_2)}{1 - (h_2/h_1)^2}}$$

例题 4-8 图

代入动量方程并化简,得

$$F = \frac{1}{2}\rho g(h_1^2 - h_2^2)B - \rho Q(v_2 - v_1)$$

$$= \frac{\rho g B}{2} \frac{(h_1 - h_2)^3}{h_1 + h_2}$$

✔**本章小结**

■ 能量方程的物理意义是在能量守恒的前提下,还定量地反映出各种形式的机械能(压力势能、重力势能及动能)之间的相互转换关系。

■ 总流连续性方程是运动学方程,总流能量方程是动力学方程,二者联立(有时还需要用到静力学方程)可求出管道某截面的平均速度(流量)或压强。

■ 总流动量方程主要用于求解运动流体与固体之间的作用力。需要注意的是,出现在动量方程中的力都是作用在控制体内流体上的力。

思　考　题

4.1　怎样理解"量纲是单位的抽象"?

4.2　举例说明无量纲量直接或间接表示两个同类物理量之比。

4.3　为什么火车进站时,不能站在月台上离火车太近的地方?

4.4　两条邻近的同向并排行驶的船,会受到怎样的力?

4.5　用流线坐标系分析流动有什么好处?

4.6　若为定常流动,且在流场的某一区域,流线都是相互平行的直线。那么,在该区域,过流断面上的压强分布有什么特点?

4.7　举几个渐变流区域和急变流区域的例子。并说明渐变流区域是否一定是层流?

4.8　紊流的动能和动量修正系数都略大于1,这反映了什么问题?

4.9　机械能的损失是不是能量的消失?理想流体在运动过程中有能量损失吗?

4.10　你如何理解"水头"的含义?

4.11　实际流体与理想流体在能量方程上有何区别?

4.12　实际流体中总流和元流的能量方程有何区别?

4.13　在不可压缩气体的伯努利方程中,每一项的物理意义是什么?什么是势压、全压和总压?

习　题

4.1　管路由不同直径的两管前后相接所组成,小管直径 $d_A = 0.2$ m,大管直径 $d_B = 0.4$ m,水在管中流动时,A 点压强 $p_A = 70$ kPa,B 点压强 $p_B = 40$ kPa,B 点流速 $v_B = 1$ m/s。试判别水在管中流动方向,并计算水流经过两断面间的水头损失。

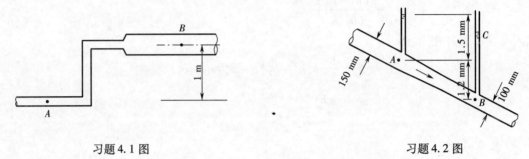

习题 4.1 图　　　　　　　　　　　　　　　　　　习题 4.2 图

4.2　油沿管线流动,A 断面流速为 2 m/s,其他尺寸如图所示,不计损失。求测压管 C 中的液面高度。

4.3　一倒置 U 形测压管,上部油的重度为 8 kN/m^3,用来测定水管中的点流速。若读数 $\Delta h = 200$ mm,求管中心的流速 u。

4.4　用水银压差计量测管中水流,过流断面中点流速 u 如图。测得 A 点压差读数 $\Delta h = 60$ mmHg。(1)求该点的流速;(2)若管中流体是密度为 0.8 g/cm^3 的油,Δh 仍不变,该点流速为若干?(不计损失)。

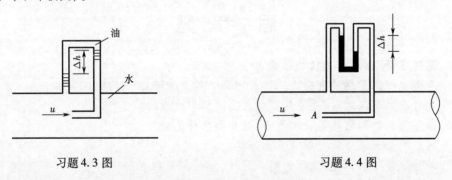

习题 4.3 图　　　　　　　　　　　　　　　　习题 4.4 图

4.5　水管直径 50 mm,末端的阀门关闭时,压力表读数为 21 kN/m^2,阀门打开后读数降至 5.5 kN/m^2,如不计管中的水头损失,求通过的流量。

4.6　重度为 8.428 kN/m^3、汽化压强为 26.26 kPa 液体在图示水平管道中流动,断面 1—1 的相对压强为 70 kPa,设当地大气压强为 94 kPa,为了防止管中液流发生汽化,管中最大流量 Q 可达多少?(不计能量损失)

4.7　水池的水位高 $h = 4$ m,池壁开有一小孔,孔口到水面的高差为 y,如果从孔口射出的水流到达地面的水平距离 $x = 2$ m,求 y 的值。

4.8　同一水箱上、下两孔出流,求证:在射流交点处,$h_1 y_1 = h_2 y_2$。

4.9　用文丘里流量计和水银压差计测石油管流的体积流量 Q。已知管径 $D_1 = 300$ mm,$D_2 = 180$ mm,石油的密度 $\rho = 890$ kg/m^3,水银的密度 $\rho = 13\ 600$ kg/m^3,水银面高差 $\Delta h = 50$

mm，流量系数 $\varphi = 0.98$，试求石油流量 Q。

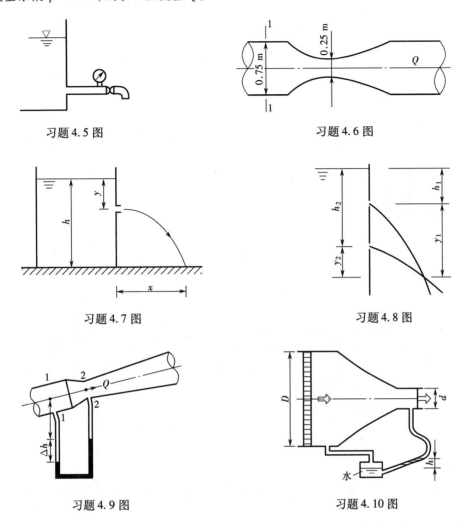

习题4.5 图　　　　　　　　　　　习题4.6 图

习题4.7 图　　　　　　　　　　　习题4.8 图

习题4.9 图　　　　　　　　　　　习题4.10 图

4.10　一开式风洞的实验段，进口直径 $D = 4$ m，射流喷口直径 $d = 1$ m，压差计读数 $h = 64$ mmH$_2$O，空气密度 $\rho = 1.29$ kg/m^3，不计能量损失，求喷口流速。

4.11　一直径为 50 mm 的立管，水从其下端泄出，射流冲击一水平放置的圆盘，圆盘直径 $D = 300$ mm，若水层离开盘边的厚度 $\delta = 1$ mm。不计能量损失，求流量及汞比压计的读数 Δh。

4.12　已知离心水泵出水量 $Q = 30$ L/s，吸水管直径 $d = 150$ mm，水泵轴线离水面高 $H_g = 7$ m。不计损失，求水泵入口 1—1 断面的真空度。

4.13　一压缩气罐，其中气体压强为 p_0，与文丘里引射管连接，d_1、d_2、h 均已知，问 p_0 多大时才能将池中水抽出。

4.14　烟囱直径 $d = 1$ m，通过烟气量 $G = 176.2$ kN/h，烟气密度 $\rho = 0.7$ kg/m^3，周围大气密度 $\rho_a = 1.2$ kg/m^3，烟囱内压强损失 $p_l = \dfrac{H}{d} \times \dfrac{\rho v^2}{2}$，为保证烟囱底部断面 1 的负压不小于 10 mmH$_2$O，烟囱高度 H 应为多少？并求此时在烟囱半高处（断面2）的静压值。

4.15　一楼房供气立管，分层供气量为 $Q_B = Q_C = 0.2$ m^3/s，管径均为 50 mm，煤气密度

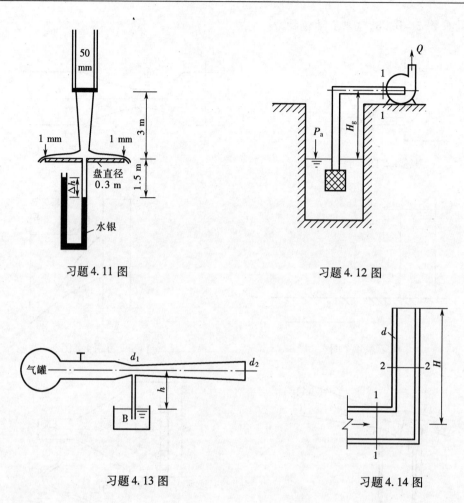

习题 4.11 图　　　　　　　　习题 4.12 图

习题 4.13 图　　　　　　　　习题 4.14 图

$\rho = 0.6 \ \text{kg/m}^3$,室外空气密度 $\rho_a = 1.2 \ \text{kg/m}^3$,$AB$ 段的压强损失为 $3\dfrac{\rho v_{AB}^2}{2}$,$BC$ 段压强损失为 $4\dfrac{\rho v_{BC}^2}{2}$,要求 C 点的余压为 $p_C = 300 \ \text{Pa}$,求 A 点应提供的静压值。

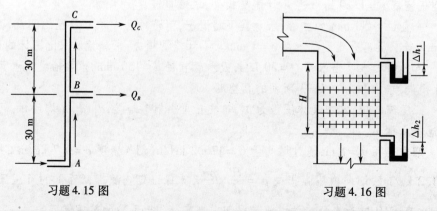

习题 4.15 图　　　　　　　　习题 4.16 图

4.16　在锅炉省煤器的进口、出口断面处测得进口断面负压 $\Delta h_1 = 10.5 \ \text{mmH}_2\text{O}$,出口断

面负压 $\Delta h_2 = 20$ mmH$_2$O,高差 $H = 5$ m,烟气平均密度 $\rho = 0.6$ kg/m^3,炉外空气密度 $\rho_a = 1.2$kg/m^3,求烟气通过省煤器的压强损失。

4.17　定性绘制图中管路的总水头线和测压管水头线。

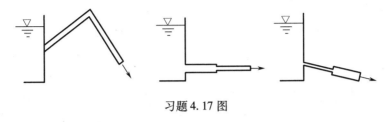

习题 4.17 图

4.18　由断面为 0.2 m^2 和 0.1 m^2 的两根管道组成的输水管路如图所示。(1)若不计水头损失,求:(a)断面流速 v_1 和 v_2;(b)绘总水头线及测压管水头线;(c)进口点 A 的压强。(2)计入水头损失:第一段为 $4\dfrac{v_1^2}{2g}$,第二段为 $\dfrac{v_2^2}{2g}$,求:(a)断面流速 v_1 及 v_2;(b)绘总水头线及测压管水头线;(c)据水头线求各段中点的压强。

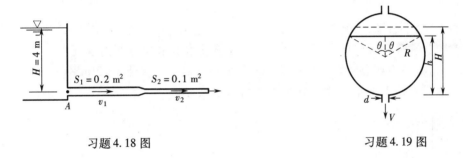

习题 4.18 图　　　　　　　　　　习题 4.19 图

4.19　如图所示,一个水平放置的圆柱形储水罐,半径为 R,长度(垂直纸面)为 L,底面开设放水孔,孔的直径为 d,储水罐高度为 H。罐顶开有小孔通大气。(不计能量损失)

(1)推导泄空时间 T 的计算式;

(2)如果 $R = 0.6$ m,$d = 0.05$ m,$L = 2$ m,$H = 0.9$ m,求泄空时间 T。

4.20　密度为 ρ 的不可压缩理想流体流经一收缩的管道,假定流动是定常的,且质量力作用不计,试证明此管道的流量是

$$Q = \frac{S_1 S_2}{\sqrt{S_2^2 - S_1^2}} \sqrt{\frac{2(p_2 - p_1)}{\rho}}$$

其中 S_1、S_2、p_1、p_2 分别为断面 1 和 2 处的面积和压强。

4.21　为测定汽油沿油管流过的流量,使油管有一段制成收缩的,水银压差计的两端分别连结油管的两处如图所示。当汽油流过管子时压差计高度为 h,求汽油的流量大小。假定汽油为理想不可压缩流体,流动是定常的,油管的直径为 d_1,收缩处的直径是 d_2。

4.22　一大容器与一收缩管道相连,管道收缩处有一小管与下方容器中的液体相通。设大容器中装有同样的液体,液面距管道的高度为 l,管道收缩处和出口处的断面积分别为 S_1 与 S_2。问下方容器中的液面到管道收缩处的距离多高时,下方容器中的液体才能被吸上管道?设液体是理想、不可压缩液体,受重力作用,运动是定常的。

4.23　一虹吸管放于水桶中,位置如图所示。如果水桶及虹吸管的截面积分别为 A 和 B,

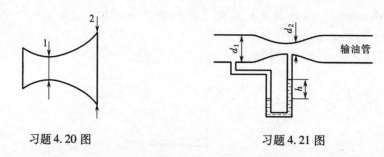

习题 4.20 图 习题 4.21 图

且 $A \gg B$,试计算吸管的流量。水看做是理想不可压缩的,且受重力作用,运动是定常的。

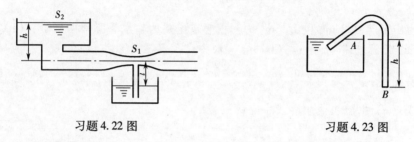

习题 4.22 图 习题 4.23 图

4.24 一吸水装置,水池 N 的水位不变,已知水位 h_1、h_2 和 h_3 的值,若不计损失,问喉部断面面积 A_1 和喷嘴断面面积 A_2 满足什么关系才能使水从水池 M 引入管流中。

4.25 已知溢流坝上游的水深 $h_1 = 5$ m,每米坝宽的溢流流量 $q = 2$ m³/s·m,不计水头损失,求溢流坝下游的水深 h_2 及每米坝宽所受的水平推力。

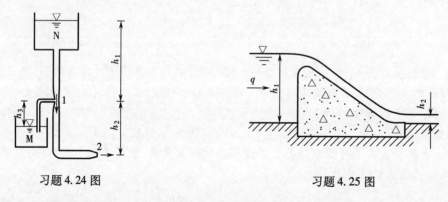

习题 4.24 图 习题 4.25 图

4.26 求水泵基座所受的水平推力。已知流量 $Q = 10$ L/s,喷嘴出口直径 $d = 50$ mm,喷出方向 $\alpha = 30°$。

4.27 水平流出的水射向一倾斜平板,若不计重力作用和水头损失,则分流前后的流速应当是相同的,即 $v_0 = v_1 = v_2$,求分流流量 Q_1、Q_2 和总流量 Q_0 的关系。

4.28 消防水管直径 $D = 200$ mm,末端收缩形喷嘴的出口直径 $d = 50$ mm,喷嘴和管路用法兰盘连接,其上装有 4 个螺栓,求当流量 $Q = 0.1$ m³/s 时每个螺栓上所受的拉力。

4.29 水流经过 180°的弯管自喷嘴射出,已知管径 $D = 75$ mm,喷嘴出口直径 $d = 25$ mm,弯管前的压力表读数 $p_M = 60$ kN/m²,弯管部分连同其中的水重为 $G = 100$ N,求法兰 A—A 的上下左右 4 个螺栓各受拉力多少?已知上下两个螺栓的中心距离为 150 mm。

4.30 直径为 $d_1 = 700$ mm 的管道在支撑水平面上分为 $d_2 = 500$ mm 的两支管,夹角 $\beta =$

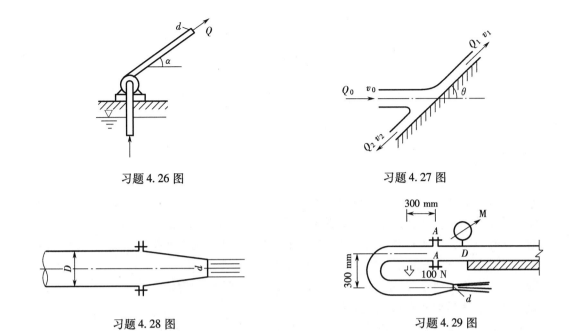

习题 4.26 图　　　　　　　　　　　　习题 4.27 图

习题 4.28 图　　　　　　　　　　　　习题 4.29 图

$30°$，A—A 断面压强为 $70\ \mathrm{kN/m^2}$，管道总流量 $Q=0.6\ \mathrm{m^3/s}$，两支管流量相等；(1)不计水头损失，求支墩受水平推力；(2)水头损失为支管流速水头的 5 倍，求支墩受水平推力(不考虑螺栓连接的作用)。

4.31　水从水头为 h_1 的大容器通过小孔流出(大容器中的水位可以认为不变)。射流冲击在一块大平板上，它盖住了第二个大容器的小孔，该容器水平面到小孔的距离为 h_2，设两个小孔的面积都一样。若 h_2 给定，求射流作用在平板上的力刚好与板后的力平衡时 h_1 为多少？(不计能量损失)

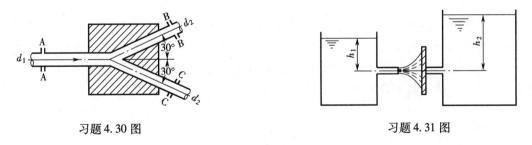

习题 4.30 图　　　　　　　　　　　　习题 4.31 图

第 4 章习题参考答案

5 相似理论与量纲分析

📖**本章的学习目的**

■ 知晓所有物理方程式皆应满足量纲和谐原理。

■ 流体力学中任何物理量的量纲皆可由基本量纲质量、时间和长度组合得到。

■ 明晰流体力学实验中,通常在模型与原型之间需要满足几何相似、运动相似和动力相似关系,这种关系也可统称为力学相似。

■ 理解主要相似准数(雷诺数、弗劳德数及欧拉数等)的物理意义。

■ 理解掌握量纲分析原理及其应用。

实验研究对流体力学的发展具有十分重大的意义。在流体力学中有不少问题目前尚不能通过数学求解。因为在有些情况下,对过程的全部现象了解得还不够,难以用微分方程描述;而另一些情况则是微分方程组的求解困难。因此,只能依靠实践,直接通过实验手段寻找这些流动过程的规律性。随着科学技术的发展,实验越来越复杂。出于经济上的考虑和技术上的限制,对实物进行实验会遇到很大困难或很难实现。因此,有很多问题都是在实验室条件下进行模型实验研究的。

对于模型实验研究,必须解决如何制造模型、如何安排实验以及如何把模型实验的结果换算到实物上去等一系列问题。流体力学的相似理论,对如何布置实验以得到正确结果,可以提供指示或答案。而总结实验结果也只是对于力学相似的流动才有可能。在流体力学的研究范围内,构成力学相似的两个流动,通常一个是指实际的流动现象,称为**原型**;另一个是指在实验室中进行重演或预演的流动现象,称为**模型**。这里,简单阐述和实验有关的一些理论性的基本知识。其中,包括作为模型实验依据的相似性理论、阐述原型和模型相互关系的模型律以及有助于选择实验参数的量纲分析方法。

5.1 相似理论

两个同一类物理现象的相应物理量成一定比例,则称两个现象相似。确定两个现象是否相似的理论称为相似理论。

5.1.1 力学相似的基本概念

所谓**力学相似**是指两个流动现象中相应点处的各物理量彼此之间互相平行(指向量物理量,如速度、力等),并且互相成一定的比例(指向量或标量物理量的数值,标量如长度、时间等)。要保证两个流动问题的力学相似,必须是两个流动几何相似、运动相似、动力相似以及两个流动的边界条件和初始条件相似。

5.1.1.1　几何相似

几何相似是指流动空间几何相似,即形成此空间任意相应两线段夹角相等,任意相应线段长度保持一定的比例。以 L_n 表示原型的特征长度,以 L_m 表示模型的特征长度,以 λ_L 表示原型长度与模型长度的比值(称为**长度比尺**),即

$$\frac{L_n}{L_m} = \lambda_L \tag{5-1}$$

原型与模型相应线段夹角必须相等,即

$$\theta_n = \theta_m \tag{5-2}$$

显然,两相应面积之比为长度比尺的平方,即

$$\frac{A_n}{A_m} = \lambda_A = \lambda_L^2 \tag{5-3}$$

而相应体积之比,则为长度比尺的立方

$$\frac{V_n}{V_m} = \lambda_V = \lambda_L^3 \tag{5-4}$$

几何相似是力学相似的前提。有了几何相似,才有可能在模型流动和原型流动之间存在着对应点、对应线段、对应断面和对应体积这一系列互相对应的几何要素,进而才有可能在两个流动之间存在着对应流速、对应加速度、对应作用力等一系列互相对应的运动学和动力学量。最终才有可能通过模型流动的对应点、对应断面的力学量测定,预测原型流动的流体力学特性。

5.1.1.2　运动相似

两流动现象**运动相似**是指两流动的对应流线几何相似,或者说,对应点的流速大小成同一比例且方向相同,即速度比尺

$$\lambda_v = \frac{v_n}{v_m} \tag{5-5}$$

有了速度比尺和长度比尺,可以根据简单的 $t = L/v$ 的关系,得出时间比尺

$$\lambda_t = \frac{\lambda_L}{\lambda_v} \tag{5-6}$$

即时间比尺是长度比尺和速度比尺之比。这个比尺表明,原型流动和模型流动实现一个特定流动过程所需时间之比。

不难证明,加速度比尺是速度比尺除以时间比尺

$$\lambda_a = \frac{\lambda_v}{\lambda_t} = \frac{\lambda_L}{\lambda_t^2} = \frac{\lambda_v^2}{\lambda_L} \tag{5-7}$$

或

$$\lambda_v = \sqrt{\lambda_a \lambda_L} \tag{5-8}$$

由此可见,只要速度相似,加速度也必然相似,反之亦然。

由于流速场的研究是流体力学的首要任务,所以运动相似通常是模型实验的目的。

5.1.1.3　动力相似

流动的**动力相似**是指原型流动和模型流动中要求同名力作用,且对应的同名力互成同一比例,即力的比尺

$$\lambda_F = \frac{F_n}{F_m} \tag{5-9}$$

这里所提的同名力指的是同一物理性质的力,例如重力、黏性力、惯性力和弹性力。所谓同名力作用是指原型流动中如果作用着黏性力、压力和、重力、惯性力和弹性力,则模型流动中同样地作用着黏性力、压力、重力、惯性力和弹性力。相应的同名力成比例是指原型流动和模型流动成比例,即

$$\frac{F_{\nu n}}{F_{\nu m}} = \frac{F_{Pn}}{F_{Pm}} = \frac{F_{Gn}}{F_{Gm}} = \frac{F_{In}}{F_{Im}} = \frac{F_{En}}{F_{Em}} \tag{5-10}$$

式中:参数的右下标 ν、P、G、I、E 分别表示黏性力、压力、重力、惯性力和弹性力。

由牛顿第二定律可知惯性力是合力作用的结果,因此两流动的惯性力相似是合力作用相似的结果,所以动力相似是运动相似的保证。

显然,要使模型中的流动和原型相似,除了上述的几何相似、运动相似和动力相似之外,还必须使两个流动的边界条件和初始条件相似。上述这种物理相似称为流动的力学相似。

流动的运动微分方程式实际上就是惯性力、压力、黏性力以及其他外力的平衡关系式。在两个力学相似的流动中,对应点上这些力应当方向一致,大小互成比例。因此,力学相似的两个流动应具有相同的运动微分方程。反之,如果两个流动具有相同的运动微分方程,则它们将具有运动相似和动力相似的性质,而几何相似实际上是包含在动力相似和运动相似之中的。因而,如果两个流动满足同一运动微分方程式,并且具有相似的边界条件和起始条件,那么,这两个流动就是力学相似的。

5.1.2 相似准则

动力相似应包括所有外力动力相似,而实际上要做到这一点是不可能的。对于某个具体流动来说,虽然同时作用着各种不同性质的外力,但是它们对流体运动状态的影响并不是一样的,总有一种或两种外力居于支配地位,它们决定着流体运动状态。因此,在模型实验中,只要使其中起主导作用的外力满足相似条件,就能够保证两流动现象有基本相同的运动状态。这种只考虑某一种外力的动力相似条件称为相似准则或特种模型定律。

怎样来达到流动的动力相似以保证运动相似呢?

设想在两相似水流中取两个对应质点 n 和 m,研究两质点所受黏性力、压力、重力及惯性力。假设流体不可压缩,也不存在弹性力相似的问题。根据动力相似条件,有

$$\frac{F_{\nu n}}{F_{\nu m}} = \frac{F_{Pn}}{F_{Pm}} = \frac{F_{Gn}}{F_{Gm}} = \frac{F_{In}}{F_{Im}}$$

由于惯性力相似与运动相似直接相关,把以上的关系式分别写为和惯性力相联系的下列等式:

$$\frac{F_{Pn}}{F_{Pm}} = \frac{F_{In}}{F_{Im}} \tag{5-10a}$$

$$\frac{F_{Gn}}{F_{Gm}} = \frac{F_{In}}{F_{Im}} \tag{5-10b}$$

$$\frac{F_{\nu n}}{F_{\nu m}} = \frac{F_{In}}{F_{Im}} \tag{5-10c}$$

5.1.2.1 压力相似准则(欧拉相似准则)

如果两个相似流动中起主导作用的力是压力,那么要在压力作用下使原型与模型流动动力相似,必须满足式(5-10a)。现在改变式(5-10a),将它写成

$$\frac{F_{Pn}}{F_{In}} = \frac{F_{Pm}}{F_{Im}} \tag{5-11}$$

这样表示的目的在于使力的比值属于同一原型或模型流动。

假定在原型水流中所取的质点是边长为 L_n 的立方体,模型水流中所取的对应质点是边长为 L_m 的立方体,则两水流质点所受压差作用分别为 $\Delta p_n L_n^2$ 和 $\Delta p_m L_m^2$。这里采用压差 Δp 而不用压强,是因为压力是表面力。作用于质点的有效压力是质点两表面的压差而不是压力。

作用在两立方体上的惯性力分别为 $F_{In} = \rho v_n^2 L_n^2$ 和 $F_{Im} = \rho v_m^2 L_m^2$,将其代入式(5-11)得

$$\frac{\Delta p_n L_n^2}{\rho v_n^2 L_n^2} = \frac{\Delta p_m L_m^2}{\rho v_m^2 L_m^2}$$

或

$$\frac{\Delta p_n}{\rho v_n^2} = \frac{\Delta p_m}{\rho v_m^2}$$

以符号 Eu 表示比值,得

$$Eu = \frac{\Delta p}{\rho v^2} \tag{5-12}$$

Eu 称为流动的欧拉数。欧拉数是压差和惯性力的相对比值。

原型水流和模型水流压力和惯性力的相似关系可以写为

$$Eu_n = Eu_m \tag{5-13}$$

上式表明,如果两个几何相似的流动在压差作用下达成动力相似,则它们的欧拉数必相等;反之,如果两个流动的欧拉数相等,则这两个流动一定是在压差作用下满足动力相似。这就是压力相似准则,或称为欧拉相似准则。

5.1.2.2 重力相似准则(弗劳德(Froude)相似准则)

要在重力作用下使原型和模型流动相似,同样必须满足动力相似的一般规律,现以同样的方法将式(5-10b)写成

$$\frac{F_{In}}{F_{Gn}} = \frac{F_{Im}}{F_{Gm}} \tag{5-14}$$

作用在两立方体质点的重力,为两质点的重度和体积的乘积,即

$$F_{Gn} = \gamma L_n^3 \qquad F_{Gm} = \gamma L_m^3$$

连同惯性力关系一并代入上式,得

$$\frac{\rho v_n^2 L_n^2}{\gamma L_n^3} = \frac{\rho v_m^2 L_m^2}{\gamma L_m^3}$$

因 $\frac{\gamma}{\rho} = g$,故得到

$$\frac{v_n^2}{g L_n} = \frac{v_m^2}{g L_m}$$

以符号 Fr 表示比值,于是有

$$Fr = \frac{v^2}{gL} \tag{5-15}$$

Fr 称为流动的弗劳德数。弗劳德数是惯性力与重力的相对比值。

原型流动和模型流动的相似关系可以写为

$$Fr_n = Fr_m \tag{5-16}$$

即原型流动和模型流动的弗劳德数相等。由此表明,如果两个几何相似的流动在重力作用下达成动力相似,则它们的弗劳德数必相等;反之,如果两个流动的弗劳德数相等,则这两个流动一定是在重力作用下动力相似的。这就是重力相似准则,或称为弗劳德相似准则。

5.1.2.3 黏性力相似准则(雷诺(Reynolds)相似准则)

类似地,如果两个相似流动中起主导作用的是黏性力,则有

$$\frac{F_{In}}{F_{vn}} = \frac{F_{Im}}{F_{vm}} \tag{5-17}$$

进而,可得

$$\left(\frac{vd}{v}\right)_n = \left(\frac{vd}{v}\right)_m$$

以符号 Re 表示比值,即

$$Re = \frac{vL}{v} \tag{5-18}$$

显然,Re 就是阻力理论中已经介绍的重要无量纲参数——雷诺数。

同样,原型流动与模型流动黏性力和惯性力的相似关系可以写为

$$Re_n = Re_m \tag{5-19}$$

即原型流动和模型流动的雷诺数相等。这就是黏性力相似准则,也称为雷诺相似准则。

5.1.2.4 弹性力相似准则(马赫(Mach)相似准则)

在高速气流中弹性力起主导作用。惯性力和弹性力的比值以 $\rho v^2 L^2 / E L^2$ 表征。其中,E 为气体的体积弹性模量,则由原型和模型的弹性力相似,在消去 L^2 之后,得出

$$\frac{\rho_n v_n^2}{E_n} = \frac{\rho_m v_m^2}{E_m} \tag{5-20}$$

但根据气体动力学知道

$$\sqrt{E/\rho} = a$$

则

$$E/\rho = a^2$$

式中:a 为当地音速,于是可将式(5-20)简化为

$$\left(\frac{v_n}{a_n}\right)^2 = \left(\frac{v_m}{a_m}\right)^2$$

或

$$\frac{v_n}{a_n} = \frac{v_m}{a_m} \tag{5-21}$$

这个速度的比值就是马赫数 Ma。

由此可见,弹性力相似,就是原型流动和模型流动的马赫数相等。

$$Ma_n = Ma_m \tag{5-22}$$

以上提出的欧拉数、弗劳德数、雷诺数和马赫数都是反映动力相似的相似准数。欧拉数是压力的相似准数,弗劳德数是重力的相似准数,雷诺数是黏性力的相似准数,马赫数是弹性力的相似准数。

怎么来计算相似准数的具体数值?

这些相似准数包含物理常数 ρ、ν、g、流速 v 和长度 L 等。除了物理常数外,在实际计算时,可选取对整个流动有代表性的物理量。例如,在管流中,断面平均流速是有代表性的速度,而管径则是长度的代表性的量。一般地,对某一流动具有代表性的物理量称为定性量,或称为特征物理量。平均流速就是速度的定性量,称为定性流速。管径称为定性长度。定性量可以有不同的选择。例如,定性长度可取管的直径、半径或水力半径。所得到的相似准数值也因此而不同。所以,定性量一经选定(通常按惯例选择)之后,在研究同一问题时,不能中途变更。在管流计算雷诺数时,习惯上分别选平均流速 v 和管径 d 作为定性流速和定性长度。

这样,根据动力相似的定义可导出相似准数。两个流动现象如果是动力相似的,那么,它们的同名准则数相等。

5.1.3　相似理论的基本定理

流动的力学相似是考虑实验方案、设计模型、组织实验以及整理数据和将实验结果转换为原型的依据。只有严格或比较严格按照流动的力学相似条件进行实验研究,才能获得符合实际的结果。然而,流动的力学相似的根据是相似理论,也即研究相似现象的理论。相似理论建立在三个基本定理的基础上,它是指导模型实验的基本理论。相似理论将回答应该在什么条件下进行实验,实验中应当测量哪些物理量,如何整理实验数据及实验结果等问题。

5.1.3.1　相似第一定理

当流体力学现象相似时,它们的物理量场分别相似。相似第一定理对相似现象的这种性质作了更明确的表述:彼此相似的现象,它们的同名相似准则数必定相等,即相同名称的相似准则数分别相等。例如,在重力作用下相似水流的弗劳德数相等;在层流黏性力作用下相似流动的雷诺数相等;在弹性力作用下相似气流的马赫数相等。这些结果已在上节中导出。由于相似现象以相同的方程式描述,因而这些结果也可以从反映流动规律的微分方程式导出。

相似第一定理阐明了相似准则的存在。也可以说,第一定理就是关于相似准则存在的定理。相似第一定理解决了实验中应当测量哪些物理量的问题。由第一定理可知,在实验中应当测量相似准则中包含的各个物理量。

5.1.3.2　相似第二定理

相似第一定理表明了相似现象间同名的相似准则数必定相等,而各相似准则数之间又有什么关系呢?这是相似第二定理所回答的问题。相似第二定理表明:由描述现象的物理量组成的相似准则数之间存在函数关系。在考虑不可压缩流体流动的动力相似时,决定流动平衡的 4 种力(黏性力、压力、重力和惯性力)并非都是独立的,其中必有一个力是被动的,只要其中的 3 个力分别相似,则第 4 个力必然相似。因此,在决定动力相似的 3 个准则数 Eu、Fr、Re 中,也必有一个是被动的,相互之间存在着依赖关系

$$Eu = f(Fr, Re) \tag{5-23}$$

在大多数流动问题中,通常欧拉数是被动的准则数。人们将对流动起决定性作用的准则数称为决定性相似准数,或称为定型相似准数;被动的准则数称为被决定的相似准数,或非定

型相似准数。准则数之间的函数关系称为准则方程,如式(5-23)。

相似第二定理解决了实验数据的整理方法和实验结果的应用问题。对如何安排实验同样具有指导作用。

5.1.3.3　相似第三定理

相似第一、第二定理表明了相似现象的性质,但是并没有给出判断现象彼此相似所需要的条件,以及进行模拟实验时应该在各参数间保持何种比例关系。相似第三定理回答了这些问题。它表明:凡是单值性条件相似,定型准则数值相等的那些同类现象必定彼此相似。相似第三定理确定了现象相似的充分和必要条件。

所谓单值性条件,就是指那些有关流动过程特点的条件。有了这些条件就能把某一个现象从无数现象中划分出来。单值性条件相似包括几何相似、边界条件和初始条件相似,以及由单值性条件中的物理量所组成的相似准则数在数值上相等。在实际工作中要求模型与原型的单值性条件全部相似是很困难的。但是,在保证足够的准确度下,保持部分的相似或近似的相似是完全能够做到的。

上述三个相似定理就是相似理论的中心内容。从相似理论的全部内容上来看,用以判断相似现象共性的东西是相似准则(第一和第二定理),它描述了相似现象的一般规律。因此,掌握相似准则的方法,对应用相似理论解决实际问题具有十分重要的意义。

5.1.4　模型律

一般情况下,模型越大越能反映原型的流动情况,但是,由于实验条件的限制,模型往往不能做得太大。从理论上讲,最好能做到所有模型尺寸全按一个比尺缩小或放大,这种长、宽、高比尺均一致的模型称为正态模型。在流体力学模型实验中,通常遇到的是正态模型。但在有的情况不能做到这一点,例如进行天然河道流动的模型实验,由于天然河道的长度比宽度和水深要大得多,如果按同一比尺缩制模型,势必造成水深度太浅甚至改变了模型中水流的性质。对于这种情况,就要分别采用不同的长度比尺、宽度比尺和高度比尺,因而这种模型改变了原有的形状。这种比尺不一样的模型称为变态模型。

模型与原型表面粗糙度相似也属于几何相似的范畴。严格讲,要实现这种相似非常困难。因此,一般情况下不考虑粗糙度相似。只有在流体阻力实验、边界层实验等情况下才考虑表面粗糙度相似。因此,只要使模型与原型的平均相对粗糙度相等即可,这是可以实现的。

在安排模型实验前进行模型设计时,怎样根据原型的定性物理量确定模型的定性物理量的值呢?比如确定模型管流中的平均流速,以便决定实验所需的流量。这主要是根据准则数相等确定的。但问题是当模型几何尺寸或流动介质等因素发生变化时,不同于原型值时,事实上很难保证所有的准则数都对应相等。如前所述,不可压缩流体的定常流,只有当弗劳德数和雷诺数都相等时,才能达到动力相似。

但是,雷诺数和弗劳德数中都包含定性长度和定性速度。因此,雷诺数和弗劳德数都相等,就要求原型和模型在长度和速度比尺之间要保持一定关系。

例如,由雷诺数模型律,有

$$Re_n = Re_m$$

即

$$\frac{L_n v_n}{\nu_n} = \frac{L_m v_m}{\nu_m}$$

或写成比尺关系的形式,即

$$\lambda_\nu = \frac{\lambda_v}{\lambda_L} \tag{5-24}$$

在多数情况下,模型和原型采用同种类且温度相同的流体,此时 $\lambda_\nu = 1$,故有

$$\lambda_v = \frac{1}{\lambda_L} \tag{5-25}$$

雷诺数相等,表征黏性力相似。原型和模型流动雷诺数相等这个相似条件,称为雷诺模型律。按照上述比例关系调整原型流动和模型流动的流速比尺和长度比尺,就是根据雷诺模型律进行设计。

另一方面,根据弗劳德数相等,有

$$Fr_n = Fr_m$$

即

$$\frac{v_n^2}{g_n L_n} = \frac{v_m^2}{g_m L_m}$$

一般可取 $g_n = g_m$,因此

$$\frac{L_n}{L_m} = \left(\frac{v_n}{v_m}\right)^2$$

从而,长度和速度的比尺关系可表示为

$$\lambda_L = \lambda_v^2 \tag{5-26}$$

或

$$\lambda_v = \sqrt{\lambda_L} \tag{5-27}$$

弗劳德数表征重力相似。原型和模型流动弗劳德数相等的这个相似条件,称为弗劳德模型律。按照上述比例关系调整原型流动和模型流动的长度比例和速度比例,就是根据弗劳德模型律进行设计。

显然,对于同种、同温的流体,若要同时满足雷诺模型律和弗劳德模型律,则式(5-25)和式(5-27)必须同时满足,则容易导出

$$\lambda_L = 1 \tag{5-28}$$

这意味着模型尺寸与原型相同。因此模型实验就失去意义了。

即使是对于不同种的流体,若通过调整运动黏度比尺 λ_v,使式(5-24)和式(5-27)同时满足,则

$$\lambda_\nu = \lambda_L^{3/2} \tag{5-29}$$

这要求在模型流动中,采用特定动力黏度的流体,实际上这是很不容易实现的。

因此,在模型设计时,应该抓住对流动起决定作用的力,并在模型和原型流动中保持与该力相应的准则数相等。这种只满足主要相似准数相等的相似称为局部(或部分)相似。而在几何相似的前提下,所有的相似准数都相同的相似称为完全相似。

除了在研究新的流动问题时,必须探求其模型律外,在学习相似理论时,也应掌握常见流动的模型律。

当管流雷诺数相当大时,断面流速接近均匀分布,紊流达到成熟阶段,进入阻力平方区。说明阻力与惯性力均与流速平方成正比。这样,模型设计不受模型律的制约,只是要求尽可能提高模型流动的雷诺数,使它也进入阻力平方区。由于这个缘故,阻力平方区也称为自动模型区(或称自模拟区)。就是说,当某一相似准数在一定的数值范围内,流动的相似性和该准则数无关,也就是即使原型和模型的该准则数数值不相等,流动仍保持相似,准则数的这一范围就称为自动模型区,并说流动进入了该准则数的自动模型区。

由于管壁摩擦作用成为重要因素,所以在几何相似的设计中,还要注意管壁粗糙度的相似。即管壁绝对粗糙度 K 也应保持同样的长度比尺

$$\frac{K_n}{K_m} = \frac{d_n}{d_m} = \lambda_L$$

写成相似准则的形式

$$\frac{K_n}{d_n} = \frac{K_m}{d_m}$$

即原型相对粗糙度与模型相对粗糙度相等。

在研究管中气流和水流时,起主导作用的是黏性力。因此,空气在通风管中的流动与水在模型管中的流动要达成动力相似,只要满足雷诺相似准则即可。

在一般情况下欧拉数不是决定性准则,因为压力差的出现是由于流体运动的结果,并不决定流动相似。但是,对于某些问题,如管中的水击现象、空泡现象与空泡阻力等问题,则要满足欧拉准则的条件。

具有自由面的液体急变流动,无论是流速的变化或水面的波动,都强烈地受重力的作用,一般采用弗劳德模型律。在水力学中根据重力相似准则设计的模型实验有堰流、孔口、管嘴自由出流以及流过水工建筑物等以重力起主导作用的水流运动。必须根据重力相似准则设计模型实验。

【例题 5-1】 煤油管路上文丘里流量计的入口直径为 300 mm,喉部直径为 150 mm,在 1:3 的模型($\lambda_L = L_n/L_m = 3$)中用水来进行实验。已知煤油的相对密度为 0.82,水和煤油的运动黏性系数分别为 0.010 cm²/s 和 0.045 cm²/s,求:

(1)已知原型煤油流量 $Q_n = 100$ L/s,为达到动力相似,模型中水的流量 Q_m 应为多少?
(2)若在模型中测得入口和喉部断面的测管水头差 $\Delta h_m = 1.05$ m,推算原型中的测管水头差 Δh_n 应为多少?

【解】 此流动的主要作用力为压力和阻力,决定性相似准数为 Re 数,非决定性相似准数为 Eu 数。

(1)由阻力相似的比尺关系,得

$$\lambda_v \lambda_l = \lambda_\nu$$

$$\lambda_Q = \lambda_v \lambda_l^2 = \lambda_\nu \lambda_l = \frac{0.045}{0.010} \times 3 = 13.5$$

$$Q_m = \frac{Q_n}{\lambda_Q} = \frac{100}{13.5} = 7.40 \text{ L/s}$$

(2)由压力相似的比尺关系,得

$$\lambda_{\Delta p} = \lambda_\rho \lambda_v^2 = \lambda_\gamma \lambda_{\Delta h}$$

由于 $\lambda_\rho = \lambda_\gamma$,故

$$\lambda_{\Delta h} = \lambda_v^2 = \left(\frac{\lambda_v}{\lambda_l}\right)^2 = \left(\frac{4.5}{3}\right)^2 = 2.25$$

$$\Delta h_n = \lambda_{\Delta h} \Delta h_m = 2.25 \times 1.05 = 2.36 \text{ m}$$

【例题 5-2】　某一桥墩长 24 m,墩宽为 4.3 m,两桥台的距离为 90 m,水深为 8.2 m,平均流速为 2.3 m/s,如实验室供水流量仅有 0.1 m³/s,问该模型可选取多大的几何比尺,并计算该模型的尺寸、平均流速和流量。

【解】　(1)桥下过流主要是重力作用的结果,应按弗劳德准则设计模型,由 $Fr_n = Fr_m$,即

$$\left(\frac{v^2}{gL}\right)_n = \left(\frac{v^2}{gL}\right)_m$$

从而,可导出上式的比尺表达形式,注意到 $g_n = g_m$ 即重力加速度比尺 $\lambda_g = 1$,故

$$\lambda_v^2 = \lambda_L$$

同理,不难得出:

$$\lambda_Q = \lambda_v \lambda_L^2 = \lambda_L^{1/2} \lambda_L^2 = \lambda_L^{2/5}$$

而原型流量为

$$Q_n = v_n(B_n - b_n)h_n = 2.3 \times (90 - 4.3) \times 8.2 = 1\,616 \text{ m}^3/\text{s}$$

模型流量为

$$Q_m = 0.1 \text{ m}^3/\text{s}$$

于是,便得

$$\lambda_L = \frac{L_n}{L_m} = \left(\frac{Q_n}{Q_m}\right)^{2/5} = \left(\frac{1\,616}{0.1}\right)^{2/5} = 48.24$$

一般模型几何比尺 λ_L 多选用整数值,为使实验室供给模型的流量不大于 0.1 m³/s,应选比 48.24 稍大些的整数作为几何比尺 λ_L 数,现选 $\lambda_L = 50$,则

$$\lambda_Q = \lambda_L^{5/2} = 50^{5/2} = 17\,677.7$$

$$Q_m = \frac{Q_n}{\lambda_Q} = 0.091\,4 \text{ m}^3/\text{s} < 0.1 \text{ m}^3/\text{s}$$

满足模型实验要求。

(2)计算模型比尺

桥墩长	$L_m = L_n/\lambda_L = 24/50 = 0.48$ m
桥墩宽	$b_m = b_n/\lambda_L = 4.3/50 = 0.086$ m
桥台距	$B_m = B_n/\lambda_L = 90/50 = 1.8$ m
水深	$h_m = h_n/\lambda_L = 8.2/50 = 0.164$ m

(3)模型平均速度

$$v_m = v_n/\lambda_v = v_n/\lambda_L^{0.5} = 2.3/50^{0.5} = 0.325 \text{ m/s}$$

5.2　量纲分析

5.2.1　量纲分析原理

量纲及量纲和谐的概念已在第四章介绍过。量纲分析法就是通过对现象中物理量的量纲以及量纲之间相互联系的分析来研究现象相似性的方法。它是以方程式的量纲和谐性为基础

的。下面介绍在量纲分析中十分重要的 π 定理。

5.2.2　π 定理及量纲分析法的应用

某一物理现象涉及 n 个变量,其中有 m 个基本变量,则此 n 个变量间的关系 $f(x_1,x_2,\cdots,$ $x_n)=0$,可用 $(n-m)$ 个无量纲的 π 项关系式来表示,即

$$f(\pi_1,\pi_2,\cdots,\pi_{n-m})=0 \tag{5-30}$$

以上这个结论就是著名的 π 定理,也称布金汉(Buckingham)定理,它是量纲分析的一般性定理。在变量 x_1、x_2、$\cdots\cdots$、x_n 中选择 m 个基本变量,连同其他的 $(n-m)$ 个变量可组合成 $(n-m)$ 个无量纲的 π 项。现以实例具体说明该定理的推演过程。定理的证明可参阅有关参考书。

【**例题** 5-3】　圆球在黏性液体中运动阻力的问题。

设影响圆球在液体中的阻力 F 与液体的密度 ρ 和动力黏度 μ、圆球直径 d、相对速度 v 等因素有关,则可得如下关系式

$$f(F,\rho,v,d,\mu)=0 \tag{5-31}$$

或者

$$F=f(\rho,v,d,\mu) \tag{5-32}$$

上式涉及 5 个变量 $(n=5)$,现以质量量纲 M、时间量纲 T 和长度量纲 L 为三个基本量纲 $(m=3)$。将式(5-32)两边除以 ρ,得

$$\frac{F}{\rho}=\frac{f(\rho,v,d,\mu)}{\rho} \tag{5-33}$$

上式左边无质量量纲 M,根据量纲和谐原理,右边也必须无质量量纲 M。因而可将式(5-33)写成

$$\frac{F}{\rho}=f_1\left(v,d,\frac{\mu}{\rho}\right) \tag{5-34}$$

进一步可使上式左边去掉时间的量纲 T,即

$$\frac{F}{\rho v^2}=\frac{f_1\left(v,d,\dfrac{\mu}{\rho}\right)}{v^2} \tag{5-35}$$

由量纲和谐性可知,上式右边也无时间的量纲 T。因而上式可写成

$$\frac{F}{\rho v^2}=f_2\left(d,\frac{\mu}{\rho v}\right) \tag{5-36}$$

同理,可使上式不含长度量纲 L,即

$$\frac{F}{\rho v^2 d^2}=f_3\left(\frac{\mu}{\rho v d}\right) \tag{5-37}$$

式中:$\dfrac{F}{\rho v^2 d^2}$ 与 $\dfrac{\mu}{\rho v d}$ 均为无量纲量,分别以 π_1 与 π_2 表示,即

$$\pi_1=\frac{F}{\rho v^2 d^2},\pi_2=\frac{\mu}{\rho v d} \tag{5-38}$$

于是,式(5-38)可写成

$$\pi_1=f_3(\pi_2) \tag{5-39}$$

或者

$$f_4(\pi_1, \pi_2) = 0 \tag{5-40}$$

上式说明 $n(=5)$ 个变量利用 $m(=3)$ 个包含基本量纲的变量(即基本变量)的乘除变换,消除 m 个基本量纲,得到 $(n-m)(=2)$ 个无量纲的 π 项。

现将应用 π 定理探求物理现象函数关系的具体步骤归纳如下。

①找出影响某物理现象的 n 个独立物理变量。

②从 n 个变量中选择 m 个基本变量,基本变量的条件为其量纲中包括 n 个变量中所有的基本量纲。m 一般等于这些变量所涉及的基本量纲的个数。基本变量应选取最简单、最有代表性和容易测量的物理量,如物体的长度、流体的密度、动力黏度和相对速度等。

③排列 $(n-m)$ 个 π 项,如该物理现象中的 $m=3$,其基本变量为 x_1、x_2、x_3,作为重复变量,则各个 π 项的组成为:

$$\pi_i = x_1^{\alpha_i} x_2^{\beta_i} x_3^{\gamma_i} x_{3+i} \qquad (i = 1, 2, \cdots, n-m)$$

④根据各个 π 项必须为无量纲量的条件,决定待定指数 α_i、β_i、γ_i,列出具体的 π 项。

⑤该物理现象可用 $(n-m)$ 个无量纲 π 项的函数关系来表示。

⑥必要时,可将各 π 项相互或自相乘除,尽量使各个 π 项成为一般所熟悉的纯数,如雷诺数和马赫数等。

⑦根据实验,决定具体的函数关系式。

应用 π 定理探求物理现象内在的函数关系时,首先必须确定该物理现象所涉及的全部 n 个独立变量。既不能遗漏、也不应引入多余的变量。如果选进了不必要的因素,将人为地使研究复杂化;如果漏选了不能忽略的因素,无论量纲分析法运用得多么正确,所得的物理规律都是错误的。所以,量纲分析法的有效使用尚依赖于研究人员对所研究现象的透彻和全面的了解。下面以有压管流中的压强损失为例,进一步说明 π 定理的具体应用。

【例题5-4】 有压管流中的压强损失。

根据实验,已知压强损失 Δp 与管长、管径 d、管壁粗糙度 K、流体运动黏性系数 ν、密度 ρ 和流速有关,即

$$\Delta p = f(l, d, K, \nu, \rho, v) \tag{a}$$

在这 7 个量中,基本量纲数为 3,因而可选择三个基本变量,不妨取

管径 d $[d] = \mathrm{L}$

平均流速 v $[v] = \mathrm{LT^{-1}}$

密度 ρ $[\rho] = \mathrm{ML^{-3}}$

用未知指数写出无量纲参数 $\pi_i (i = 1 \sim (n-m) = 7 - 3 = 4)$

$$\begin{cases} \pi_1 = v^{\alpha_1} d^{\beta_1} \rho^{\gamma_1} \nu \\ \pi_2 = v^{\alpha_2} d^{\beta_2} \rho^{\gamma_2} \Delta p \\ \pi_3 = v^{\alpha_3} d^{\beta_3} \rho^{\gamma_3} l \\ \pi_4 = v^{\alpha_4} d^{\beta_4} \rho^{\gamma_4} K \end{cases} \tag{b}$$

将各量的量纲代入,写出量纲公式

$$\begin{cases} [\pi_1] = (\mathrm{LT^{-1}})^{\alpha_1} (\mathrm{L})^{\beta_1} (\mathrm{ML^{-3}})^{\gamma_1} (\mathrm{L^2 T^{-1}}) = 1 \\ [\pi_2] = (\mathrm{LT^{-1}})^{\alpha_2} (\mathrm{L})^{\beta_2} (\mathrm{ML^{-3}})^{\gamma_2} (\mathrm{ML^2 T^{-2}}) = 1 \\ [\pi_3] = (\mathrm{LT^{-1}})^{\alpha_3} (\mathrm{L})^{\beta_3} (\mathrm{ML^{-3}})^{\gamma_3} (\mathrm{L}) = 1 \\ [\pi_4] = (\mathrm{LT^{-1}})^{\alpha_4} (\mathrm{L})^{\beta_4} (\mathrm{ML^{-3}})^{\gamma_4} (\mathrm{L}) = 1 \end{cases}$$

对每一个 π_i 写出量纲和谐方程组

$$\pi_1 \begin{cases} L: \alpha_1 + \beta_1 - 3\gamma_1 + 2 = 0 \\ T: -\alpha_1 - 1 = 0 \\ M: \gamma_1 = 0 \end{cases} \qquad \pi_2 \begin{cases} L: \alpha_2 + \beta_2 - 3\gamma_2 - 1 = 0 \\ T: -\alpha_2 - 2 = 0 \\ M: \gamma_2 + 1 = 0 \end{cases}$$

$$\pi_3 \begin{cases} L: \alpha_3 + \beta_3 - 3\gamma_3 + 1 = 0 \\ T: -\alpha_3 = 0 \\ M: \gamma_3 = 0 \end{cases} \qquad \pi_4 = \begin{cases} L: \alpha_4 + \beta_4 - 3\gamma_4 + 1 = 0 \\ T: -\alpha_4 = 0 \\ M: \gamma_4 = 0 \end{cases}$$

分别解得

$$\alpha_1 = -1, \beta_1 = -1, \gamma_1 = 0; \qquad \alpha_2 = -2, \beta_2 = 0, \gamma_2 = -1;$$
$$\alpha_3 = 0, \beta_3 = -1, \gamma_3 = 0; \qquad \alpha_4 = 0, \beta_4 = -1, \gamma_4 = 0;$$

代入(b)式,得

$$\begin{cases} \pi_1 = v^{-1} d^{-1} \rho^0 \nu = \dfrac{\nu}{vd} = \dfrac{1}{Re} \\[2mm] \pi_2 = v^{-2} d^0 \rho^{-1} \Delta p = \dfrac{\Delta p}{\rho v^2} = Eu \\[2mm] \pi_3 = \dfrac{l}{d}, \\[2mm] \pi_4 = \dfrac{K}{d} \end{cases}$$

根据 π 定理得 $f(\pi_1, \pi_2, \pi_3, \pi_4) = 0$ 或 $\pi_2 = F(\pi_1, \pi_3, \pi_4)$,即

$$Eu = \frac{\Delta p}{\rho v^2} = F\left(Re, \frac{l}{d}, \frac{K}{d} \right)$$

式中函数的具体形式由实验确定。由实验得知,压差 Δp 与管长 l 成正比,因此

$$\Delta p = \lambda(K/d, Re) \frac{l}{d} \frac{\rho v^2}{2}$$

这样,运用 π 定理,结合实验,得到了大家熟知的管流沿程损失公式。

由量纲分析法导出的物理方程的具体形式尚须通过实验确定。比如,例 5.4 中的 $\lambda(K/d, Re)$ 是通过类似尼古拉兹实验研究方法确定的。

量纲分析法不仅可以导出由无量纲量所组成的描述某物理现象的无量纲形式的方程,还可用于实验方案的确定、模型的设计和实验数据的整理等。

相似理论和量纲分析法在实验流体力学中得到广泛的应用,内容十分丰富。本章仅对其基本内容作简单介绍。要真正掌握它们,最好的方法是亲自参加实验的全过程,包括从制定实验方案,模型设计直到实验数据的整理和应用的全过程。

✔本章小结

■ 物理方程不仅要保证代数正确,而且必须满足量纲的一致性。

■ 根据量纲分析原理,物理变量之间的关系可以用无量纲参数来表示。

■ 力学相似包括几何相似、运动相似和动力相似。一般而言,运动相似是我们所要达到的目的,而几何相似是运动相似的前提条件,动力相似则是运动相似的保证。

■ 在流体力学物理模型实验中,满足模型与原型之间的力学相似关系至关重要。

思 考 题

5.1 为什么组成无量纲量的那些物理量的指数只能是有理数？

5.2 为什么有量纲量函数式一定能表达为无量纲量函数式？如何把微分方程转变为无量纲量函数式？

5.3 为什么有量纲量函数式表达为无量纲量函数式时变量数减少？减少几个？

5.4 研究流动相似原理有什么意义？

5.5 力学相似概念中包含哪些方面的含义？

5.6 力学相似中主要有哪几个相似准则？

5.7 试分别讨论雷诺数、弗劳德数、欧拉数的物理意义。

5.8 能否保证相似流动中各种性质的作用力都与惯性力成相同的比例？是否有此必要？

5.9 欧拉准则为什么属于导出准则？

5.10 一般地说能否做到雷诺准则与弗劳德准则同时满足？能否做到欧拉准则与弗劳德准则同时满足？

习 题

5.1 直径为 600 mm 的光滑风管，平均流速为 10 m/s，现用直径为 50 mm 的光滑水管进行模型实验，为了动力相似，水管中的流速应为多大？若在水管中测得压差为 500 mm 水柱，则在原型风管中将产生多大的压差？设水和空气的温度均为 20 ℃。

5.2 在风速为 8 m/s 时，某建筑物的模型迎风面压强为 40N/m^2，背风面压强为 -24 N/m^2。若温度不变，风速增至 10 m/s，则迎风面和背风面的压强将为多少？

5.3 油的运动黏滞系数为 4.645×10^{-5} m^2/s，用于黏滞阻力和重力都起主要作用的现象中，若模型几何比尺 $\alpha_l = 5$，求模型液体所应有的运动黏滞系数值。

5.4 直径为 0.3 m 的水管中，流速为 1 m/s，水温为 20 ℃，某段压降为 70 kN/m^2，现用几何比尺为 3 的小型风管作模型实验，空气的温度也为 20 ℃，两管流动均为水力光滑。求：(1)模型中的风速；(2)模型相应管段的压降。

5.5 长 1.5 m、宽 0.3 m 的平板，在温度为 20 ℃ 的水内拖曳。当速度为 3 m/s 时，阻力为 14 N。计算相似板的尺寸，它在速度为 18 m/s、绝对压强为 101.4 kN/m^2、温度为 15 ℃ 的空气气流中形成动力相似条件，它的阻力估计为若干？

5.6 当水温为 20 ℃、平均速度为 4.5 m/s 时，直径为 0.3 m 水平管线某段的压强降为 68.95 kN/m^2。如果用比例为 6 的模型管线，以空气为工作流体，当平均速度为 30 m/s 时，要求在相应段产生 55.2 kN/m^2 的压强降。计算力学相似所要求的空气压强，设空气温度为 20 ℃。

5.7 球形固体颗粒在流体中的自由沉降速度 u_t 与颗粒的直径 d、密度 ρ_s 以及流体的密度 ρ、动力黏滞系数 μ、重力加速度 g 有关，试用 π 定理确定自由沉降速度关系式

$$u_t = f\left(\frac{\rho_s}{\rho}, \frac{\rho v d}{\mu}\right) \sqrt{gd}$$

5.8 流体的压强降 Δp 是速度 v，密度 ρ，线性尺度 l、l_1、l_2，重力加速度 g，黏滞系数 μ，表

面张力 σ 及体积弹性模量 E 的函数。即

$$\Delta p = f(v, \rho, l, l_1, l_2, g, \mu, \sigma, E)$$

取 v、ρ、l 作为基本物理量。试利用量纲分析法,将上述函数写为无量纲式。

第 5 章习题参考答案

6 有压管中流动及能量损失

📖**本章的学习目的**

- 明晰黏性、切应力与运动流体能量损失之间的关系。
- 理解雷诺数的物理意义。
- 描述层流与紊流的基本特征。
- 掌握沿程水头损失和局部水头损失的计算。
- 理解当量直径的意义,掌握非圆形管路沿程损失计算。
- 掌握简单管路及串并联管路的水力计算。

6.1 层流和紊流

6.1.1 雷诺实验

1883 年英国科学家雷诺(Reynolds)通过实验研究,发现流体有两种不同的流动状态,即层流和紊流。雷诺实验装置如图 6-1 所示。

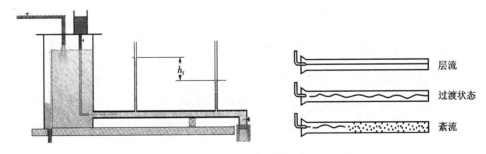

图 6-1 雷诺实验装置

利用定位水箱提供定常水头,微开玻璃管出水阀门,使水流匀速流动,同时打开染色水阀门,确保染色水出口与玻璃管同轴线并尽量调节流速使染色水的流速和玻璃管中水速接近。当管中水流速度较小时,染色水在玻璃管中保持一条直线,不与周围的水相混,这说明流体只做轴向运动,而无横向运动,此时水在管中分层运动,各层间互不干扰、互不相混,这种流动状态称为**层流**。逐渐开大出水阀门,当管中水流速度达到某一数值时,管中的染色水线开始呈波纹状,表明此时流体质点出现了与轴向垂直的横向运动,流体的运动不再只是层状流动,开始跃层运

雷诺实验

动,这种状态称为过渡状态。阀门开大到一定程度,即管中流速增大到一定程度,染色水线在管中剧烈波动、断裂并混杂在许多小旋涡中,随机地充满整个管子截面,此时管中流体质点在向前流动时,处于完全无规则的乱流状态,这种流动状态称为**紊流**。

6.1.2 临界雷诺数

管中流动呈何种流态——层流还是紊流,除了与流体的平均流速有关外,还与管径 d、流体的密度 ρ、动力黏度 μ 等因素有关。根据相似原理和量纲分析,上述诸参数可以组成一个无量纲量

$$Re = \frac{vd\rho}{\mu} = \frac{vd}{\nu} \tag{6-1}$$

称为**雷诺数**。上式说明雷诺数与平均速度和管径成正比,与流体的运动黏度成反比。

如果管径及流体运动黏度一定,则雷诺数只随平均速度变化。实验中发现流体由紊流转变为层流时的平均流速与由层流转变为紊流时的平均流速不同。这两个流速分别称为下临界流速 v_c 和上临界流速 v_c',相应的雷诺数分别称为下临界雷诺数 Re_c 及上临界雷诺数 Re_c',即

$$Re_c = \frac{v_c d}{\nu} \ \text{及} \ Re_c' = \frac{v_c' d}{\nu}$$

雷诺通过实验测得上临界雷诺数为大于 4 000 的不确定量,其数值受外界扰动的影响而发生变化,下临界雷诺数为 2 000。通常

$Re > 4\,000$ 　属紊流流动

$Re < 2\,000$ 　属层流流动

$2\,000 < Re < 4\,000$ 属不稳定状态,可能是层流也可能是紊流

雷诺数可作为判别流动状态的准则。在实际工程上为简化分析起见,对于圆管中流动一般认为,当 $Re > 2\,000$ 时流动为紊流,当 $Re < 2\,000$ 时流动为层流。

以上讨论中直径 d 是作为圆形过流断面的特征长度表示的。当过流断面是非圆断面时,可用水力半径 $R = \dfrac{A}{\chi}$ 作为特征长度,其中 A 为过流断面的面积;χ 为过流断面与边界(如固体)表面相接触的周界,称为**湿周**。**水力半径** R 即是过流断面的面积与湿周之比。水力半径越大,越有利于过流。圆管流的水力半径为 $R = d/4$(d 为管径)

非圆断面流体流动时临界雷诺数 $Re_c = \dfrac{v_c R}{\nu} \approx 500$,其特征长度用水力半径代替。

雷诺数是惯性力与黏滞力的比值。雷诺数的物理意义可作如下解释:当 Re 相对较小而不超过其临界值时黏滞力作用大,对流体质点运动起着约束作用,流体质点表现为有秩序的直线运动时互不掺混,呈现层流状态。随着 Re 的增大,即惯性力相对增大,黏滞力的控制作用随之减弱,当 Re 大到一定程度时,层流失去了稳定,此时流体质点的黏性力不足以抑制和约束外界扰动,流体质点离开了直线运动,惯性力将微小扰动不断发展扩大,从而形成紊流。

紊流成因示意图

6.1.3 管中层流与紊流的水头损失规律

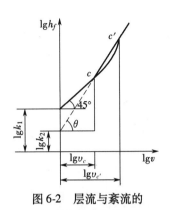

图 6-2 层流与紊流的
水头损失规律

参看图6-1,根据伯努利方程可以得到 $h_f = \dfrac{p_1 - p_2}{\gamma}$,只要在雷诺实验装置上读出测压管前后水柱高差,即可得到水头损失;管中水流断面平均速度 v 可由所测流量求出。改变流速逐次测量层流与紊流两种情况下的 v 及对应的 h_f 值,将实验结果绘制在对数坐标纸上即得到 $\lg h_f$—$\lg v$ 曲线,如图6-2所示。

层流时实验点落在一条与横轴成 45° 的直线上,即图 6-2 中 c 点左侧线。该直线方程为

$$\lg h_f = \lg k_1 + \tan 45° \lg v = \lg k_1 v$$

即

$$h_f = k_1 v \tag{6-2}$$

紊流时实验点落在一条与横轴成 $\theta(\theta > 45°)$ 角的直线上,即图 6-2 中 c' 点右侧线,该直线方程为

$$\lg h_f = \lg k_2 + \tan \theta \lg v = \lg k_2 v^m$$

即

$$h_f = k_2 v^m \tag{6-3}$$

式中:$m = \tan \theta$,因为 $\theta > 45°$,显然 $m > 1$,m 值为 $1.75 \sim 2.0$。

图 6-2 中 cc' 弧段为过渡区。上述分析说明,流动状态不同,能量损失的变化规律也不同,因此在计算能量损失前,必须首先判别流动状态。

【例题 6-1】 水和油的运动黏度分别为 $\nu_1 = 1.79 \times 10^{-6}$ m²/s 和 $\nu_2 = 30 \times 10^{-6}$ m²/s,若它们以 $v = 0.5$ m/s 的流速在直径为 $d = 100$ mm 的圆管中流动,试确定流动状态。

【解】 水的流动雷诺数

$$Re = \frac{vd}{\nu_1} = \frac{0.5 \times 0.1}{1.79 \times 10^{-6}} = 27\,933 > 2\,000$$

流动为紊流流态。

油的流动雷诺数

$$Re = \frac{vd}{\nu_2} = \frac{0.5 \times 0.1}{30 \times 10^{-6}} = 1\,667 < 2\,000$$

流动为层流流态。

【例题 6-2】 运动黏度为 $\nu = 1.3 \times 10^{-5}$ m²/s 的空气在宽 $B = 1$ m、高 $H = 1.5$ m 的矩形截面通风管道中流动。求保持层流流态的最大流速。

【解】 矩形截面的面积为 $A = BH$,湿周 $\chi = 2B + 2H$,水力半径

$$R = \frac{A}{\chi} = \frac{BH}{2B + 2H} = \frac{1 \times 1.5}{2 \times 1 + 2 \times 1.5} = 0.3 \text{ m}$$

保持层流的最大流速即是临界流速

$$v_c = \frac{Re_c \nu}{R} = \frac{500 \times 1.3 \times 10^{-5}}{0.3} = 0.022 \text{ m/s}$$

6.2 圆管中的层流

6.2.1 能量损失

实际流体能量方程中的能量损失 h_1 包括沿程损失 h_f 和局部损失 h_m。

沿程损失是沿流程上流体与管壁以及流体本身的内部摩擦而产生的能量损失,如图 6-3 所示。管路流速不同,沿程损失不同。达西(Darcy)于 1857 年根据资料及经验,总结归纳出通用的计算沿程损失的公式为

$$h_f = \lambda \frac{l}{d} \frac{v^2}{2g} \qquad (6\text{-}4)$$

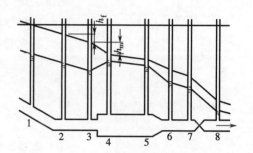

图 6-3 管道流动的水头损失

该式称为**达西公式**。式中的 l 为管长;d 为管径;v 为断面平均速度;λ 称为**沿程阻力系数**,也称达西系数。达西系数 λ 是无量纲量,与流体性质、管道粗糙度以及流速和流态等因素有关。

局部损失是流体在流动中由于边界急剧变化,如在流动方向改变的弯管处、管径改变的变径处和产生额外阻力的阀门处等局部阻力存在而产生的能量损失,如图 6-3 所示。产生局部损失的原因是在流动断面发生急剧变化时,断面流速分布发生急剧变化,同时流体产生大量的旋涡,以及实际流体的黏性作用,使旋涡中的部分能量转变为热能使流体升温,从而消耗机械能。局部损失可按下式计算

$$h_m = \zeta \frac{v^2}{2g} \qquad (6\text{-}5)$$

式中:ζ 称为**局部阻力系数**,通常由实验确定。

用压强形式表示的损失为

$$p_f = \lambda \frac{l}{d} \frac{\rho v^2}{2}$$

及

$$p_m = \zeta \frac{\rho v^2}{2}$$

对于管路系统而言,能量损失应是各段沿程损失和局部损失之和,即

$$h_1 = h_f + h_m = \left(\lambda \frac{l}{d} + \sum \zeta \right) \frac{v^2}{2g} \qquad (6\text{-}6)$$

6.2.2 沿程损失与切应力的关系

在图 6-3 中流段 2—3、4—5、6—7 中,过流断面的大小、形状和方位沿流程不变,此种流动称为均匀流。为了进一步研究均匀流(无论层流还是紊流),先要建立沿程损失和切应力之间的关系。在如图 6-4 所示的均匀流中,任取一流束,设该流束的长度为 l,流束断面面积为 A'、湿周为 χ'(借用湿周概念),流动方向与铅直方向的夹角为 θ,假定质量力只有重力。除轴对称

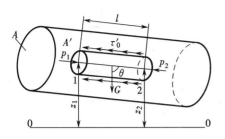

图 6-4　均匀流中流束受力分析

情况外,流束表面的切应力 τ 的分布一般是不均匀的,可用平均值 τ'_0 代替。

在均匀流中流体质点等速运动,惯性力为零,沿流动方向作用在所选流束上的各作用力处于平衡状态,平衡方程为

$$p_1 A' - p_2 A' + \gamma A' l\cos\theta - \tau'_0 l\chi' = 0 \tag{6-7}$$

式中:$p_1 A$、$p_2 A$ 为流束两断面受到的压力;$\tau'_0 l\chi'$ 为流束侧表面受到的摩擦力;$\gamma A' l\cos\theta$ 为流束重力分力。

由于 $l\cos\theta = z_1 - z_2$,用 $\gamma A'$ 除以式(6-7)得到

$$\left(z_1 + \frac{p_1}{\gamma}\right) - \left(z_2 + \frac{p_2}{\gamma}\right) = \frac{\tau'_0 \chi' l}{\gamma A'} \tag{6-8}$$

流束的 1、2 断面的能量方程为

$$z_1 + \frac{p_1}{\gamma} + \frac{\alpha_1 v_1^2}{2g} = z_2 + \frac{p_2}{\gamma} + \frac{\alpha_2 v_2^2}{2g} + h_l \tag{6-9}$$

对于均匀流动,h_l 只是沿程损失 h_f,且 $\alpha_1 v_1^2/2g = \alpha_2 v_2^2/2g$,由式(6-8)和式(6-9)得

$$h_f = \frac{\tau'_0 \chi'}{\gamma A'} l = \frac{\tau'_0}{\gamma} \frac{l}{R'} \tag{6-10}$$

或

$$\tau'_0 = \gamma R' J \tag{6-11}$$

式中:$J = h_f/l$ 为单位长度的沿程损失,称为**水力坡度**;R' 为水力半径。

对流束的分析同样适用于总流。对总流有

$$h_f = \frac{\tau_0}{\gamma} \frac{l}{R} \tag{6-12}$$

$$\tau_0 = \gamma R J \tag{6-13}$$

式中:R 为总流的水力半径;τ_0 为总流表面上的平均切应力。它适用于有压流和无压流,也适合于层流和紊流流态。式(6-12)和式(6-13)称为均匀流基本方程。

比较式(6-11)和式(6-13)得 $\tau'_0/\tau_0 = R'/R$。由此式可知,在圆管均匀流中,若流束是与圆管同轴的圆柱形状,则流束表面上各点的切应力是相等的。对于半径为 r 的流束,有 $R' = r/2$,因此圆管均匀流束断面上切应力 τ'_0 在半径 r 上是线性分布的,τ'_0 在流束中心处为零,在边壁 r_0 处最大。

由式(6-13)可得

$$\sqrt{\frac{\tau_0}{\rho}} = \sqrt{gRJ} \tag{6-14}$$

$\sqrt{\tau_0/\rho}$ 具有速度的量纲 $\left[\dfrac{L}{T}\right]$,且与边界阻力 τ_0 相联系,故称为**摩擦速度**,以 u_* 表示,则

$$u_* = \sqrt{\frac{\tau_0}{\rho}} = \sqrt{\rho R J} \tag{6-15}$$

由式(6-13)、式(6-15)及沿程损失的达西公式,可得

$$\lambda = 8 \frac{u_*^2}{v^2} \tag{6-16}$$

6.2.3　圆管层流的沿程阻力系数

圆管中的层流运动,可以看成无数圆筒状流体薄层,一个接着一个地相对滑动,各流层间互不掺混,流层间的切应力满足牛顿内摩擦定律,即

$$\tau = \mu \frac{\mathrm{d}u}{\mathrm{d}y} = -\mu \frac{\mathrm{d}u}{\mathrm{d}r} \tag{6-17}$$

式中:u 为距离管轴 r 处(即距离管壁 y 处)的流速,如图 6-5 所示。

应用式(6-11),流束的水力半径为 $R = r/2$,流束表面的摩擦切应力 τ 不变($\tau = \tau_0'$),则有

$$\tau = \gamma \frac{r}{2} J \tag{6-18}$$

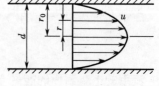

图 6-5　圆管内层流

由式(6-17)和式(6-18)可得

$$\mathrm{d}u = -\frac{\gamma J}{2\mu} r \mathrm{d}r \tag{6-19}$$

边界条件为 $r = r_0$ 时 $u = 0$,积分式(6-19)可得

$$u = \frac{\gamma J}{4\mu}(r_0^2 - r^2) \tag{6-20}$$

式(6-20)说明,圆管均匀层流的流速分布是一个旋转抛物面,如图 6-5 所示。过流断面上流速呈抛物面分布是圆管层流的一个重要特征。

当 $r = 0$ 时,得到圆管断面最大流速

$$u_{\max} = \frac{\gamma J}{4\mu} r_0^2 \tag{6-21}$$

断面平均流速为

$$v = \frac{Q}{A} = \frac{1}{A}\int_A u\mathrm{d}A = \frac{1}{\pi r_0^2}\int_0^{r_0}\frac{\gamma J}{4\mu}(r_0^2 - r^2)2\pi r\mathrm{d}r = \frac{\gamma J}{8\mu}r_0^2 \tag{6-22}$$

比较上两式可知 $v = u_{\max}/2$,即圆管层流流动的断面平均流速是最大流速的一半。

根据式(6-22),并用直径 $d = 2r_0$ 代替式中的 r_0,可得

$$J = \frac{8\mu}{\gamma r_0^2}v = \frac{32\mu}{\gamma d^2}v \tag{6-23}$$

$$h_f = J l = \frac{32\mu l}{\gamma d^2}v \tag{6-24}$$

该式就是圆管层流流动的沿程损失表达式。从式中可见,层流流动的沿程损失与断面平均流速的一次方成正比,与雷诺实验结果相符。

根据达西公式,结合上式可得

$$\lambda = \frac{64}{Re} \tag{6-25}$$

此式表明,圆管层流的沿程阻力系数 λ 只是雷诺数的函数,与管壁粗糙情况无关。

*6.2.4　起始段和充分发展流动

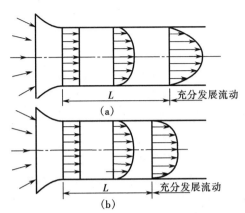

图 6-6　管道进口段流速分布

在研究管道内的流动时,必须区分起始段的流动和充分发展的流动。当管道内流体流动是层流时,流速从管道入口处的均匀分布到形成层流的抛物面分布,要经过一段距离,这段距离叫做**层流起始段**。在层流起始段内,由于黏性影响(图6-6(a)),过流断面上的均匀速度是逐渐地向抛物面分布规律转化。由实验得到层流起始段的长度估算式:

$$L = 0.06dRe \tag{6-26}$$

如果管内流动是紊流,起始段后的速度分布不再是抛物线形,它的速度分布曲线形状要饱满得多,如图6-6(b)所示,起始段长度可表示为

$$L = 4.4dRe^{1/6} \tag{6-27}$$

无论层流还是紊流,经过起始段后流体速度分布沿管道轴向不再发生变化的流动情况,称为**充分发展流动**。

【**例题6-3**】　在长度 $l = 1\,000$ m、直径 $d = 300$ mm 的管路中输送重度为 9.31 kN/m^3 的重油,其重量流量 $G = 2\,371.6$ kN/h,求油温分别为 10 ℃(运动黏度为 $\nu = 25$ cm^2/s)和 40 ℃(运动黏度为 $\nu = 15$ cm^2/s)时的能量损失。

【**解**】　体积流量

$$Q = \frac{G}{\gamma} = \frac{2\,371.6}{9.31 \times 3\,600} = 0.070\,8 \text{ m}^3/\text{s}$$

平均速度

$$v = \frac{Q}{A} = \frac{0.070\,8}{\frac{\pi}{4} \times 0.3^2} = 1 \text{ m/s}$$

10 ℃时的雷诺数

$$Re_1 = \frac{vd}{\nu} = \frac{1 \times 0.3}{25 \times 10^{-4}} = 120 < 2\,000$$

40 ℃时的雷诺数

$$Re_2 = \frac{vd}{\nu} = \frac{1 \times 0.3}{1.5 \times 10^{-4}} = 2\,000$$

该流动属层流,故可以应用达西公式计算沿程损失。

10 ℃时的沿程损失为:

$$h_{f1} = \lambda \frac{l}{d} \frac{v^2}{2g} = \frac{64}{Re} \frac{l}{d} \frac{v^2}{2g} = \frac{64 \times 1\,000 \times 1^2}{120 \times 0.3 \times 2 \times 9.8} = 90.7 \text{ m}$$

40 ℃时的沿程损失为:

$$h_{f2} = \lambda \frac{l}{d} \frac{v^2}{2g} = \frac{64}{Re} \frac{l}{d} \frac{v^2}{2g} = \frac{64 \times 1\,000 \times 1^2}{2\,000 \times 0.3 \times 2 \times 9.8} = 5.44 \text{ m}$$

6.3 圆管中的紊流

6.3.1 紊流特征

自然界和实际工程中的流动现象,绝大多数是紊流流动。紊流是一种涡旋运动,紊流中布满涡旋,大到充满管道特征长度(如管流中的管道直径),小到微小尺度的涡旋,相互重叠,相互交错,瞬息万变,杂乱无章。大尺度的涡旋传递能量,小尺度的涡旋耗损能量。紊流是在连续介质范畴的流体不规则运动,而不同于物质分子的不规则运动。紊流是流体微团的不规则运动,或说是巨量分子群的平均不规则运动。紊流流动的时间和空间尺度远大于分子热运动的相应尺度。紊流流动产生的质量和能量输送远大于分子热运动产生的宏观输送,紊流场中的质量和能量的平均扩散也远大于层流流动的扩散。

目前,关于紊流还没有统一、确切的定义。一般认为,紊流是由不同尺度的涡旋组成,对时间和空间都是非线性的随机运动。20 世纪 60 年代以来,紊流中相干结构或称拟序结构的发现,认为紊流是即包含有序的大尺度涡旋结构,又包含无序的小尺度脉动结构。紊流流动演示具有重复性和可预测性。

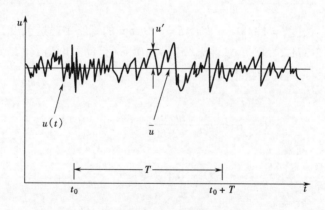

图 6-7　紊流时均速度和脉动速度

紊流与层流的基本区别是紊流的流动参数随时间呈不规则脉动。涡旋是造成脉动的根源。图 6-7 是紊流流场中某点速度 u 随时间的脉动曲线。紊流中速度的三个分量及压强和温度等参数都是脉动的。研究紊流比较可行的方法是统计时均法。图 6-7 中 T 时间段的时间平均值为

$$\bar{u} = \frac{1}{T}\int_{t_0}^{t_0+T} u\mathrm{d}t \tag{6-28}$$

式中:$\bar{u}$ 称为一点的时均速度。平均计算的时间间隔 T 应比速度脉动的周期大得多,但相对于时均速度的非定常变化又非常小。

为研究问题方便,把瞬时速度分成时均速度 $\bar{u}$ 和 u' 脉动速度两部分,即

$$u = \bar{u} + u' \tag{6-29}$$

在足够长的时间内,脉动速度 u' 的时间平均值等于零,因为

$$\overline{u'} = \frac{1}{T}\int_{t_0}^{t_0+T}(u-\overline{u})\,\mathrm{d}t = \frac{1}{T}\left(\int_{t_0}^{t_0+T}u\mathrm{d}t - \overline{u}\int_{t_0}^{t_0+T}\mathrm{d}t\right) = \frac{1}{T}(T\overline{u} - \overline{u}T) = 0$$

即

$$\overline{u'} = \frac{1}{T}\int_{t_0}^{t_0+T}u'\mathrm{d}t = 0 \tag{6-30}$$

上式意味着脉动在图6-7中所示平均速度上下分布机会是均等的。因脉动量的平方值是正数,因此它的时均值也是正的,即

$$\overline{(u')^2} = \frac{1}{T}\int_{t_0}^{t_0+T}(u')^2\mathrm{d}t > 0 \tag{6-31}$$

而脉动量的乘积如 $u'v'$ 的平均值却可能为零,也可能是或正或负的非零值。

类似地,其他的流动参数如压强、密度和温度等也可视为是由时均量和脉动量所构成,即

$$\begin{cases} p = \overline{p} + p' \\ \rho = \overline{\rho} + \rho' \\ T = \overline{T} + T' \end{cases} \tag{6-32}$$

实验研究发现,在紊流流动中,并不是整个流场都是紊流。由于流体黏性的作用,紧贴管(槽)壁的流体质点将黏附在固体边界上,使紊流脉动和涡旋受到抑制,此处流体流速为零。壁面的凹凸不平是产生涡旋和脉动的根源,但这种涡旋在离开管壁适当距离处才发展,在靠近管壁处的流层里,流动还是以层流形式存在,靠近管壁的层流层称为**黏性底层**。在黏性底层之外,还有一层很薄的**过渡层**,过渡层外是紊流层,称为**紊流核心区**,如图6-8所示。

根据式(6-20),黏性底层的流速分布为

$$u = \frac{\gamma J}{4\mu}(r_0^2 - r^2) = \frac{\gamma J}{4\mu}[r_0^2 - (r_0 - y)^2] = \frac{\gamma J}{2\mu}y\left(r_0 - \frac{y}{2}\right) \tag{6-33}$$

由于黏性底层很薄,有 $y < < r_0$,又根据式(6-13)则有

$$u = \frac{\tau_0}{\mu}y \tag{6-34}$$

上式说明在黏性底层中,流速分布近似为直线分布,参看图6-8。黏性底层厚度的近似计算公式为

$$\delta = \frac{32.8d}{Re\sqrt{\lambda}} \tag{6-35}$$

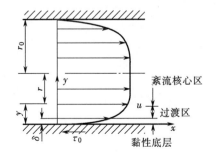

图6-8 紊流的流速分布

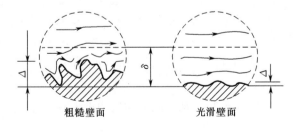

图6-9 粗糙和光滑壁面

由于各种因素的影响,管壁凹凸不平。凹凸不平的平均尺寸 Δ 称为**绝对粗糙度**,见图

6-9。当 δ 大于 Δ 时,管壁的凹凸不平完全被覆盖在黏性底层内,粗糙对紊流核心区的流动没有影响,流体就像在绝对光滑管道中流动一样,此时的沿程损失与管壁的粗糙度无关,称为**水力光滑管**。当 δ 小于 Δ 时,管壁的凹凸不平突出在黏性底层之外,进入紊流核心区,粗糙区不断产生旋涡,随涡旋的不断产生和扩散,流体运动的紊乱程度加剧,此时沿程损失与管壁粗糙度有关,称为**水力粗糙管**。

6.3.2　混合长度理论

由于紊流存在流动参数的随机脉动,所以流动特性与层流相比有巨大差异。在层流中由牛顿内摩擦定律可知,切应力 τ 取决于流体黏性系数 μ 和速度梯度 $\mathrm{d}u/\mathrm{d}y$。紊流中同样的速度(时均值)梯度,切应力却远大于按牛顿定律所计算的,这是因为在紊流中切应力除了由时均速度梯度 $\mathrm{d}\bar{u}/\mathrm{d}y$ 和 μ 引起的黏性切应力外,还有一项由脉动速度所引起的横向动量交换形成的紊流附加项 τ_t,所以紊流中切应力为

$$\tau = \mu \frac{\mathrm{d}\bar{u}}{\mathrm{d}y} + \tau_t = \tau_1 + \tau_t \tag{6-36}$$

式中:下标 l 和 t 分别表示层流和紊流。

为研究附加项 τ_t,可分析 AA 平面上的微元面积 $\mathrm{d}A$,如图6-10所示。流动平均速度曲线 $\bar{u} = \bar{u}(y)$,涡旋运动把流体从 AA 下层输运到上层,假设流体质点在 y 向的脉动速度为 v',则 t 时刻通过微元面积 $\mathrm{d}A$ 的流体质量为 $\rho v' \mathrm{d}A$。设流体在 x 轴方向的速度为 $u = \bar{u} + u'$,那么由于脉动速度 v' 引起的 x 方向的动量增量为

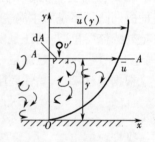

图6-10　紊流的涡旋运动

$$\rho v' u \mathrm{d}A = \rho v'(\bar{u} + u')\mathrm{d}A \tag{6-37}$$

根据动量定理,单位时间内 $\mathrm{d}A$ 面积上所受的切向作用力就等于这一动量增量。单位面积上的动量增量即为紊流附加应力,即

$$\tau_t = \rho v'(\bar{u} + u') = \rho v'\bar{u} + \rho v'u' \tag{6-38}$$

上式右端的时均值为

$$\frac{1}{T}\int_{t_0}^{t_0+T} \rho v'\bar{u}\mathrm{d}t + \frac{1}{T}\int_{t_0}^{t_0+T} \rho v'u'\mathrm{d}t = \frac{1}{T}\rho\bar{u}\int_{t_0}^{t_0+T} v'\mathrm{d}t + \frac{1}{T}\rho\int_{t_0}^{t_0+T} v'u'\mathrm{d}t = 0 + \rho\overline{v'u'} = \rho\overline{v'u'}$$

$$\tag{6-39}$$

当流体质点从下层向上层输运时 v' 为正值,此时流体质点从 $\bar{u}$ 较小的区域运动到平均速度较高的区域,流体质点的速度 $\bar{u}$ 在上层引起负的速度脉动分量,即 $u' < 0$;相反,流体质点从上层输运到下层时 v' 为负值,在下层引起正的速度脉动分量,即 $u' > 0$。不论是那种情况,均值 $\overline{u'v'}$ 总是负的。为保证切应力非负,则

$$\tau_t = -\rho\overline{u'v'} \tag{6-40}$$

从而根据式(6-36),从时间平均的角度考虑紊流流动时,切应力为

$$\tau = \tau_1 + \tau_t = \mu\frac{\mathrm{d}\bar{u}}{\mathrm{d}y} - \rho\overline{u'v'} \tag{6-41}$$

一般称由紊流脉动引起的附加项 $\tau_t = -\rho\overline{u'v'}$ 为**紊流附加应力**,或**雷诺应力**。

要求解紊流问题就必须知道 τ_t,因此,就需要知道速度脉动量如 u'、v' 及 $\overline{u'v'}$ 等。但由于紊流运动的复杂性,事实上很难求出这些量的精确值,因此目前在求解雷诺应力项

$\tau_t = -\rho \overline{u'v'}$ 时不得不借助半经验的紊流流动模型。法国科学家布辛涅斯克(J. Boussinesq)仿照牛顿内摩擦定律提出了用涡黏性系数 η 模拟雷诺应力,即

$$\tau = \eta \frac{\mathrm{d}\overline{u}}{\mathrm{d}y} \tag{6-42}$$

流体的动力黏度 μ 是流体本身的属性,而 η 与流体种类和流动条件有关,不同的流动条件及同一流场中的不同点,其取值均可能不同。确定 η 的最简单实用的方法是德国科学家普朗特(Prandtl)提出的混合长度模型。他通过将气体分子运动与紊流涡团脉动进行类比,参照分子动理学提出

$$\eta = \rho \, l_{\mathrm{m}}^2 \left| \frac{\mathrm{d}\overline{u}}{\mathrm{d}y} \right| \tag{6-43}$$

因此雷诺应力可表示为

$$\tau_t = \rho \, l_{\mathrm{m}}^2 \left(\frac{\mathrm{d}\overline{u}}{\mathrm{d}y} \right)^2 \tag{6-44}$$

式中: l_{m} 称为**混合长度**。它相当于分子热运动的平均自由行程,是假设紊流涡团从一个速度区域运动到另一个速度区域,在与其他流体涡团相互碰撞而改变本身具有的动量之前所平均移动的距离。l_{m} 也不是确定量,由理论及实验研究得到在固体壁面附近 l_{m} 可取为 $l_{\mathrm{m}} = ky$,其中 y 是到壁面的垂直距离,k 是常数。对一般的固体边界层,k 可取 0.41。对于其他系统,如自由剪切流、充分发展管内紊流等,l_{m} 的取值可参阅有关文献。

对式(6-44)开方得

$$\frac{\mathrm{d}\overline{u}}{\mathrm{d}y} = \frac{1}{l_{\mathrm{m}}}\sqrt{\frac{\tau}{\rho}} = \frac{u_*}{ky} \tag{6-45}$$

积分上式得到

$$\overline{u} = \frac{u_*}{k}\ln y + C \tag{6-46}$$

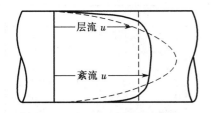

图 6-11　层流和紊流的流速分布比较

式中:积分常数 C 由实验确定。该式是在混合长度理论下推导得到的管壁附近紊流流速分布规律。实验研究表明,该式适用于除黏性底层外的圆管全部断面,参看图 6-8。紊流过流断面上流速成对数曲线分布,同层流过流断面上流速分布相比,紊流的流速分布均匀得多。如图 6-11 所示。

6.4　圆管紊流流动沿程损失

由式(6-4)知道 $h_{\mathrm{f}} = \lambda \dfrac{l}{d}\dfrac{v^2}{2g}$,这是计算沿程损失的通式。实际计算时确定阻力系数 λ 是关键。对于层流流动,λ 可根据式(6-24)的 $\lambda = \dfrac{64}{Re}$ 确定;对于紊流来说,确定 λ 十分困难。由量纲分析法可以得到紊流时 λ 为无量纲变量若数 Re 和相对粗糙度 $\dfrac{\Delta}{d}$ 的函数,即

$$\lambda = f\left(Re, \frac{\Delta}{d}\right) \tag{6-47}$$

它是 Re 和 Δ/d 的复杂函数,必须通过实验确定。式中 Δ/d 称为相对粗糙度。

尼古拉兹(Nikuradse)对粗糙圆管的沿程损失进行了系统而广泛的实验研究。他采用人工粗糙管壁,将颗粒均匀的沙粒粘敷在管壁上,沙粒的直径称为绝对粗糙度。在大量实验的基础上,在宽广的 Re 和 Δ/d 的范围内确定 λ 与 Re 和 Δ/d 的函数关系。但尼古拉兹实验结果用于工程实际计算时,各种工程用管的粗糙度是未知的。

莫迪(Moody)用实际的商品管进行了类似的实验研究,并根据实验结果绘制了莫迪图,见图 6-12。实际圆管的粗糙不像尼古拉兹人工粗糙那样整齐,所以实际圆管的绝对粗糙度无法确定。为此引入当量(等效)粗糙度描述真实圆管的粗糙度,即在紊流粗糙区内,测出真实圆管的 λ 值,将此值与尼古拉兹曲线比较,找出与其对应的人工粗糙管的绝对粗糙度 Δ,称为该真实圆管的**当量绝对粗糙度**,也用 Δ 表示。工程中常用管道的当量绝对粗糙度见表 6-1。应该说明的是,某种管道的当量粗糙度和其管壁表面粗糙凸起的实际平均尺寸在大小上可能不同,但利用它可以计算出正确的阻力系数,见式(6-47)。

使用莫迪图可方便地确定阻力系数 λ。其方法是:根据流动条件计算出雷诺数,由表 6-1 查出所用管子的粗糙度,由 Re 和 Δ/d 在莫迪图 6-12 中确定阻力系数 λ。

在莫迪图中的层流区域,λ 只是 Re 的函数,与相对粗糙度 Δ/d 无关,且 λ 随 Re 增加而减小,层流曲线是一条直线,服从 $\lambda = \dfrac{64}{Re}$,这与理论分析结果一致。

当雷诺数 Re 在 $2\,000 < Re < 4\,000$ 区间时是层流向紊流过渡区,莫迪图中没有给出相应的曲线,此区间的流动可能是层流也可能是紊流。

表 6-1   不同管道的(当量)粗糙度值

管道材料	管道状态	Δ(mm)	管道材料	管道状态	Δ(mm)
铸铁管	新的镀沥青	0.12	水泥管	新的预应力混凝土制	0.03
	新的无镀复层	0.30		新的离心浇制	0.20
	早已使用过	1.0		使用过	0.50
镀锌铁管	新的	0.15	无缝钢管	新	0.015
	旧的	0.5		旧	0.20
玻璃、有色金属管	新的	0.001	焊接钢管	新的	0.06
橡胶软管	一般情况	0.01 ~ 0.03		中等生锈	0.50
陶土排水管		0.45 ~ 0.60		陈旧	1.0
				大量污垢	3.0
			铆合钢管	简单铆合	0.5 ~ 3.0
				加强铆合	~ 9.0

在紊流区域中,雷诺数 Re 不是非常大时,λ 是 Re 和 Δ/d 的函数,即 $\lambda = f\left(Re, \dfrac{\Delta}{d}\right)$,见图中左下方区域的曲线,即图中虚线与水力学光滑曲线之间的区域,这一区域称为**过渡区**。当雷诺数 Re 非常大时,λ 只是 Δ/d 的函数,即 $\lambda = f\left(\dfrac{\Delta}{d}\right)$。因为雷诺数 Re 很大时,黏性底层非常薄,几乎所有的管壁凸起都伸出黏性底层,并成为影响流动损失的主要因素,故此时的 λ 曲线是水平直线段,见图中虚线右上方区域称为**完全粗糙区**。在此区域内沿程损失与速度的平方成正比,故也称为**阻力平方区**。从模型试验角度考虑,在这一区域即使 Re 不相等也能保证实物

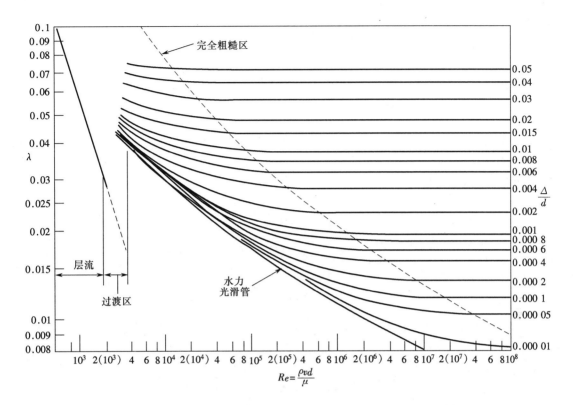

图 6-12　莫迪图

与模型的流动相似,于是此区域还称为**自模化区**。

当 Δ/d 趋于零时,莫迪图上的曲线(紊流区左下方边缘曲线)为水力光滑曲线。此时,即使壁面粗糙突起高度远小于黏性底层厚度,壁面仍存在的微小凹凸不平依然使壁面上流速为零,即满足无滑移条件,造成壁面附近很大的速度梯度,所以 λ 不为零。该曲线上 λ 只是 Re 的函数。由莫迪图可以看出,当 $\dfrac{\Delta}{d} < 0.001$ 时,不同的 Δ/d 曲线都在较小的 Re 下与光滑管曲线重合,这时可以作为光滑管处理。因此,在紊流区对于 $\dfrac{\Delta}{d} < 0.001$ 的圆管,雷诺数 Re 从小到大变化时,存在三种状态:① $\lambda = f(Re)$ 的水力光滑状态;② $\lambda = f\left(Re, \dfrac{\Delta}{d}\right)$ 的过渡状态;③ $\lambda = f\left(\dfrac{\Delta}{d}\right)$ 的完全粗糙状态。

除利用莫迪图外,阻力系数 λ 还可通过经验公式求得。例如,对水力光滑管可应用勃拉修斯(Blasius)公式

$$\lambda = \frac{0.316\,4}{Re^{0.25}} \qquad (当\ Re < 1 \times 10^5\ 时) \qquad (6\text{-}48)$$

而科尔布鲁克(Colebrook)公式

$$\frac{1}{\sqrt{\lambda}} = -2.0\lg\left(\frac{\Delta/d}{3.7} + \frac{2.51}{Re\sqrt{\lambda}}\right) \qquad (6\text{-}49)$$

则适用于整个非层流区域。式中的 λ 值可用计算机迭代求解。这是一个紊流沿程阻力系数的综合计算公式。它的重要性超过其他公式,但此公式形式复杂。其简化形式为

$$\lambda = 0.11\left(\frac{\Delta}{d} + \frac{68}{Re}\right)^{0.25} \tag{6-50}$$

该式称为阿里特苏里(Альтшуль)公式。

【例题6-4】 设有一定常有压均匀管流,已知管径 $d = 200$ mm,绝对粗糙度 $\Delta = 0.2$ mm,水的运动黏度 $\nu = 0.15 \times 10^{-5}$ m²/s,流量 $Q = 5$ L/s。试求管流的沿程阻力系数 λ 值和每米管长的沿程损失 h_{f}。

【解】 先判别流态

$$v = \frac{Q}{A} = \frac{4Q}{\pi d^2} = \frac{4 \times 0.005}{\pi \times 0.2^2} = 0.16 \text{ m/s}$$

$$Re = \frac{vd}{\nu} = \frac{0.16 \times 0.2}{0.15 \times 10^{-5}} = 21\,333 > 2\,000 \quad \text{(属于紊流)}$$

$$\frac{\Delta}{d} = \frac{0.2}{200} = 0.001$$

从莫迪图可查到相应于 $Re = 21\,333, \dfrac{\Delta}{d} = 0.001$ 的阻力系数 $\lambda = 0.025$。于是,每米管长的沿程损失为

$$h_{\mathrm{f}} = \lambda \frac{l}{d} \frac{v^2}{2g} = 0.025 \times \frac{1}{0.2} \times \frac{0.16^2}{2 \times 9.8} = 1.63 \times 10^{-4} \text{ m}$$

因为 $Re = 21\,333 < 10^5$,所以也可用勃拉修斯公式来计算 λ 值,即

$$\lambda = \frac{0.316\,4}{Re^{0.25}} = \frac{0.316\,4}{21\,333^{0.25}} = 0.026$$

同样

$$h_{\mathrm{f}} = \lambda \frac{l}{d} \frac{v^2}{2g} = 0.026 \times \frac{1}{0.2} \times \frac{0.16^2}{2 \times 9.8} = 1.70 \times 10^{-4} \text{ m}$$

6.5 非圆形管路沿程损失

圆管是最常用的断面形式,但工程上也常使用非圆截面管道(如通风系统中的风道等)。非圆形截面通道的沿程损失计算也可利用圆形管道的沿程损失计算公式,但公式中的圆管直径要用当量直径代替,计算雷诺数时也要用当量直径代替圆管直径。

由水力半径的概念可知。充满流体的圆形管的水力半径为

$$R = \frac{A}{\chi} = \frac{\dfrac{\pi d^2}{4}}{\pi d} = \frac{d}{4}$$

由上式可得到

$$d = \frac{4A}{\chi} = 4R$$

与此相类似,对于非圆管道,也可引入一个"直径"的概念,这个"直径"称为**当量直径**,用 d_{e} 表示,即

$$d_e = \frac{4A}{\chi} = 4R \tag{6-51}$$

上式表明当量直径 d_e 是 4 倍的水力半径 R。

边长为 a 和 b 的矩形断面水力半径 R 和当量直径 d_e 分别为

$$R = \frac{A}{\chi} = \frac{ab}{2(a+b)}, \quad d_e = 4R = \frac{2ab}{(a+b)}$$

边长为 a 的正方形断面水力半径 R 和当量直径 d_e 分别为

$$R = \frac{A}{\chi} = \frac{a^2}{4a} = \frac{a}{4}, \quad d_e = 4R = a$$

知道了当量直径 d_e 后,用 d_e 代替 d,由式(6-4)可得到非圆管道的沿程损失计算式为

$$h_f = \lambda \frac{l}{d_e} \frac{v^2}{2g} = \lambda \frac{l}{4R} \frac{v^2}{2g} \tag{6-52}$$

同样,非圆形管道的雷诺数和相对粗糙度为 $Re_e = \frac{vd_e}{\nu}$ 和 $\frac{\Delta}{d_e}$。

对于层流流动,非圆形管道的沿程阻力系数 λ 可按下式计算

$$\lambda = \frac{C}{Re_e} \tag{6-53}$$

式中的 C 为常数,具体数值与截面形状有关,可通过理论求解或实验确定。知道沿程阻力系数后,沿程损失的计算同圆管的计算完全相同。

如果非圆形截面管道内流动是充分发展紊流,那么阻力系数可通过莫迪图或科尔布鲁克公式(6-49)确定,要注意把相应的非圆管道直径换成当量直径。

【例题 6-5】 长 30 m,截面积 0.3 m × 0.5 m,用镀锌钢板制成的矩形风道,其内部风速 $v = 14$ m/s,风温 34 ℃,试求沿程损失。(34 ℃时空气的运动黏度 $\nu = 1.63 \times 10^{-5}$ m²/s,$\rho = 1.14$ kg/m³)

【解】 风道的当量直径

$$d_e = \frac{2ab}{a+b} = \frac{2 \times 0.3 \times 0.5}{0.3 + 0.5} = 0.375 \text{ m}$$

雷诺数为

$$Re_e = \frac{vd_e}{\nu} = \frac{14 \times 0.375}{1.63 \times 10^{-5}} = 322\ 085$$

风道内流动为紊流,参照表 6-1 镀锌钢板 $\Delta = 0.15$ mm,故相对粗糙度为

$$\frac{\Delta}{d_e} = \frac{0.15}{375} = 0.000\ 4$$

由莫迪图可查得 $\lambda = 0.017\ 6$,故沿程损失(用压强表示)为

$$p_f = 0.017\ 6 \times \frac{30}{0.375} \times \frac{1.14 \times 14^2}{2} = 157.3 \text{ kPa}$$

6.6 局部损失

实际流体在管道中流动时不仅有沿程损失,而且在经过各种管道构件和管道连接件时还

存在着局部损失。局部损失的计算公式为6.2节中的公式(6-5),即

$$h_{\mathrm{m}} = \zeta \frac{v^2}{2g}$$

式中:ζ 为局部阻力系数,是无量纲数,主要由管件的几何形状和尺寸决定,也可能与雷诺数有关。确定局部阻力系数 ζ 是计算局部损失的关键。通常情况下,流体流过管件时雷诺数总是很大,由6.4节对莫迪图的分析知道,当雷诺数足够大时,均匀直管中流动为完全粗糙流动状况,此时的沿程阻力系数只是管壁相对粗糙度的函数,而与雷诺数 Re 无关。流体流过管件的情形与此类似,当 Re 足够大时,局部阻力系数 ζ 也仅是管件的几何形状和尺寸函数,而与雷诺数无关。ζ 一般需要通过实验确定。

6.6.1　局部损失产生的原因

局部损失可概括为四种形式,即涡流损失、变流向损失、撞击损失和加(减)速损失。流动时几种形式的损失可能同时存在。

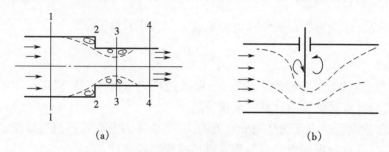

(a)　　　　　　　　　　　　　　(b)

图6-13　涡流损失

涡流损失是最常见的。流体流过阀门及管道突然变化等情况,如图6-13所示。流动中有大量涡流存在,这种来回打旋、循环流动的涡流区之所以能够维持运动,是由于通过动量交换从主流中得到了能量供应。涡流内部、旋转的涡流与壁面之间或涡流间的摩擦都要消耗能量,变成热能和声能,这就是涡流损失。

流体流动方向的变化也伴随着能量的消耗。如图6-14所示为弯管中的流动,其损失有流体与管壁的摩擦,更主要的是涡流损失和"二次流"损失。流体在流进弯管段前,管截面上的压力是均匀的。流体进入弯管后,由于曲率的关系流体受到离心惯性力的作用,使弯管外侧的压力高于内侧的压力。图中 AB 区域的流体压力升高,根据伯努利方程可知其速度相应减小。BC 为压力逐渐降低区。在弯管内侧,ab 段流动是降压增速的,bc 流动是升压减速。经 $C\text{-}c$ 截面后,流动又进入直管段,截面上的压力又重新均匀分布(不计由于高度变化引起的重力影响),这样在 Aa 截面与 Cc 截面之间出现 AB 和 bc 两次的升压减速区,使流体脱离壁面,在壁面附近形成涡流区,形成涡流损失。管道越弯曲,涡流损失越大。

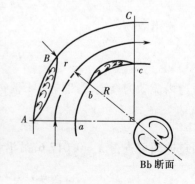

图6-14　弯管流动

由于惯性力的作用,弯管外侧的压力高于内侧的压力。黏性的作用,使得管壁附近的流速

慢,这些流体质点的弯曲流动半径有缩小的趋势,表现为流体沿管壁从外侧向内侧流动。由于连续性,管中流体由外侧 *B* 点分岔后沿两个半圆管壁流向内侧 *b* 汇合折向中心,形成两个半圆周的回转环形流动,如图 6-14 中的 *Bb* 剖面。这样形成了两股旋转流动,附加在向前流动的流体上。在弯管下游,形成两条半圆形的旋转方向相反的螺旋状流体柱,延伸向下游流动,这种流动现象称为**二次流**。二次流增加了管道的局部损失。局部损失与管径和管道的弯曲程度有关。管径大,二次流的范围大;弯曲半径小,内外侧的压差大。

流体质点碰撞可能发生在几何形状极不规则的管件内壁,也可能是流体在经过各种复杂的孔隙和通道时,由于流动方向的改变而使流体质点和壁面产生碰撞,如图 6-13(b)中闸板前方。由于流体质点不是完全弹性体,直接碰撞和利用碰撞而改变流动状态的变形都能消耗能量。

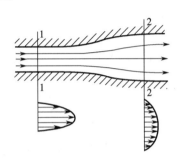

图 6-15　变速度流动

速度分布的重新调整也会造成能量损失。如图 6-15 所示,1 - 1、2 - 2 为渐扩管中的两个断面,管内壁光滑,面积渐变。流体在断面 1 - 1、2 - 2 间的能量损失比同长度的沿程损失要大得多。这是由于断面 1 - 1 和 2 - 2 上的速度变化而导致重新分布而造成的。看图中的速度分布,从 1 - 1 到 2 - 2 断面,流体经过速度降低、压力增高的过程,就是减速扩压流动过程。流体加速、减速过程一定会有能量损失。也就是流体层与层之间的黏滞作用和动量交换作用,使原来 1 - 1 断面上的速度受到阻滞而减慢下来,从而消耗能量。这种能量的消耗就是加(减)速损失。

6.6.2　局部阻力系数

由于产生局部损失的原因很复杂,所以绝大多数情况下的局部阻力系数只能通过实验确定。下面介绍几种常见的局部阻力系数值。

(1)管道截面突然扩大

管道截面突然扩大是可用分析方法求解的少数几种局部阻力之一。管道截面突然扩大的局部损失主要形式有旋涡、碰撞和速度变化等。如图 6-16 所示,取 2 - 2、3 - 3 两截面及管壁表面作为控制体。假设流动是定常的,2 - 2 断面上压强分布是均匀的,且不考虑管壁处的切应力,由连续性方程、能量方程和控制体的动量方程得

$$A_1 v_1 = A_3 v_2$$

$$\frac{p_1}{\rho g} + \frac{v_1^2}{2g} = \frac{p_3}{\rho g} + \frac{v_2^2}{2g} + h_\mathrm{m}$$

$$p_1 A_2 - p_3 A_3 = \rho A_3 v_2 (v_2 - v_1)$$

上式中 $A_2 = A_3$,可得

$$h_\mathrm{m} = \left(1 - \frac{A_1}{A_2}\right)^2 \frac{v_1^2}{2g} = \left(\frac{A_2}{A_1} - 1\right)^2 \frac{v_2^2}{2g} \quad (6\text{-}54)$$

与公式(6-5)比较,则得按小截面或大截面流速 v_1 或 v_2 计算的局部阻力系数 ζ_1 和 ζ_2 分别为

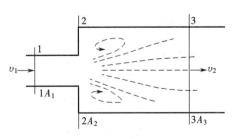

图 6-16　管道突然扩大

$$\zeta_1 = \left(1 - \frac{A_1}{A_2}\right)^2 \tag{6-55}$$

$$\zeta_2 = \left(\frac{A_2}{A_1} - 1\right)^2 \tag{6-56}$$

当管道与大面积的水池相连通时,即 $A_2 \gg A_1$,由式(6-55)、式(6-56)可知,管道出口的局部损失和局部阻力系数为

$$h_{\mathrm{m}} = \frac{v_1^2}{2g} \text{和} \zeta_1 = 1$$

这是突然扩大的特殊情况,说明管道中水流在和池水混合的过程中,由于黏性影响,使其速度头完全耗散在池水之中,最后趋于静止,也就是 $v_2 \approx 0$。管道出口形状对阻力系数没有影响。

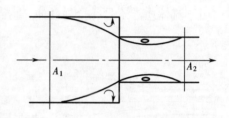

图 6-17　管道突然缩小

(2)管道截面突然缩小

管道截面突然缩小的局部损失形式有旋涡、碰撞和速度变化等,如图 6-17 所示。其局部损失不能用分析方法得到。根据实验结果,当以小截面的速度为准计算局部损失时,局部阻力系数的近似表达式是

$$\zeta = 0.5\left(1 - \frac{A_2}{A_1}\right) \tag{6-57}$$

当流体由大面积水池流入管道时,有 $A_1 \gg A_2$,由式(6-57)可得到 $\zeta = 0.5$。这种情况是管道截面突然缩小的极限情形。管道入口的形状对阻力系数的影响见图 6-18 所示。

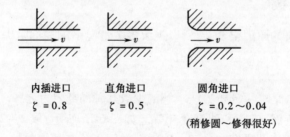

内插进口　　　直角进口　　　圆角进口
$\zeta = 0.8$　　　$\zeta = 0.5$　　　$\zeta = 0.2 \sim 0.04$
　　　　　　　　　　　　　　　(稍修圆~修得很好)

图 6-18　管道入口形状

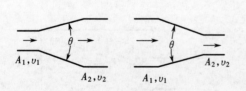

图 6-19　渐扩管与渐缩管

(3)渐扩管和渐缩管

在工程上为了减小局部损失,常采用渐扩管或渐缩管代替突扩管或突缩管,如图 6-19 所示。渐扩管的形状由扩大面积比 A_2/A_1 和扩大角 θ 两个参数确定,渐缩管的形状由缩小面积比 A_1/A_2 和收缩角 θ 确定。对于渐扩管,当扩张角 θ 很小时,渐扩管会很长,此时的损失主要是由摩擦引起;当扩张角 θ 是中等以上大小时,渐扩管内流体会和壁面发生分离,此时损失的主要形式是旋涡和碰撞。

对于渐扩管,当扩大段较短时的局部阻力系数

$$\zeta = k\left(\frac{A_2}{A_1} - 1\right)^2 \tag{6-58}$$

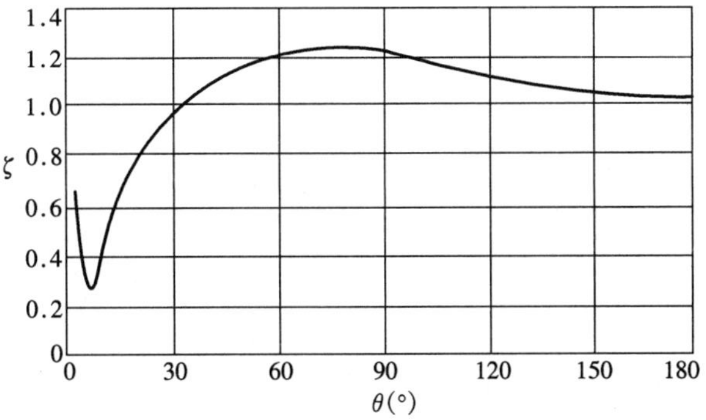

图 6-20   圆锥形渐扩管局部阻力系数

当扩张段较长时,阻力系数

$$\zeta = k\left(\frac{A_2}{A_1} - 1\right)^2 + \frac{(\lambda_1 + \lambda_2)/2}{8\tan\frac{\alpha}{2}}\left[\left(\frac{A_2}{A_1}\right)^2 - 1\right] \tag{6-59}$$

上两式中:k 为与扩张角度有关的系数;λ_1、λ_2 分别为小直径管和大直径管的沿程阻力系数。

用上两式计算沿程损失时速度以大直径断面的速度 v_2 为准。

图 6-20 为圆锥形渐扩管局部阻力系数曲线,由图所示最佳扩张角为 $\theta = 5° \sim 7°$。该图适用于文丘里流量计等设备局部阻力系数的计算。最小最佳扩张角之后,随扩张角的增大,由于流线脱离管壁而使损失显著上升。

渐缩管流动时损失形式以沿程损失为主,不存在流线脱离壁面的问题。消防管出口、水力采煤器的出口等采用 $10° \sim 20°$ 的收缩角,阻力系数为 0.04。

(4)弯管

弯管的能量损失形式有涡流、变流向及二次涡损失。二次涡与沿轴线的主流流动叠加,流体质点运动呈螺旋形状,如图 6-14 所示。弯管的经验计算公式为

$$\zeta = \left[0.131 + 1.847\left(\frac{r}{R}\right)^{3.5}\right]\frac{\theta}{90°} \tag{6-60}$$

从式中可以看出,ζ 是弯角 θ、弯管半径 r 与弯角中心线的曲率半径 R 的比值的函数,常用弯管阻力系数见表 6-2。

表 6-2   弯管局部阻力系数($\theta = 90°$)

r/R	0.1	0.2	0.3	0.4	0.5	0.6	0.7	0.8	0.9	1
ζ	0.132	0.138	0.158	0.206	0.294	0.440	0.661	0.977	1.408	1.978

(5)其他管件

管路中的管件种类很多,下面给出一些常用管件的局部阻力系数,见表 6-3 及表 6-4,需要时也可查阅有关的流体阻力计算手册。

表 6-3　常用管件的局部阻力系数(一)

90°三通				
ζ	0.1	1.3	1.3	3
45°三通				
ζ	0.15	0.05	0.5	3

由式(6-6)可知,计算管路的总能量损失时,要将管路上的所有沿程损失和局部损失算术求和得到,即

$$h_1 = \left(\lambda \frac{l}{d} + \sum \zeta \right) \frac{v^2}{2g}$$

这是计算管路总损失的叠加公式。用该公式计算总损失时,所得结果与实际会有出入,但完全可以满足工程上的要求。

在管路系统的设计计算中,按损失能量相等的方法,把管件的局部损失折算成等值长度的沿程损失,以 l_e 表示,称为局部损失的当量长度;有时也将沿程损失折合成等值的局部损失,以 ζ_e 表示,称为沿程损失的当量局部阻力系数。即

$$l_e = \frac{\zeta}{\lambda} d \tag{6-61}$$

$$\zeta_e = \frac{\lambda l}{d} \tag{6-62}$$

表 6-4　常用管件的局部阻力系数(二)

 折管	圆形	$\theta°$	10	20	30	40	50	60	70	80	90
		ζ	0.04	0.1	0.2	0.3	0.4	0.55	0.7	0.9	1.1
	矩形	$\theta°$		15		30		45		60		90
		ζ		0.025		0.11		0.26		0.49		1.20

 截止阀	d (cm)	15	20	25	30	35	40	50	>60
	ζ	6.5	5.5	4.5	3.5	3.0	2.5	1.8	1.7

 蝶阀	$\theta°$	5	10	15	20	25	30	35	40
	ζ	0.24	0.52	0.90	1.54	2.51	3.91	6.22	10.8
	$\theta°$	45	50	55	60	65	70	90	
	ζ	18.7	32.6	58.8	118	256	751	∞	

续表

全开时(即 $a/d = 0$)					
d(mm)	15	20 ~ 50	80	100	150	200 ~ 250
ζ	1.5	0.5	0.4	0.2	0.1	0.08

各种开度时							
d		开度 a/d					
mm	in	1/8	1/4	3/8	1/2	3/4	1
12.5	1/2	450	60	22	11	2.2	1.0
19	3/4	310	40	12	5.5	1.1	0.28
25	1	230	32	9.0	4.2	0.90	0.23
40	3/2	170	23	7.2	3.3	0.75	0.18
50	2	140	20	6.5	3.0	0.68	0.16
100	4	91	16	5.6	2.6	0.55	0.14
150	6	74	14	5.3	2.4	0.49	0.12
200	8	66	13	5.2	2.3	0.47	0.10
300	12	56	12	5.1	2.2	0.47	0.07

闸阀

同样有

$$h_f = \lambda \frac{l + \sum l_e}{d} \frac{v^2}{2g} = \lambda \frac{L}{d} \frac{v^2}{2g} \tag{6-63}$$

$$h_m = \left(\zeta_e + \sum \zeta \right) \frac{v^2}{2g} = \zeta \frac{v^2}{2g} \tag{6-64}$$

上两式中, $L = l + \sum l_e$ 称为管路的总能量损失长度, $\zeta = \zeta_e + \sum \zeta$ 称为管路的总能量损失系数。

6.7 管路计算

管路流动是工程中最常见的流动方式。在土建、市政、环境、石油化工、机械、水利等领域,水、气、油的输送基本上都是由管道流动完成的。因此,研究管道流动对于实际工程具有重要意义。

1. 管道的分类

(1)按结构划分

1)简单管路 管径不变,没有分叉(即流量相同)的管道为简单管路。

2)复杂管路 两根或两根以上的简单管道组合而成的管道系统,包括串、并联管道以及管网为复杂管路。

(2)按管中压力分

1)有压管道 管内压强不等于大气压的管道,如供水、煤气、通风、电站引水管。

2)无压管道(涵管) 管道内存在自由液面,且自由液面上相对压强等于零的管道,如排水管道、明渠流等。

（3）按能量损失的类型

1）短管 短管是指管路中水流的局部损失和流速水头都不能忽略不计的管道。

2）长管 长管是指局部水头损失与流速水头之和远小于沿程损失，在计算中可以忽略的管道，一般认为局部损失与流速水头之和小于5%的沿程损失，可以按长管计算。

需要注意的是长管和短管不是完全按管道的长短区分的。将有压管道按长管计算，可以简化计算过程。但在不能判断流速水头与局部水头损失之和远小于沿程水头损失之前，按短管计算不会产生较大的误差。

总流的连续性方程、能量方程以及能量损失的计算方法，为管路的设计和计算奠定了基础。

2. 管道水力计算的类型

管路的水力计算包括以下三类问题：一类是已知所需的流量 Q 和管道尺寸 l、d，计算压降 Δp 或确定所需的供水水头；二类是已知管道的尺寸 l、d 及水头 H 或允许的压降 Δp，计算管道输水能力，求流量 Q；三类是已知所需的流量 Q 和实际具有的作用水头 H，并给定管长 l，计算管径 d。

6.7.1 简单管路

为了研究流体在管路中的流动规律，首先讨论流体在简单管路中的流动规律。

1. 短管出流

所谓短管，是指管道的总水头损失中，沿程损失和局部损失均占相当比例，在进行水力计算时均不能忽略的管道，如有压涵管、虹吸管、倒虹吸管和水泵的吸水管等均属于短管。

（1）短管水力计算的基本公式

根据短管出流形式的不同，出流又分为自由出流和淹没出流两种。如图 6-21 所示的管道为自由出流。以 $0-0$ 为基准面，列 $1-1$ 和 $2-2$ 断面的伯努利方程为

$$H = \frac{v^2}{2g} + \lambda \frac{l}{d}\frac{v^2}{2g} + \sum \zeta \frac{v^2}{2g} \tag{6-65}$$

其中，动能修正系数与局部阻力系数同量级，归并到

$\sum \zeta$ 中，并将 $v = \dfrac{4Q}{\pi d^2}$ 代入，整理得

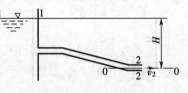

图 6-21 短管计算图

$$H = \frac{8\left(\lambda \dfrac{l}{d} + \sum \zeta\right)}{\pi^2 d^4 g} Q^2$$

令

或

$$S_H = \frac{8\left(\lambda \dfrac{l}{d} + \sum \zeta\right)}{\pi^2 d^4 g} \ \mathrm{s^2/m^5} \tag{6-66}$$

则

$$H = S_H Q^2 \tag{6-67}$$

其中，S_H 综合反映了管路流动的沿程阻力和局部阻力情况，称为管路阻抗，单位为 $\mathrm{s^2/m^5}$。

对于淹没出流,作用水头和流量的关系以及 S_H 的表达式与自由出流均相同。但含义不同。此时作用水头 H 为上、下游液面差;管路阻抗 S_H 中 $\sum \zeta$ 内不包括动能修正系数 α,但比自由出流多了一项出口的局部阻力系数 σ_o,两者数值相等,即 $\alpha = \sigma_o = 1$。

对于风机带动的气体管路(图 6-22)。对 $1-1$ 和 $4-4$ 断面列气流的伯努利方程得

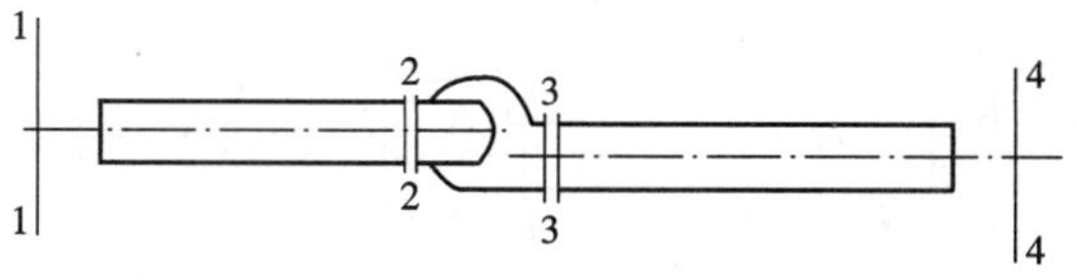

图 6-22　气体简单管路

$$P = \left(\lambda \frac{l}{d} + \sum \zeta \right) \frac{\rho v^2}{2}$$

将 $v = \dfrac{4Q}{\pi d^2}$ 代入上式,并整理,得

$$P = \frac{8\left(\lambda \frac{l}{d} + \sum \zeta \right)\rho}{\pi^2 d^4} Q^2$$

令

$$S_P = \frac{8\left(\lambda \frac{l}{d} + \sum \zeta \right)\rho}{\pi^2 d^4} \quad \text{kg/m}^7 \tag{6-68}$$

于是

$$P = S_P Q^2 \tag{6-69}$$

式中:P 为风机的全压强;S_P 为气体的管路阻抗。

对于给定的管道(长度 l,直径 d,管壁粗糙和局部构件的配置均已确定),如流动处于阻力平方区,则阻力系数 λ 和 $\sum \zeta$ 均为定值,由 $S_H = \dfrac{8\left(\lambda \frac{l}{d} + \sum \zeta \right)}{\pi^2 d^4 g}$ 可知,管路阻抗 S_H 以及 S_P 为一定值。

(2)虹吸管的水力计算

管道中一部分高出上游供水液面的简单管路,称为虹吸管。它一般属于短管。虹吸管的工作原理是:将管内空气排出,使管内形成一定的真空,且作用在上游水面的大气压强与虹吸管内压强之间产生压差,在压差的作用下,水从上游流向下游。虹吸管输水,可以跨越高地,减少挖方,避免埋设管道工程,以及便于自动操作,而被广泛应用。

管道的一部分高出上游自由液面,管道中存在真空区段。当真空达到某一限值时,管内液体会在常温下汽化,同时溶解在水中的空气也会分离出来,大量气体集结在虹吸管顶部,减小了有效过流断面积,破坏水流的连续性。因此,虹吸管顶部的真空度不得超过允许值 $[h_v]$。$[h_v] = 7 \sim 8.5\text{mH}_2\text{O}$ 虹吸管存在真空区段是它的流动特点,控制真空度则是虹吸管正常工作的必要条件。

虹吸管的水力计算主要是确定虹吸管输水量、管径以及虹吸管顶部的安装高度。

1)流速及流量计算

以上、下游液面 $1-1$、$2-2$ 为计算断面,列能量方程

$$H = \left(\lambda \frac{l_1 + l_2}{d} + \sum \zeta \right) \frac{v^2}{2g}$$

流速

$$v = \frac{1}{\sqrt{\lambda \dfrac{l_1 + l_2}{d} + \sum \zeta}} \sqrt{2gH} \qquad (6\text{-}70)$$

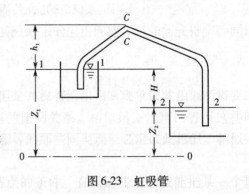

图 6-23 虹吸管

流量

$$Q = vA$$

2)最大真空度计算

列上游液面 1-1 和最大真空断面的能量方程

$$z_1 + \frac{p_a}{\gamma} = z_c + \frac{p_C}{\gamma} + \frac{v^2}{2g} + \left(\lambda \frac{l_1}{d} + \zeta_e + 2\zeta_b \right) \frac{v^2}{2g}$$

则有

$$\frac{p_a - p_C}{\gamma} = (z_c - z_1) + \left(\lambda \frac{l_1}{d} + \zeta_e + 2\zeta_b + 1 \right) \frac{v^2}{2g}$$

将 $v = \dfrac{1}{\sqrt{\lambda \dfrac{l_1 + l_2}{d} + \sum \zeta}} \sqrt{2gH}$ 代入上式,得

$$\frac{p_a - p_C}{\gamma} = (z_C - z_1) + \frac{\lambda \dfrac{l_1}{d} + \zeta_e + 2\zeta_b + 1}{\lambda \dfrac{l_1 + l_2}{d} + \zeta_e + 3\zeta_b + \zeta_0} H < [h_v] \qquad (6\text{-}71)$$

上式表明,虹吸管的最大超高 $(z_C - z_1)$ 和作用水头 H,均受允许真空度 $[h_v]$ 的制约。在虹吸管上设计安装阀门时,为了不加大真空度,应将阀门安装在 C 断面的下游。

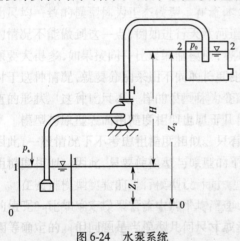

图 6-24 水泵系统

(3)水泵系统的水力计算

水泵系统的水力计算如图 6-24 所示。图为水泵向压力容器供水的简单管路(d 及 Q 不变)。以 0-0 为基准,列 1-1 和 2-2 断面的伯努利方程

$$Z_1 + \frac{p_a}{\gamma} + \frac{v_1^2}{2g} + H_i = Z_2 + \frac{p_0'}{\gamma} + \frac{v_2^2}{2g} + h_{l_{1-2}}$$

将上式变形为

$$H_i = (Z_2 - Z_1) + \frac{p_0' - p_a}{\gamma} + \frac{v_1^2 - v_2^2}{2g} + h_{l_{1-2}}$$

$$= H + \frac{p_0}{\gamma} + \frac{v_1^2 - v_2^2}{2g} + S_H Q^2 \qquad (6\text{-}72)$$

其中,H_i 是水泵的扬程。上式表明水泵的扬程,除克服流动阻力外,还用来提高液体的位置水头、压强水头和流速水头。

【例题 6-6】 水泵管路系统如图所示,滤水网设有底阀。已知水泵流量为 $Q = 25\ \text{m}^3/\text{h}$,吸水管长度为 $l_1 = 5\ \text{m}$,压水管长度为 $l_2 = 20\ \text{m}$,提水高度为 $z = 18\ \text{m}$,最大真空度不超过 $h_v = 6$ m,水泵效率为 $\eta = 85\%$,管道的沿程阻力系数 $\lambda = 0.046$。试确定水泵吸水管直径 d_1、压水管直径 d_2、水泵扬程 H 和水泵轴功率 P。(吸水管进口滤水网局部阻力系数 $\zeta_1 = 8.5$,弯管

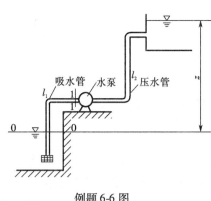

例题 6-6 图

$\zeta_2 = 0.294$，水泵入口前的渐缩管 $\zeta_3 = 0.1$，压水管出口 $\zeta_4 = 1.0$)

【解】 （1）吸水管经济流速为 $v_1 = 1 \sim 1.6$ m/s。选取 $v_1 = 1.6$ m/s，则

$$d_1 = \sqrt{\frac{4Q}{\pi v_1}} = \sqrt{\frac{4 \times 25}{\pi \times 1.6 \times 3\,600}} = 0.074 \text{ m}$$

选取标准管道直径 $d_1 = 75$ mm，相应地，有

$$v_1 = \frac{4Q}{\pi d_1^2} = \frac{4 \times 25}{\pi \times 0.075^2 \times 3\,600} = 1.57 \text{ m/s}$$

写出断面 $0 - 0$（上游水库内自由面）和断面 $1 - 1$ 间的能量方程，得

$$z_0 + \frac{p_a}{\gamma} + \frac{v_0^2}{2g} = h_s + \frac{p_1}{\gamma} + \frac{v_1^2}{2g} + h_{l_1}$$

因为 $z_0 = 0$、$\dfrac{p_1}{\gamma} = -h_v$，若不计行进流速水头 $\dfrac{v_0^2}{2g}$，得到

$$h_s = h_v - \frac{v_1^2}{2g} - h_{l_1}$$

吸水管水头损失为

$$h_{l_1} = \left(\lambda \frac{l_1}{d_1} + \zeta_1 + \zeta_2 + \zeta_3 \right) \frac{v_1^2}{2g} = \left(0.046 \times \frac{5}{0.075} + 8.5 + 0.294 + 0.1 \right) \frac{1.57^2}{2 \times 9.807}$$

$$= 1.5 \text{ m}$$

$$h_s = 6 - \frac{1.57^2}{2 \times 9.8} - 1.5 = 4.37 \text{ m}$$

（2）选取压水管直径 $d_2 = 75$ mm，其流速同为 $v_2 = 1.57$ m/s，压水管水头损失为

$$h_{l_2} = \left(\lambda \frac{l_2}{d_2} + 2\zeta_2 + \zeta_4 \right) \frac{v_1^2}{2g} = \left(0.046 \times \frac{20}{0.075} + 2 \times 0.294 + 1.0 \right) \frac{1.57^2}{2 \times 9.807}$$

$$= 1.74 \text{ m}$$

水泵扬程为

$$H = z + h_{l_1} + h_{l_2} = 18 + 4.37 + 1.74 = 24.11 \text{ m}$$

水泵轴功率

$$P = \frac{\gamma Q H}{\eta} = \frac{9.807 \times 25 \times 24.11}{0.85 \times 3\,600} = 1.93 \text{ kW}$$

2. 长管的水力计算

前面推导了短管水力计算的基本公式，如在阻抗 S_H、S_P 中略去局部阻力项 $\sum \zeta$，便得到以下长管水力计算的基本公式：

$$H = h_f = S_H Q^2 \tag{6-73}$$

$$S_H = \frac{8\lambda l}{\pi^2 d^5 g} \text{ s}^2/\text{m}^5 \tag{6-74}$$

$$p = p_f = S_P Q^2 \tag{6-75}$$

$$S_P = \frac{8\lambda l \rho}{\pi^2 d^5} \text{ kg/m}^7 \tag{6-76}$$

6.7.2 管路的串联与并联

任何复杂管路都是由简单管路经串、并联组合而成。因此,研究串、并联管路的流动规律是十分重要的。

6.7.2.1 串联管路

串联管路是由许多简单管路首、尾相接组合而成,见图6-25。

节点是指管段相接之点,每个节点上均遵循质量平衡定律,即流入的流量等于流出的流量:

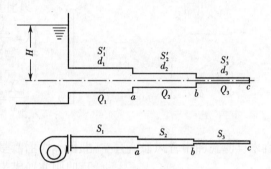

$$Q = Q_1 = Q_2 = Q_3 \tag{6-77}$$

串联管路的阻力损失,按阻力叠加原理,有

$$h_{l1-3} = h_{l1} + h_{l2} + h_{l3} = (S_1 + S_2 + S_3)Q^2 \tag{6-78}$$

图6-25 串联管路

因各管段流量 Q 相等,故有

$$S = S_1 + S_2 + S_3 \tag{6-79}$$

串联管路计算原则是:串联管路无中途分流或合流,故流量相等;阻力叠加;系统的总阻抗等于各管段的阻抗叠加。

6.7.2.2 并联管路

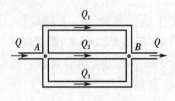

图6-26 并联管路

在两节点之间并接两条以上管段的管道称为并联管路,见图6-26。并联管路常用于要求流体输送可靠性高的情况。并联管路满足节点流量平衡

$$Q = Q_1 + Q_2 + Q_3 \tag{6-80}$$

从能量平衡观点来看,各支路的能量损失都等于 A、B 两节点的压头差,即

$$h_{l1} = h_{l2} = h_{l3} = h_{l_{A-B}} \tag{6-81}$$

设 S 为并联管路的总阻抗,Q 为总流量,则有

$$S_1 Q_1^2 = S_2 Q_2^2 = S_3 Q_3^2 = S Q^2 \tag{6-82}$$

则

$$Q = \sqrt{\frac{h_{l_{A-B}}}{S}}, Q_1 = \sqrt{\frac{h_{l1}}{S_1}}, Q_2 = \sqrt{\frac{h_{l2}}{S_2}}, Q_3 = \sqrt{\frac{h_{l3}}{S_3}} \tag{6-83}$$

于是,有

$$\frac{1}{\sqrt{S}} = \frac{1}{\sqrt{S_1}} + \frac{1}{\sqrt{S_2}} + \frac{1}{\sqrt{S_3}} \tag{6-84}$$

并联管路的计算原则是:流量叠加;阻力损失相等;总阻抗平方根的倒数等于各支管阻抗

平方根倒数之和。

由式(6-82),得并联管路的流量分配

$$Q_1 : Q_2 : Q_3 = \frac{1}{\sqrt{S_1}} : \frac{1}{\sqrt{S_2}} : \frac{1}{\sqrt{S_3}} \tag{6-85}$$

各分支管路的管段几何尺寸、局部构件确定后,按照节点间各分支管路的阻力损失相等分配各支管上的流量,阻抗大的支管流量小,阻抗小的支管流量大。并联管路的这种特性专业上称为阻力平衡,即在满足用户需要的流量下,设计合适的管路尺寸及局部构件,使各支管上的阻力损失相等。

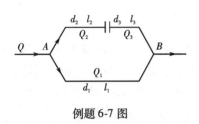

例题 6-7 图

【例题 6-7】　如图所示的管路系统,干管中水的流量 $Q = 0.1\ \text{m}^3/\text{s}, l_1 = 1\ 000\ \text{m}, d_1 = 0.25\ \text{m}, l_2 = 900\ \text{m}, d_2 = 0.3\ \text{m}, l_3 = 500\ \text{m}, d_3 = 0.25\ \text{m}$。求各支管流量 Q_1 和 Q_2 及 A、B 间的水头损失。(不计局部阻力,沿程阻力系数 $\lambda_1 = \lambda_2 = \lambda_3 = 0.02$)

【解】　$S_1 = \dfrac{8\lambda l_1}{\pi^2 d_1^{\ 5} g} = \dfrac{8 \times 0.02 \times 1\ 000}{3.14^2 \times 0.25^5 \times 9.807} = 1\ 695$

$$S_2 = \frac{8\lambda l_2}{\pi^2 d_2^{\ 5} g} = \frac{8 \times 0.02 \times 900}{3.14^2 \times 0.3^5 \times 9.807} = 613$$

$$S_3 = \frac{8\lambda l_3}{\pi^2 d_3^{\ 5} g} = \frac{8 \times 0.02 \times 500}{3.14^2 \times 0.25^5 \times 9.807} = 847$$

$$S_{2,3} = 613 + 847 = 1\ 460$$

$$Q_1 + Q_2 = 0.1 \tag{1}$$

$$\frac{Q_1}{Q_2} = \sqrt{\frac{S_{2,3}}{S_1}} \tag{2}$$

从而,解方程组(1)、(2),可得

$$Q_1 = 0.048\ \text{m}^3/\text{s}; Q_2 = 0.052\ \text{m}^3/\text{s}$$

A、B 间的水头损失为

$$h_{l_{A-B}} = S_1 Q_1^2 = 1\ 695 \times 0.048^2 = 3.9\ \text{m}$$

*6.8　有压管路中的水击现象

前面所讨论的液体在管道中的流动规律时,均把液体视为不可压缩。实际上,当有压管道中的液体的流动状况突然改变时,由于液体的惯性作用,引起管内液体的压强迅速交替升降,这种现象称为**水击**或**水锤**。水击引起的压强增量的大小与速度变化过程的快慢及流体质量和动量的大小有关。水击引起管道振动,同时伴有隆隆的锤击声,轻微时只表现为噪音和振动,严重时造成阀门损坏,管道接头断开,甚至管道破裂等重大事故。水击现象难于完全避免,应研究它的规律,降低危害。

6.8.1　水击现象的物理过程

如图 6-27 所示,管道入口连接水池,出口端有一阀门。设管径为 d,管长为 l,定常情况下

管内流速为 v_0,压强为 p_0,水头为 H_0。当阀门突然关闭时,则紧靠阀门的一层水体突然停止流动,由 v_0 骤变为零。由于惯性作用,紧靠阀门的这层水体的压强突然升高 Δp,产生了水击。Δp 称为水击压强。如果阀门关闭的时间为零,则 Δp 将趋于无穷大。实际上,关闭阀门有个时间过程,同时液体的压缩性和管壁的弹性对水击起了缓冲作用,管中的流速不是同时变为零,压强也不是在同一时刻同时升高,而是在靠近

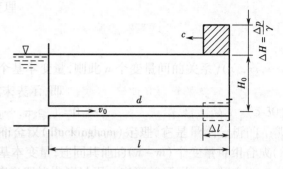

图 6-27 简单管路的水击

阀门的那层水停止流动后,其后各层水相继一个断面一个断面地停止流动,压强也逐层以弹性波的形式由阀门处向上游以一定的速度一个断面一个断面地升高到一定数值,水逐层受压,管壁逐段膨胀。流速和压强都是以波的形式传播,这种波称为**水击波**,以 c 表示其传播速度。

如图 6-28 所示,在 $\frac{l}{c} > t > 0$ 时间段内,波面从右向左传播,波面所到之处液体速度降为零,压强升为 $p_0 + \Delta p$,管壁膨胀,液体密度增加。波面未到之处,液体尚未受到影响,仍以速度 v_0 向右运动,直到在阀门关闭后的 $t = \frac{l}{c}$ 时刻,水击波以波速 c 传到管入口,全管中的液体均受到压缩,速度均降为零,整个管壁处于膨胀状态。

当 $t = \frac{l}{c}$ 时,管道入口处断面左右压强不等。该断面两则的作用力不能维持平衡,形成了由入口向出口传播的顺波,使管中受压的液体在 Δp 的作用下以速度 $-v_0$ 向左侧管入口端倒流。顺波所到之处,压强下降 Δp。至 $t = \frac{2l}{c}$ 时刻,全管结束压缩状态,压强和管径均恢复原状。

在 $t = \frac{2l}{c}$ 时,由于全管有 $-v_0$ 存在,水流脱离阀门。由于惯性作用,管出口端产生了一个反射波,并由出口端向管入口端传播,紧靠出口端处的液体由 $-v_0$ 骤变为零,导致压强由 p_0 变为 $p_0 - \Delta p$,液体膨胀,管壁收缩,又一层一层地以波速 c 向管入口传播。

在 $t = \frac{3l}{c}$ 时,到达管入口,此时整个管道压强下降 Δp,流速 $v_0 = 0$,管壁收缩。在 $t = \frac{3l}{c}$ 时,降压波传至管入口端,全管中水流处于减压 $-\Delta p$ 状态。为维持压强的平衡,此时管入口端又反射一升压波,并由管入口端渐次传至管出口端,水流又以速度 v_0 向管出口端流动,膨胀的液体及收缩的管壁也恢复原状。

至 $t = \frac{4l}{c}$ 时,增压顺波传至阀门处,压强、流速及管道状况都恢复到水击发生前的状况。这时仍与 $t = 0$ 时情况一样,又重复上述过程,如此周而复始发展下去。

在水击完成的一个周期内,水波由管道入口到出口间往返共两次。往返一次所需时间为 $t_0 = \frac{2l}{c}$ 称为**相长**,两个相长称为水击的一个周期 T,即

$$T = 2t_0 = \frac{4l}{c}$$

(6-83)

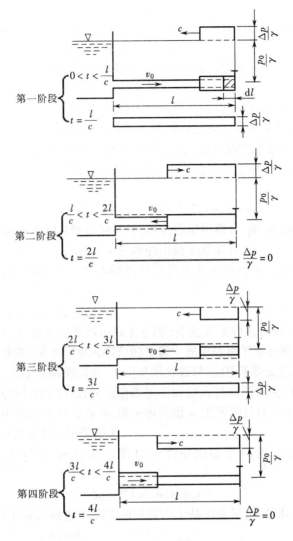

图 6-28 水击的传播过程

由上述分析知道,阀门处最先产生水击波,顺波最后又到达该处,故其保持 Δp 的时间最长,直到 $t = \dfrac{2l}{c}$ 为止,如图 6-29 所示。因此,阀门处受水击压强的危害最大。而管道入口处只有在 $t = \dfrac{l}{c}$ 和 $t = \dfrac{3l}{c}$ 的瞬时受到水击压强的影响。对于距管道出口为 x 处的断面,它既迟 $\dfrac{x}{c}$ 的时间受到水击的影响,又早 $\dfrac{x}{c}$ 的时间结束。

当管道发生水击时,实际上压强增大时液体压缩,同时管道也变形。从而为使管道膨胀必然消耗一部分能量,流体在运动过程中也要消耗能量。还有就是阀门不会在 $t = 0$ 的瞬时完全关闭。因而使得水击压强会迅速衰减直至恢复原状。实测的阀门处液体压强的波形如图 6-30 所示。

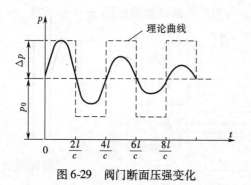

图 6-29　阀门断面压强变化

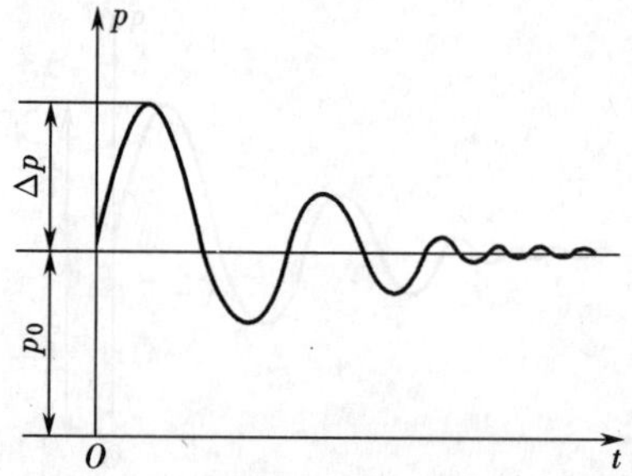

图 6-30　实测阀门断面的压强变化

6.8.2　水击压强

上述分析是管路阀门瞬时关闭时的情况,实际上阀门的关闭总是需要一定时间才能完成。当阀门关闭的时间 $t < \dfrac{2l}{c}$ 时,水击波从阀门处向管道入口方向传播再以常压波形式返回到阀门之前,阀门就已关闭,这种水击称为**直接水击**。直接水击时,阀门处所受的压强增值达到水击所能引起的最大压强,水击压强计算公式为

$$\Delta p = \rho c v_0 \qquad (6\text{-}84)$$

式中:Δp 为管内压强增量,即水击压强;v_0 为水击前管中液体平均速度;c 为水击波的传播速度。c 可用儒可夫斯基公式计算,即

$$c = \frac{\sqrt{\dfrac{E}{\rho}}}{\sqrt{1 + \dfrac{Ed}{E_0 \delta}}} \qquad (6\text{-}85)$$

式中:E_0 是管壁材料的弹性模量;E 为管中液体的体积弹性模量;ρ 为液体的密度;δ 为管壁厚度;d 为管径。表 6-4 给出了常温下管材的 E 值供参考。常见液体的 E 见表 1-2。

对于水而言,式(6-85)为

$$c = \frac{1\,428}{\sqrt{1 + \dfrac{Ed}{E_0 \delta}}} \qquad (6\text{-}86)$$

上式说明,管壁材料的弹性模量 E_0 越大,水击压强也越大。

表 6-5　常用管材的弹性模量 E_0

材料	钢管	铸铁管	铜管	铝管
E_0(单位:Pa)	200×10^9	100×10^9	110×10^9	70×10^9

式(6-84)是直接水击最大水击压强的计算公式。如果阀门关闭时间较长,即当水击波返回时,阀门尚未完全关闭,这种水击称为**间接水击**。间接水击压强小于直接水击压强。间接水击压强可用下式近似计算

$$\Delta p = \rho v_0 \frac{2l}{t} \qquad (6\text{-}87)$$

从上式明显可以看出,阀门关闭时间 t 越长,则水击压强 Δp 越小。

6.8.3 防止水击危害的方法

研究水击的目的主要在于找出防止水击危害的途径。根据水击产生的条件和水击压强公式,可以发现下列几种防止水击的方法:

①延长阀门关闭时间,以避免直接水击。这一点可通过公式(6-87)分析得到。

②缩短管路长度 l 和减小管内流速 v_0。当管路长度 l 减小时水击的相 $t_0 = \dfrac{2l}{c}$ 也减小,易于使直接水击变为间接水击。又因 Δp 与 v_0 成正比关系,故降低 v_0 也就降低了 Δp,对一般的给水管网,流速应不大于 $3\mathrm{m/s}$。

③增加管道弹性。管道弹性增大,则弹性模量 E 减小,从而也可以降低水击压强。如采用橡胶管或尼龙管比采用金属管减轻水击的效果明显。

④减缓水击压强。调压塔、调压室、安全阀和压力调节阀是工程上常用的减缓水击压强的措施。

调压塔工作原理如图6-31所示,当阀门迅速关闭时,水进入调压塔,使上游水库和调压塔之间的有压管道内的流体逐渐减速,从而消除了该段管道内的水击压强。因此,应当将调压塔设置在靠近阀门的部位,水进入调压塔后,塔内的水位会升高,因此调压塔的截面面积较大时,能够更有效地消除水击压强。

调压室的工作原理如图6-32所示,利用调压室内空气的压缩性来缓解所在部位有压管道内压强的升高。与调压塔相比,在截面面积相同时,调压室可以比调压塔更能有效地消除水击压强。

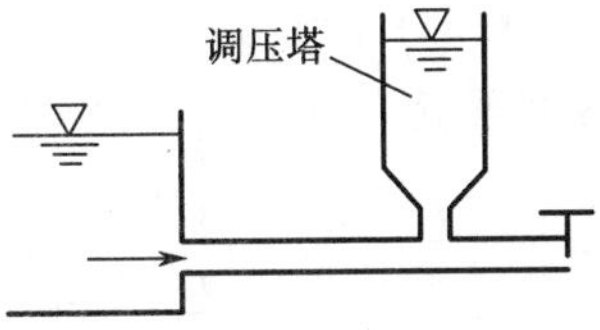

图6-31 调压塔工作原理图

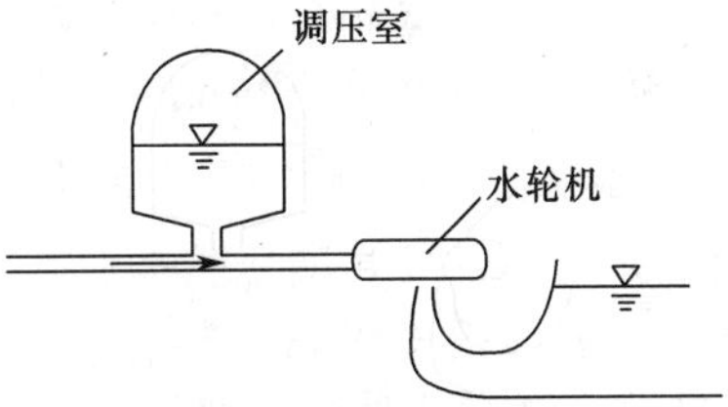

图6-32 调压室工作原理图

图6-33是安全阀工作原理图,阀门 c 在正常工作状态下是关闭的。当管道 ab 内的压强超过由调整螺栓 e 设定的某一临界值时,管道 ab 内的压力会克服弹簧压力,将阀门 c 打开,水由溢流口 d 流出,从而限制了管道 ab 内压强的升高。

图6-34是压力调节阀工作原理图。它与安全阀的工作原理有相似之处,只是阀门 c 的开度取决于管道 ab 与支管 d 之间的压差 Δp。支管 d 内的压强根据需要设定,阀门开度随压差 Δp 的变化关系可以通过螺栓 e 调节。

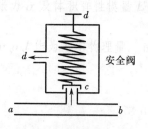

图 6-33　安全阀工作原理图

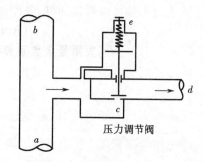

图 6-34　压力调节阀工作原理图

✔本章小结

- ■ 雷诺数表征流体惯性力与黏性力大小的相对比值。低雷诺数下发生层流流动,高雷诺数下发生紊流流动。
- ■ 在土木工程领域所涉及的流动现象绝大多数为紊流流动。
- ■ 对于紊流流动,沿程阻力系数 λ 是管道相对粗糙度和雷诺数的函数。
- ■ 可以利用经验公式、半经验公式或者莫迪图来确定沿程阻力系数 λ。
- ■ 紊流虽然是个极其复杂的科学问题,但依据我们目前对于紊流的认知,可以解决工程上所遇到的绝大多数流体力学问题。

思 考 题

6.1　1)雷诺数 Re 有什么物理意义？为什么它能起到判别流态的作用？

　　2)两个管径不同的管道,通过不同黏性的流体,它们的临界雷诺数是:

　　　(A)相同；　(B)不同；　(C)不能确定是否相同

　　3)两个管径不同的管道,通过不同黏性的流体,它们的临界流速是:

　　　(A)相同；　(B)不同；　(C)不能确定是否相同

6.2　试讨论物体在实际流体中运动和在理想流体中运动的边界条件有何差别？

6.3　"层流向紊流的转换点是 $Re=2\,000$"这句话对吗？

6.4　推导:

　　1)圆管流动 $\tau_0 = \gamma RJ$；　2)$\lambda = \dfrac{64}{Re}$

6.5　在圆管流动中,过流断面上的切应力 τ 呈直线变化,但半径不同的流束却有相同的水头损失,这种说法是:

A)两者有矛盾；　B)两者不矛盾；　C)两者是否矛盾尚取决于其他条件

6.6　何谓黏性底层？它对圆管紊流的沿程损失有何影响？

6.7　管径、管长及粗糙度不变,沿程阻力系数是否随流量的增大而增大？沿程损失是否随流量的增大而增加？

6.8　对圆管紊流沿程损失的研究如何步步深入？

6.9　紊流中存在脉动现象,具有非定常性质,但是又有定常流,其中有无矛盾？为什么？

如何由实测的瞬时流速来确定断面平均流速? 如何理解时均化模型中流线和迹线的含义?

6.10 分析用当量直径计算出的阻力损失,对紊流和层流两种情况误差大小的影响?

6.11 非圆断面流道的当量直径是怎样定义的? 它有什么用处?

6.12 在管道计算中,长管和短管如何区分?

6.13 产生水击的内因和外因是什么?

6.14 说出几种现实生活中可能出现水击的场所及危害?

习　题

6.1 某管路的直径 $d=100$ mm,通过 $Q=4$ L/s 的水,水温 $t=20$ ℃,试判别流态? 若管道中流过的是重燃油,运动黏度 $\nu=150\times10^{-6}$ m^2/s,流态又如何?

6.2 温度为 0 ℃的空气,以 4 m/s 的速度在直径为 100 mm 的圆管中流动,试确定流态(空气的运动动力黏度为 1.33×10^{-5} m^2/s)。若管中的流体换成运动黏度为 1.792×10^{-6} m^2/s 的水,问水在管中呈何流态?

6.3 水流经过一个渐扩管,如小断面的直径为 d_1,大断面的直径为 d_2,而 $d_2/d_1=2$,试问哪个断面雷诺数大? 这两个断面的雷诺数的比值 Re_1/Re_2 是多少?

6.4 某户内煤气管道灶具前支管管径为 $d=15$ mm,煤气流量为 $Q=2$ m^3/h,煤气的运动黏度 $\nu=26.3\times10^{-6}$ m^2/s。试判别该煤气支管内的流态。

6.5 设圆管直径 $d=2$ cm,流速 $v=12$ cm/s,水温 $t=10$ ℃。试求在管长 $l=20$ m 上的沿程损失?

6.6 在管径 $d=1$ cm,管长 $l=5$ m 的圆管中,冷冻机润滑油做层流运动,测得流量 $Q=80$ cm^3/s,损失 $h_f=30$ mm 油柱,试求油的运动黏性系数 ν?

6.7 水在等截面直圆管内做定常流动。测得体积流量为 3.5×10^{-5} m^3/s,在管路中长 15 m 的管段上能量损失为 2 cm。水的 $\nu=1.3\times10^{-6}$ m^2/s,求管径。

6.8 油在管径 $d=100$ mm、长度 $l=16$ km 的管道中流动,若管道水平放置,油的密度 $\rho=915$ kg/m^3,$\nu=1.86\times10^{-4}$ m^2/s,求每小时通过 50 吨油所需的功率。

6.9 动力黏度为 $\mu=0.048$ Pa·s 的油,以 $v=0.3$ m/s 的平均速度流经直径 $d=18$ mm 的管道,已知油的密度 $\rho=900$ kg/m^3,试计算通过 45 m 长的管段所产生的测压管水头降落,并求距管壁 $y=3$ mm 处的流速。

6.10 欲一次测到半径为 r_0 的圆管层流中断面平均流速 v,应当将测速仪器探头放置在距离轴线多远处?

6.11 圆管直径 $d=150$ mm,通过该管道的水流速度 $v=1.5$ m/s,水温 $t=18$ ℃。若已知沿程阻力系数 $\lambda=0.03$,试求摩阻速度 u_* 和黏性底层厚度 δ。如果将流速提高至 $v=2.0$ m/s,u_* 和 δ 如何变化? 若保持 $v=1.5$ m/s 不变,而管径增大到 $d=300$ mm,u_* 和 δ 又如何变化?

6.12 计算水在长 300 m、直径为 150 mm 的一段镀锌钢管中的沿程损失。已知体积流量为 50 L/s,镀锌钢管的当量粗糙度为 0.15 mm,水的运动黏度为 1.141×10^{-6} m^2/s。

6.13 $\nu=10^{-5}$ m^2/s 的油在直径 100 mm、长 120 m 的新镀锌管中流动,沿程损失为 5 m,求体积流量。

6.14 用新镀锌钢管输送水,管长 180 m,体积流量 85 L/s,沿程损失为 9 m,求管径。水

的 $\nu = 1.14 \times 10^{-6}$ m²/s。

6.15　有一圆管水流，直径 $d = 20$ cm，管长 $l = 20$ m，管壁粗糙度 $\Delta = 0.2$ mm，水温 $t = 6$ ℃，求通过流量 $Q = 24$ L/s 时，沿程损失 h_f。

6.16　如图所示，水箱水深 H，底部有一长为 L、直径为 d 的圆管。管道进口为流线型，进口损失可不计，管道沿程阻力系数 λ 设为常数。若 H、d、λ 给定：1) 在什么条件下 Q 不随 L 变化？2) 什么条件下通过的流量 Q 随管长 L 的加大而增加？3) 什么条件下通过的流量 Q 随管长 L 的加大而减小？

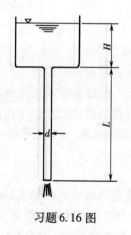

习题 6.16 图

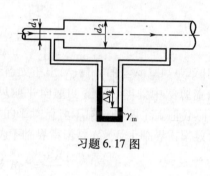

习题 6.17 图

6.17　如图所示的水平突然扩大管路，已知直径 $d_1 = 5$ cm，直径 $d_2 = 10$ cm，管中水流量 $Q = 0.02$ m³/s。试求 U 形水银压差计中的压差读数 Δh。

6.18　流速由 v_1 变到 v_2 的突然扩大管，如分为两次扩大，如图所示，中间流速 v 取何值时，局部损失最小，此时局部损失为多少？并与一次扩大时比较。

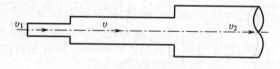

习题 6.18 图

6.19　如图所示，某管直径为 200 mm，流量为 60 L/s，该管原有一个 90° 的折角，

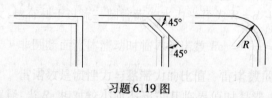

习题 6.19 图

今欲减少其能量损失，拟换为两个 45° 的折角或换为一个 90° 的缓弯(转弯半径 $R = 1$ m)。问后两者与原折角相比，各减少局部能量损失若干？哪个减少得最多？

6.20　流量为 15 m³/h 的水在一管道中流动，其管径 $d = 50$ mm，$\lambda = 0.0285$，水银差压计连接于 A、B 两点。设 A、B 两点间的管道长度为 0.8 m，差压计中水银面高差 $\Delta h = 20$ mm，求管道弯曲部分的阻力系数为若干？

6.21　离心水泵的吸水管路如图所示。已知：$d = 100$ mm，$l = 8$ m，$Q = 20$ L/s，泵进口处最大允许真空度为 $p_v = 68.6$ kPa。此管路中有带单向底阀的吸水网一个，$d/r = 1$ 的 90° 圆弯头两处。问允许装机高度即 H_S 为若干？(管道系旧的生锈钢管)

6.22　如图所示，直径为 d 的圆断面有压涵管，上游水深 $H_1 > 1.4d$(涵管内形成有压流的

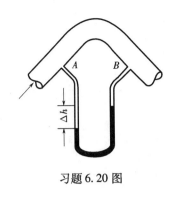

习题 6.20 图

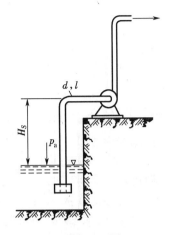

习题 6.21 图

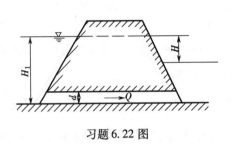

习题 6.22 图

条件),涵管长度 $l = 20$ m,上、下游水位差为 $H = 1$ m,通过的流量为 $Q = 2$ m^3/s,沿程阻力系数为 $\lambda = 0.03$,进、出口的局部阻力系数为 $\zeta_1 = 0.5$、$\zeta_2 = 1.0$,试确定涵管管径 d。

6.23 如图所示,倒虹吸管采用直径 500 mm 的铸铁管,管长 $l = 125$ m,进出口水位高程差为 5 m,根据地形两转弯角分别为 60° 和 50°,上下游流速相等。问能通过多大的流量?

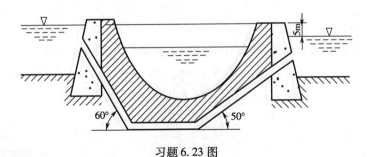

习题 6.23 图

6.24 有一等径输水管(参见上题图),管长 $l = 100$ m,管径 $d = 500$ mm,水流在阻力平方区。已知每个折弯的局部阻力系数 $\zeta = 0.3$,上下游水位差 $H = 20$ m,求通过管道的流量。

6.25 已知通过流量 $Q = 250$ L/s,管路长 $l = 2\,500$ m,作用水头 $H = 30$ m。如用新的铸铁管,求此管径是多少?

6.26 水从高位水池流向低位水池,如图所示。已知水面高差 $H = 12$ m,管长 $l = 150$ m,水管直径为 100 mm 的清洁钢管;求水管中流量为多少?求流量为 $Q = 150$ m^3/h 时,水管直径应该为多大?

6.27 如图所示,一水平布置的串联管道将水池 A 中的水注入大气中,管道为钢管,已知 $d_1 = 75$ mm,$l_1 = 24$ m;$d_2 = 50$ mm,$l_2 = 15$ m。求水头为 3.5 m 时的过流量。

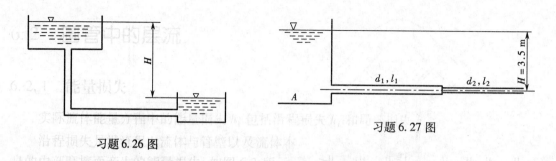

习题 6.26 图

习题 6.27 图

6.28 如图所示的铸铁并联管路,已知干管流量 $Q = 200$ m³/h, $d_1 = d_3 = 200$ mm, $l_1 = l_3 = 500$ m; $d_2 = 150$ mm, $l_2 = 250$ m,求 A、B 间的水头损失及各管的流量。

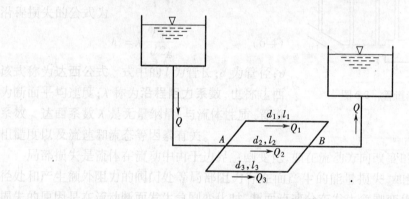

习题 6.28 图

6.29 已知钢管直径 $d = 600$ mm,管壁厚度 $\delta = 10$ mm,管中水流平均速度 $v = 2.5$ m/s。当瞬间关闭此管路时,试求水击压强增高值及水击波传播速度。

第6章习题参考答案

7 孔口、管嘴出流与气体射流

📖**本章的学习目的**

■ 理解作用水头概念。

■ 掌握孔口自由出流、淹没出流及管嘴出流速度和流量的计算。

■ 了解无限空间气体射流流场的几何特征、运动特征和动力特征;掌握射流主体段主要运动参数的计算。

■ 掌握温(浓)差射流边界层主体段主要温(浓)差参数的计算。

本章应用流体力学基本原理,结合具体流动条件,研究流体经孔口、管嘴流动及气体自孔口、管嘴或条缝向外喷射所形成的流动。在很多工程和技术领域,如供热通风及燃气工程,火箭技术、飞机、透平、锅炉、燃烧室、化工冶金设备等流体装置及射流元件等,会遇到大量的孔口、管嘴出流或气体射流问题,因此应该了解和掌握这些方面的运动规律。

7.1 孔口自由出流

如图 7-1 所示,一盛装液体的容器的侧壁开有一个直径为 d 的小孔。容器中孔口中心的液面深度为 H。容器中的液体自孔口出流到大气中,这种流动称为**孔口自由出流**。

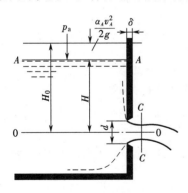

图 7-1 孔口出流

薄壁孔口是指当容器壁厚与孔口直径之比小于 $1/2$,即 $\delta/d < 1/2$ 的情况。这时由于孔壁较薄,出流流束与孔口壁接触仅是一条周线,其厚度对流动不产生显著影响,经过孔口的出流形成射流状态,称为薄壁孔口,又称为锐缘孔口。若孔壁厚度和形状促使流股收缩后又扩开,与孔壁接触形成面而不是线,称为**厚壁孔口**或**管嘴**。

当深度 H 与孔径 d 之比大于 10,即 $H/d > 10$ 时,孔口断面上各点的参数可以看做是常数,即忽略孔口处流体势能的差别,称为**小孔口**,否则称为**大孔口**。本节讨论仅限于小孔口出流。

当液体自薄壁小孔流出时,液体将由水箱内靠近孔口的四周流向孔口。由于流体的惯性,流体不能突然折转,因此出流后流动的射流过流断面将发生收缩。该断面称为收缩断面,即图 7-1 中的 $C-C$ 断面。收缩的最小断面 $C-C$ 将在离孔口大约 $d/2$ 处。在收缩断面处,流线彼此间接近平行,所以认为它是渐变流过流断面。

下面讨论出流规律。通过收缩断面形心引基准线 $0-0$,列出 $A-A$ 及 $C-C$ 两断面的能量方程如下:

$$Z_A + \frac{p_A}{\gamma} + \frac{\alpha_A v_A^2}{2g} = Z_C + \frac{p_C}{\gamma} + \frac{\alpha_C v_C^2}{2g} + h_e$$

式中:h_e 为孔口出流的能量损失。由于水在容器中流动的沿程损失甚微,故仅在孔口处发生能量损失。

无论薄壁、厚壁孔口或管嘴,能量损失都是发生在孔与嘴的局部损失。对比管路流动而言,这正是孔口与管嘴流动的特点。对于薄壁孔口来说 $h_e = h_m = \xi_1 \frac{v_C^2}{2g}$,代入上式,经移项整理得

$$(a_C + \xi)\frac{v_C^2}{2g} = (Z_A - Z_C) + \frac{p_A - p_C}{\gamma} + \frac{\alpha_A v_A^2}{2g}$$

令

$$H_0 = (Z_A - Z_C) + \frac{p_A - p_C}{\gamma} + \frac{\alpha_A v_A^2}{2g} \tag{7-1}$$

则求得

$$v_C = \frac{1}{\sqrt{\alpha_C + \xi_1}}\sqrt{2gH_0} \tag{7-2}$$

式中:H_0 称为**作用水头**,是促使出流的全部能量。从(7-1)式可知,H_0 包括了孔口上游对孔口收缩断面 $C - C$ 的位差、压差及上游来流的速度头。H_0 中一部分用来克服阻力而损失掉,一部分变成 $C - C$ 断面上的动能使之出流。

在孔口自由出流时(图7-1),H_0 中所含位差项 $Z_A - Z_C = H$,即为液面至孔口中心的高度差。对小孔口来说(孔径 $d < 0.1H$),可忽略孔中心与上下边缘高差的影响,认为孔口面上所有各点均受同一 H 作用,其出流速度相同。

因自由出流时 $p_C = p_a$,且自由液面处 $p_A = p_a$,故 H_0 中所含的压差项 $\frac{p_A - p_C}{\gamma}$ 为零。

因自由液面速度可略而不计,故 H_0 中的来流速度头项 $\frac{\alpha_A v_A^2}{2g}$ 为零。于是,可得出具有自由液面自由出流时 $H_0 = H$ 的结论。

式(7-2)给出了薄壁孔口自由出流收缩断面 $C - C$ 上的速度公式,令

$$\varphi = \frac{1}{\sqrt{\alpha_C + \xi_1}} \tag{7-3}$$

式中:φ 称为速度系数,其值可通过实验测得,对圆形薄壁小孔口的 $\varphi = 0.97 \sim 0.98$。将式(7-3)代入式(7-2),得

$$v_C = \varphi\sqrt{2gH_0} \tag{7-4}$$

该式即为薄壁小孔自由出流的流速计算公式。

进而,可得通过孔口出流的流量公式为

$$Q = v_C A_C \tag{7-5}$$

式中:A_C 是收缩断面的面积。由于一般情况下是已知孔口面积 A,故引入收缩系数 ε($\varepsilon = A_C/A$),从而可将流量用孔口面积 A 表示。由实验得知,圆形薄壁小孔口的 $\varepsilon = 0.62 \sim 0.64$。将 $\varepsilon \cdot A = A_C$ 代回流量公式(7-5),便得

$$Q = v_C \varepsilon A = \varepsilon \varphi A \sqrt{2gH_0}$$

引入流量系数 $\mu = \varepsilon\varphi$。则上式变形为

$$Q = \mu A \sqrt{2gH_0} \tag{7-6}$$

对于圆形薄壁小孔,$\mu = 0.62 \times 0.97 \sim 0.64 \times 0.97 \approx 0.6 \sim 0.62$。

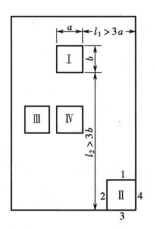

图 7-2 孔口收缩与位置关系

从式(7-6)可知,μ 值与 ε、φ 有关。φ 值接近于 1。ε 值则因孔口开设的位置不同而造成收缩情况不同,因而有较大的变化。孔口位置如图 7-2 所示,上孔口 I 四周的流线全部发生弯曲,水流在各方向都发生收缩而称为全部收缩孔口。而孔口 II 只有 1、2 边发生收缩,3、4 边没有收缩,称为非全部收缩孔口。在相同的作用水头下,非全部收缩时的系数 ε 比全部收缩时的大,其流量系数值亦将相应增大。两者之间的关系可用下列经验公式表示

$$\mu' = \mu\left(1 + C\frac{S}{\chi}\right) \tag{7-7}$$

式中:μ 为全部收缩时孔口流量系数;S 为未收缩部分周长;χ 为孔口全部周长;C 为系数,对于圆孔取 0.13,方孔取 0.15。

全部收缩的水流,又根据器壁对流线弯曲有无影响而分为完善收缩与不完善收缩。图 7-2 上孔口 I 的孔周边离器壁侧边的距离大于三倍孔口在该方向的尺寸,即 $l_1 > 3a$,$l_2 > 3b$,此时出流流线弯曲率最大,收缩得最充分,为全部完善收缩。对于薄壁小孔出流的全部完善收缩,流量系数为 $\mu = 0.60 \sim 0.62$。

当孔口任何一边到器壁侧边的距离不满足上述条件时,则将减弱流线的弯曲,减弱收缩,使 ε 增大,相应 μ 值亦增大。不完善收缩的 μ'' 可用下式估算。

$$\mu'' = \mu\left[1 + 0.64\left(\frac{A}{A_0}\right)^2\right] \tag{7-8}$$

式中:μ 为全部收缩时孔口流量系数;A 为孔口面积;A_0 为孔口所在壁的全部面积。式(7-8)适用条件是,孔口处在壁面的中心位置和各方向上影响不完善收缩的程度近于一致的情况。

7.2 孔口淹没出流

当流体通过孔口出流到另一个充满液体的空间时称为淹没出流。如图 7-3 所示。与上节推导相同,现以孔口中心线为基准线,取上下游自由液面 1 – 1 及 2 – 2,列能量方程:

$$H_1 + \frac{p_1}{\gamma} + \frac{\alpha_1 v_1^2}{2g} = H_2 + \frac{p_2}{\gamma} + \frac{\alpha_2 v_2^2}{2g} + \xi_1 \frac{v_C^2}{2g} + \xi_2 \frac{v_C^2}{2g}$$

求得孔口淹没出流速度为

$$v_C = \frac{1}{\sqrt{\xi_1 + \xi_2}}\sqrt{2gH_0} \tag{7-9}$$

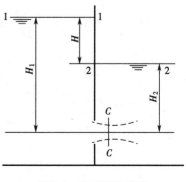

图 7-3 孔口淹没出流

式中:$H_0 = (H_1 - H_2) + \dfrac{p_1 - p_2}{\gamma} + \dfrac{\alpha_1 v_1^2 - \alpha_2 v_2^2}{2g}$,称为作用水头。

于是,孔口出流流量公式为

$$Q = v_C A_C = v_C \varepsilon A = \frac{1}{\sqrt{\xi_1 + \xi_2}} \varepsilon A \sqrt{2gH_0} \tag{7-10}$$

式中:ξ_1 为液体流经孔口处的局部阻力系数;ξ_2 为液体在收缩断面之后突然扩大的局部阻力系数。

$2-2$ 断面比 $C-C$ 断面大得多,所以 $\xi_2 = (1 - A_C/A_2)^2 \approx 1$。于是令

$$\varphi = \frac{1}{\sqrt{\xi_1 + \xi_2}} = \frac{1}{\sqrt{1 + \xi_1}} \tag{7-11}$$

式中:φ 为淹没出流速度系数。引入淹没出流流量系数 $\mu = \varepsilon\varphi$,则式(7-10)可写成:

$$Q = \varepsilon \varphi A \sqrt{2gH_0} = \mu A \sqrt{2gH_0} \tag{7-12}$$

这就是淹没出流的流量公式。对比式(7-6)可看出,孔口自由出流与淹没出流的流量公式完全相同,φ、μ 在孔口相同条件下也相同,只须注意作用水头 H_0 中各项应按具体条件代入。现分述如下。

①具有自由液面的淹没出流时 $p_1 = p_2 = p_a$,且忽略上下游液面的速度头,则作用水头 $H_0 = H_1 - H_2 = H$,如图7-3 所示。

出流流量为

$$Q = \mu A \sqrt{2gH} \tag{7-13}$$

由上式可知,当上下游液面高度即 H 一定时,出流流量与孔口在液面下开设的位置高低无关。

②具有 p_0 液面压强(相对压强)的有压容器(图7-4),液体经孔口自由出流时,作用水头为

$$H_0 = (Z_A - Z_C) + \frac{p_0' - p_a}{\gamma} + \frac{\alpha_A v_A^2}{2g} = H + \frac{p_0}{\gamma} + \frac{\alpha_A v_A^2}{2g}$$

式中:p_0' 为液面的绝对压强。忽略 $\dfrac{\alpha_A v_A^2}{2g}$ 项,则

$$H_0 = H + \frac{p_0}{\gamma}$$

淹没出流时作用水头为

$$H = (H_A - H_B) + \frac{p_0' - p_a}{\gamma} +$$
$$\frac{\alpha_A v_A^2 - \alpha_B v_B^2}{2g}$$
$$= H' + \frac{p_0}{\gamma} + \frac{\alpha_A v_A^2 - \alpha_B v_B^2}{2g}$$

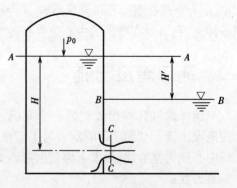

图7-4 压力容器出流

③气体出流一般为淹没出流,作用水头用压强差 Δp_0 代替,即

$$\Delta p_0 = \gamma H_0 = (p_A - p_B) + \frac{\rho(\alpha_A v_A^2 - \alpha_B v_B^2)}{2}$$

则流量为

$$Q = \mu A \sqrt{\frac{2\Delta p_0}{\rho}} \qquad (7\text{-}14)$$

7.3　管嘴出流

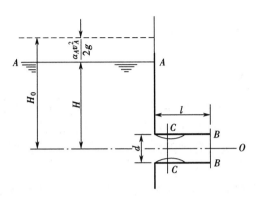

图 7-5　管嘴出流

当容器壁厚 δ 等于 $3 \sim 4d$ 时,或者在孔口处外接一段长 $l = 3 \sim 4d$ 的圆管时(图 7-5)的出流称为圆柱形外管嘴出流,外接短管称为管嘴。

采用管嘴的主要目的在于增大流量。水流入管嘴时如同孔口出流一样,流股也发生收缩,存在着收缩断面 C–C。而后流股逐渐扩张,至出口断面上完全充满管嘴断面流出。在收缩断面 C–C 前后流股与管壁分离,中间形成旋涡区,产生负压,出现了管嘴的真空现象。如前讨论孔口的作用水头 H_0,其中压差项为 $\dfrac{p_A' - p_C'}{\gamma}$,在管嘴出流中由于 p_C'(绝对压强)小

于大气压强,从而使 H_0 增大,则出流流量亦增大。由于管嘴出流出现真空现象,所以促使出流流量增大。这是管嘴出流不同于孔口出流的基本特点。

(1)管嘴出流的速度和流量计算公式

列 A–A 及 B–B 断面的能量方程,以管嘴中心线为基准线,则

$$Z_A + \frac{p_A}{\gamma} + \frac{\alpha_A v_A^2}{2g} = Z_B + \frac{p_B}{\gamma} + \frac{\alpha_B v_B^2}{2g} + \xi \frac{v_B^2}{2g}$$

与孔口出流情形类似,可得管嘴出流速度为

$$v_B = \frac{1}{\sqrt{\alpha_B + \xi}} \sqrt{2gH_0} = \varphi \sqrt{2gH_0} \qquad (7\text{-}15)$$

式中:$H_0 = (Z_A - Z_B) + \dfrac{p_A - p_B}{\gamma} + \dfrac{\alpha_A v_A^2}{2g}$ 为作用水头。管嘴出流流量公式为

$$Q = v_B A = \varphi A \sqrt{2gH_0} = \mu A \sqrt{2gH_0} \qquad (7\text{-}16)$$

由于出口断面 B–B 完全充满流体(不同于孔口),$\varepsilon = 1$,所以 $\mu = \varphi$。

(2)管嘴收缩断面 C–C 处真空值的计算

通过收缩断面 C–C 与出口断面 B–B 建立能量方程得到:

$$\frac{p_C}{\gamma} + \frac{\alpha_C v_C^2}{2g} = \frac{p_B}{\gamma} + \frac{\alpha_B v_B^2}{2g} + h_1$$

式中:$h_1 = $ 突扩损失 + 沿程损失 $= \left(\xi_m + \lambda \dfrac{l}{d}\right)\dfrac{v_B^2}{2g}$;$\alpha_C = \alpha_B = 1$;$v_C = \dfrac{A}{A_C}v_B = \dfrac{1}{\varepsilon}v_B$,故上式可表示为

$$\frac{p_C}{\gamma} = \frac{p_B}{\gamma} - \left(\frac{1}{\varepsilon^2} - 1 - \xi_m - \lambda \frac{l}{d}\right)\frac{v_B^2}{2g}$$

从(7-15)式可得$\dfrac{v_B^2}{2g} = \varphi^2 H_0$,从突扩阻力系数计算式求得$\xi_m = \left(\dfrac{1}{\varepsilon} - 1\right)^2$,因此

$$\frac{p_C}{\gamma} = \frac{p_a}{\gamma} - \left[\frac{1}{\varepsilon^2} - 1 - \left(\frac{1}{\varepsilon} - 1\right)^2 - \lambda\frac{l}{d}\right]\varphi^2 H_0$$

当$\varepsilon = 0.64, \lambda = 0.02, l/d = 3, \varphi = 0.82$时,有

$$\frac{p_C}{\gamma} = \frac{p_a}{\gamma} - 0.75 H_0$$

则圆柱形管嘴在收缩断面$C - C$上的真空值

$$h_C = \frac{p_a - p_C}{\gamma} = 0.75 H_0 \tag{7-17}$$

由此可见,在管嘴流动的收缩断面上产生一个大小取决于作用水头H_0的真空h_C,其数值相对于H_0来看是一个较大值,所以在管嘴出流情况下,存在作用水头H_0和作用水头产生的真空h_C所引起抽吸的共同作用。这种抽吸作用远大于管内各种阻力造成的损失,因而与薄壁孔口出流相比较,加大了液体的出流量。

可见H_0越大,收缩断面上真空值亦越大。当真空值达到$7 \sim 8$ mH$_2$O 时,常温下的水发生汽化而不断产生气泡,破坏了连续流动。同时在较大的压差作用下,空气经 B – B 断面冲入真空区破坏真空。气泡及空气都使管嘴内部液流脱离管内壁,不再充满断面,使管嘴出流变成孔口出流。因此为保证管嘴的正常出流,真空值必须控制在 7 mH$_2$O 以下,即$[h_C] = 7$ mH$_2$O。从而决定了作用水头H_0的极限值$[H_0] = \dfrac{7}{0.75} = 0.93$ mH$_2$O。这就是外管嘴正常工作的条件之一。其次,管嘴长度也有一定极限值,太长阻力大,使流量减少;太短则流股收缩后来不及扩大到整个断面而非满流流出,仍如孔口一样。因此一般取管嘴长度$[l] = 3 \sim 4d$。这就是外管嘴正常工作的条件之二。

上述两点是保证管嘴正常工作的必要条件,设计、选用时必须考虑。

在工程应用中,按具体的使用目的和要求不同,往往还采用图 7-6 所示其他几种形式的管嘴。就流速、流量计算公式形式而言,各种出流形式都是一样的,所差的仅是流速系数φ和流量系数μ不同。这些系数的数值取决于各种管嘴的出流特性和管内的阻力情况。

为选用方便起见,下面对图中几种管嘴出流特性作简单介绍。

1)圆柱外伸管嘴　前面已作过详细讨论。

2)圆柱内伸管嘴　出流类似于圆柱外伸管嘴,流动在入口处扰动较大,因此损失大于外伸管嘴。相应的流量系数、流速系数也较小,这种管嘴多用于外形需要平整、隐蔽的地方。

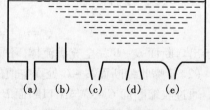

图7-6　几种形式的管嘴

3)外伸收缩形管嘴　流动特点是在入口收缩后不需要充分扩张。显然,其损失相应较小,因而流速系数和流量系数较大。这种管嘴多用于需要较大出流速度的地方(如消防水龙头喷嘴)。当然,由于相应的出口断面积较小,出流量并不大。

4)外伸扩张管嘴　流动特点是扩张损失较大,管内真空较高,因此流速系数和流量系数

较小,管端出流速度较小。但因出口断面面积大,因此流量较圆柱外伸管嘴增大。这种管嘴多用于低速,大流量的场合。

5) 流线型外伸管嘴　显然,这种管嘴的损失最小,将具有最大的流量系数,因此出口动能最大。

表7-1列出了所讨论的薄壁孔口和各种管嘴的出流参数,供分析、比较和选用参考。显然,流速系数大的出流速度必然大。但是,流量系数 μ 的大小并不直接反映出流流量的大小,这是因为流量除与流量系数和作用水头有关外,还取决于出口断面的面积。

表7-1　各种管嘴参数

种　类	阻力系数 ξ	收缩系数 ε	流速系数 φ	流量系数 μ
薄壁孔口	0.06	0.64	0.97	0.62
外伸管嘴	0.5	1	0.82	0.82
内伸管嘴	1	1	0.71	0.71
收缩管嘴 $\theta = 13 \sim 14°$	0.09	0.98	0.96	0.95
扩张管嘴 $\theta = 5 \sim 7°$	4	1	0.45	0.45
流线型管嘴	0.04	1	0.98	0.98

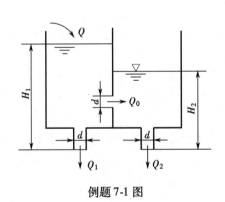

例题7-1 图

【例题7-1】　图示水箱中用一薄壁孔口的隔板隔开。已知孔口及两出流管嘴直径相等,均为 $d = 100$ mm,流入左侧水箱的流量 $Q = 80$ L/s,试求两管嘴流出的流量 Q_1 及 Q_2。

【解】　设 H_1 和 H_2 分别为左、右两侧水箱的水位高度,如图所示。则由孔口及管嘴出流公式,有

$$Q_0 = \mu_0 A \sqrt{2g(H_1 - H_2)} \qquad (a)$$

$$Q_1 = \mu A \sqrt{2gH_1} \qquad (b)$$

$$Q_2 = \mu A \sqrt{2gH_2} \qquad (c)$$

式中：μ_0 为孔口流量系数,取 $\mu_0 = 0.62$；μ 为管嘴流量系数,取 $\mu = 0.82$；A 为孔口和管嘴的断面面积,$A = \dfrac{\pi}{4}d^2$。而对不变的水头 H_1 及 H_2,由连续性方程得

$$Q = Q_1 + Q_2 \qquad (d)$$

$$Q_0 = Q_2 \qquad (e)$$

由式(a)、(c)及(e),得

$$\mu_0 A \sqrt{2g(H_1 - H_2)} = \mu A \sqrt{2gH_2}$$

$$H_1 = \left[1 + \left(\frac{\mu}{\mu_0} \right)^2 \right] H_2$$

将其代入式(b)有

$$Q_1 = \mu A \sqrt{2gH_2 \left[1 + \left(\frac{\mu}{\mu_0} \right)^2 \right]} \tag{f}$$

将(f)、(c)两式代入(d)式,有

$$Q = Q_1 + Q_2 = \mu A \left[1 + \sqrt{1 + \left(\frac{\mu}{\mu_0} \right)^2} \right] \sqrt{2gH_2}$$

即

$$\sqrt{2gH_2} = \frac{Q}{\mu A \left[1 + \sqrt{1 + \left(\frac{\mu}{\mu_0} \right)^2} \right]}$$

再将其代回式(c),得

$$Q_2 = \mu A \frac{Q}{\mu A \left[1 + \sqrt{1 + \left(\frac{\mu}{\mu_0} \right)^2} \right]} = \frac{Q}{1 + \sqrt{1 + \left(\frac{\mu}{\mu_0} \right)^2}}$$

$$= \frac{80 \times 10^{-3}}{1 + \sqrt{1 + \left(\frac{0.82}{0.62} \right)^2}} = 30 \times 10^{-3} \text{ m}^3/\text{s}$$

$$Q_1 = Q - Q_2 = 80 \times 10^{-3} - 30 \times 10^{-3} = 50 \times 10^{-3} \text{ m}^3/\text{s}$$

7.4 无限空间淹没紊流射流

气体自孔口、管嘴或条缝向外喷射所形成的流动,称为气体淹没射流,简称气体射流。当出口速度较大,流动呈紊流状态时,叫做紊流射流。出流空间大小对射流的流动有很大影响。出流到无限大空间中,流动不受固体边壁的限制,为**无限空间射流**,又称**自由射流**。否则,为**有限空间射流**,又称**受限射流**。根据射流与周围流体的温度状况又可分为等温射流与非等温射流。

射流与孔口、管嘴出流的研究对象不同。射流讨论的是出流后的流速场、温度场和浓度场。孔口、管嘴仅讨论出口断面的流速和流量。

7.4.1 等温淹没紊流射流

如果周围介质的温度、密度与射流的温度、密度相同,并且空间中气体介质静止所形成的射流称为无限空间等温淹没紊流射流。

气体自喷嘴或管嘴射出后,由于靠近射流边界的气体微团的脉动影响,使得射流本身与周围介质之间不断发生质量、动量交换,带动了周围原来是静止状态的气体,因而自身的动量减小,速度逐渐缓慢。这种带动周围静止流体的现象,沿着射流的长度方向一直继续进行着,致使射流沿着长度方向的宽度越来越大,流量逐渐增大,而速度逐渐减小,最后射流能量全部消失在空间介质中且被空间介质淹没。射流的运动性质表明了它抽吸外界流体进入的能力,这种能力称为引射能力。

7.4.1.1 紊流射流的结构及特性

由大量实验测定结果得出的紊流射流的流动结构,如图7-7所示。可以看出,气流自半径

为 r_0 的圆断面喷嘴喷出。出口断面上的速度 v_0 认为均匀分布。取射流轴线 Mx 为 x 轴。射流离开管嘴,沿 x 方向流动,且不断带入周围介质,不仅使边界逐渐加宽,而且使射流主体的速度逐渐减小。通常把速度等于零的地方称为射流外边界(如图 7-7 中 ABC 和 DEF),气流速度还保持初始速度的边界称为射流内边界(如图 7-7 中 AO 和 DO)。AOD 锥体内的速度皆为 v_0 的部分称为射流核心区。射流内、外边界之间的区域称为射流边界层。显然,射流边界层从喷嘴出口开始沿射程不断地向外扩散,带动周围介质进入边界层,边界层同时还向射流中心扩展,

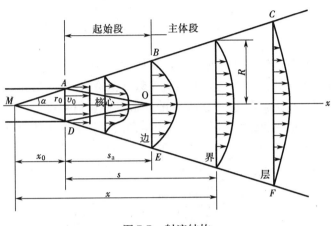

图 7-7 射流结构

至某一距离处,边界层扩展到射流轴心线上,射流核心区域消失,只有轴心一点处的速度为 v_0。这一断面(图 7-7 上的 BOE)称为转折断面。以转折断面分界,出口断面至转折断面称为射流起始段,转折断面以后称为射流主体段。起始段射流轴心上的速度都为 v_0,而主体段轴心的速度沿 x 方向不断减小,主体段中完全为射流边界层所占据。射流外边界线 ABC 和 DEF 延至喷嘴内交于 M 点,此点称为极点,∠AMD 的一半称为极角 α,又称扩散角 α。由图可知

$$\tan \alpha = \frac{R}{x}$$

式中:R 为任意圆截面的射流半径;x 是从极点 M 至该圆截面的距离。实验结果及半经验理论都得出射流外边界是一条直线。因此 R 与 x 成正比,即 $R = Kx$,因此有

$$\tan \alpha = \frac{R}{x} = K \tag{7-18}$$

式中:K 为实验系数,对圆断面射流 $K = 3.4a$;a 为紊流系数,表示射流流动结构的特征系数,由实验决定。

紊流系数 a 与出口断面上紊流强度有关,紊流强度越大,a 值越大,使射流扩散角 α 增大,被带动的周围介质增多,射流速度沿程迅速减小。a 还与射流出口断面上速度分布的均匀性有关。各种不同形状喷嘴的紊流系数和扩散角的实测值列于表 7-2。

表 7-2 紊 流 系 数

喷嘴类型	a	2α	喷嘴类型	a	2α
带有收缩口的喷嘴	0.066	25°20′	带金属网格的轴流风机	0.24	78°40′
	0.071	27°10′			
圆柱形管	0.076	29°00′	收缩极好的平面喷口	0.108	29°30′
	0.08				
带有导风板的轴流式风机	0.12	44°30′	平面壁上锐缘狭缝	0.118	32°10′
带导流板的直角弯管	0.2	68°30′	具有导叶且加工磨圆边口的风道上纵向缝	0.155	41°20′

从表中数值可知,喷嘴上装设不同形式的风板栅栏,则出口截面上气流的扰动紊乱程度不同,因而紊流系数 a 也就不相同。扰动大的紊流系数 a 值增大,扩散角 α 也增大。

由式(7-18)可知,a 值确定后,射流边界层的外边界线也就被确定,射流即按一定的扩散角 α 向前作扩散运动。对于圆断面即可求出射流半径沿射程的变化规律,根据图(7-7)可得

$$\frac{R}{r_0} = \frac{x_0 + s}{x_0} = 1 + \frac{s}{r_0/\tan\alpha} = 1 + \tan\alpha \frac{s}{r_0} = 1 + 3.4a\frac{s}{r_0}$$

$$= 3.4\left(\frac{as}{r_0} + 0.294\right) \tag{7-19}$$

以直径表示,则

$$\frac{D}{d_0} = 6.8\left(\frac{as}{d_0} + 0.147\right) \tag{7-19a}$$

或

$$\frac{R}{r_0} = \frac{x_0 + s}{x_0} = \frac{x_0/r_0 + s/r_0}{x_0/r_0} = \frac{\overline{x_0} + \overline{s}}{1/\tan\alpha} = 3.4a(\overline{x_0} + \overline{s}) = 3.4a\overline{x} \tag{7-19b}$$

式中:$\overline{R}$ 为无量纲半径,$\overline{R} = R/r_0$;$\overline{x}$ 为以极点算起的无量纲距离;$\overline{s}$ 为以出口截面算起的无量纲距离,$\overline{s} = s/r_0$。

由该式可知,射流的无量纲半径正比于由极点算起的无量纲距离,这是射流的几何特征。

射流断面上速度分布的规律是根据理论分析及大量实验得出的。理论和实验证明,在自由淹没射流的任意一个空间点上,气体质点的横向速度 v_y 与轴向速度 v_x 相比是很小的,在实际计算中可以忽略不计,而认为射流的速度为 v_x,即 $v \approx v_x$。

为了找出射流速度分布规律,许多学者做了大量实验,对不同横截面上的速度分布进行了测定,得出了在不同截面上有不同的速度分布曲线。结果表明,无论主体段或起始段,轴心速度最大,从轴心向边界层边缘,速度逐渐减小至零。同时,距喷嘴距离越远,边界层厚度越大,轴心速度则越小。但用无量纲速度和无量纲距离表示这种关系时,得出射流各个断面上的速度分布都完全相似。即在射流任何断面上,凡是在位置相似的点上,速度的无量纲值都相等。

用半经验公式表示射流各横截面上的无量纲速度 v/v_{m} 分布规律如下

$$\frac{v}{v_{\mathrm{m}}} = \left[1 - \left(\frac{y}{R}\right)^{1.5}\right]^2 \tag{7-20}$$

令无量纲距离 $\dfrac{y}{R} = \eta$,则

$$\frac{v}{v_{\mathrm{m}}} = \left[1 - (\eta)^{1.5}\right]^2 \tag{7-20a}$$

式(7-20)中各参数在主体段和起始段中的取法不同,参看图7-8中的A—A和B—B截面。

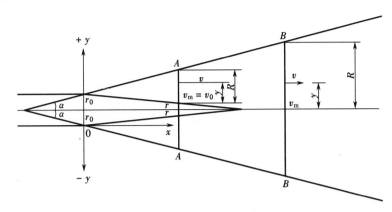

图7-8 流速分布的距离规定

在主体段,式(7-20)中y为横截面上任意点至轴心距离;R为该截面上射流半径(半宽度);v为y点处速度;v_m为该截面轴心速度。

在起始段,仅考虑边界层中流速分布,则式(7-20)中y为截面上任意点至核心边界的距离;R为同截面上边界层厚度;v为截面上边界层中y点的速度;v_m为核心速度v_0。

由此得出$\dfrac{y}{R}$从轴心或核心边界到射流外边界的变化范围为0→1。$\dfrac{v}{v_m}$从轴心或核心边界到射流边界的变化范围为1→0。

7.4.1.2 射流轴心线射流参数的变化规律

先讨论射流中各个断面上的压强分布。实验证明,射流中任意点上的静压强均等于周围气体的压强。从动量方程可知,各横截面上动量相等。因为在任意横断面简单流体段上,作用在射流轴线上的力等于零,而质量力又垂直于轴心线,则作用在此流体段上的全部外力在轴心线方向的分量为零,此时单位时间流过射流各断面的流体动量应相等。据此,讨论气体自圆形喷嘴射出时流体各参数随x的变化规律。

1. 轴心速度v_m的变化规律

如上所述,在射流的长度方向上各断面上气体所具有的动量不变,现取出口断面和主体段中任意断面(距极点距离为x)列动量守恒关系式。即出口截面上动量为$\rho Q_0 v_0 = \rho\pi r_0^2 v_0^2$,任意横截面上的动量为$\int_0^R v\rho 2\pi y\mathrm{d}yv = \int_0^R 2\pi\rho v^2 y\mathrm{d}y$。根据动量守恒,则

$$\pi\rho r_0^2 v_0^2 = \int_0^R 2\pi\rho\,v^2 y\mathrm{d}y$$

由于在不同断面上v的分布不同,因此无法直接求出上式中的积分。但由前述,在主体段内不同断面用无量纲距离$\dfrac{y}{R}$表示的无量纲速度$\dfrac{v}{v_m}$是相同的关系求得积分,从而得到沿x方向的变化规律。

以 $\pi\rho R^2 v_m^2$ 除以上式两端,得

$$\left(\frac{r_0}{R}\right)^2\left(\frac{v_0}{v_m}\right)^2 = 2\int_0^1\left(\frac{v}{v_m}\right)^2\frac{y}{R}\mathrm{d}\left(\frac{y}{R}\right)$$

将式(7-20)代入上式,则

$$\int_0^1 \left[(1 - \eta^{1.5})^2 \right]^2 \eta \mathrm{d}\eta = B_2$$

按前述 $\dfrac{y}{R}$ 及 $\dfrac{v}{v_m}$ 的变化范围,从无量纲速度分布线上分段进行的数值积分,计算结果列于表 7-3。

表 7-3 B_n 和 C_n 值

n	1	1.5	2	2.5	3
B_n	0.098 5	0.064	0.046 4	0.035 9	0.028 6
C_n	0.384 5	0.306 5	0.258 5	0.225 6	0.201 5

上表中 $B_n = \displaystyle\int_0^1 \left(\dfrac{v}{v_m}\right)^n \eta \mathrm{d}\eta$、$C_n = \displaystyle\int_0^1 \left(\dfrac{v}{v_m}\right)^n \mathrm{d}\eta$,于是,得

$$\left(\frac{r_0}{R}\right)^2 \left(\frac{v_0}{v_m}\right)^2 = 2B_2 = 2 \times 0.046\ 4$$

$$\frac{v_m}{v_0} = 3.28 \frac{r_0}{R}$$

再将式(7-19)、(7-19a)和(7-19b)分别代入,得

$$\frac{v_m}{v_0} = \frac{0.965}{\dfrac{as}{r_0} + 0.294} = \frac{0.48}{\dfrac{as}{d_0} + 0.147} = \frac{0.96}{a\bar{x}} \tag{7-21}$$

上式说明无量纲轴心速度与无量纲距离 $\bar{x}$ 成反比。

2. 断面流量 Q 的变化规律

取无量纲流量

$$\frac{Q}{Q_0} = \frac{2\pi \displaystyle\int_0^R v y \mathrm{d}y}{\pi r_0^2 v_0} = 2 \int_0^{\frac{R}{r_0}} \left(\frac{v}{v_0}\right) \left(\frac{y}{r_0}\right) \mathrm{d}\left(\frac{y}{r_0}\right)$$

再用 $\dfrac{v}{v_0} = \dfrac{v}{v_m} \dfrac{v_m}{v_0}$ 和 $\dfrac{y}{r_0} = \dfrac{y}{R} \dfrac{R}{r_0}$ 代换得

$$\frac{Q}{Q_0} = 2 \frac{v_m}{v_0} \left(\frac{R}{r_0}\right)^2 \int_0^1 \left(\frac{v}{v_m}\right) \left(\frac{y}{R}\right) \mathrm{d}\left(\frac{y}{R}\right)$$

查表 7-3,得 $B_1 = 0.098\ 5$。再将式(7-19)、(7-21)代入

$$\frac{Q}{Q_0} = 2.2 \left(\frac{as}{r_0} + 0.294\right) = 4.4 \left(\frac{as}{d_0} + 0.147\right) = 2.2a\bar{x} \tag{7-22}$$

该式说明无量纲流量与无量纲距离成正比。

3. 断面平均流速 v_1 的变化规律

以横断面除流量得断面平均流速 $v_1 = \dfrac{Q}{A}$ 和出口断面平均流速 $v_0 = \dfrac{Q_0}{A_0}$,则无量纲断面平均流速为

$$\frac{v_1}{v_0} = \frac{QA_0}{Q_0 A} = \frac{Q}{Q_0} \left(\frac{r_0}{R}\right)^2$$

将式(7-19)、(7-22)代入得

$$\frac{v_1}{v_0} = \frac{0.19}{\left(\dfrac{as}{r_0} + 0.294\right)} = \frac{0.095}{\left(\dfrac{as}{d_0} + 0.147\right)} = \frac{0.19}{a\bar{x}} \tag{7-23}$$

4. 质量平均流速 v_2

断面平均流速 v_1 表示射流断面上的算术平均值。比较式(7-21)、(7-23),可得 $v_1 \approx 0.2v_m$。说明断面平均流速仅为轴心流速的20%左右。因此 v_1 不能恰当地反映被使用区的速度。为此引入质量平均流速 v_2。质量平均流速 v_2 乘以质量即得真实动量。列出口截面与任一横截面的动量守恒式

$$\rho Q_0 v_0 = \rho Q v_2$$

$$\frac{v_2}{v_0} = \frac{Q_0}{Q} = \frac{0.4545}{\left(\dfrac{as}{r_0} + 0.294\right)} = \frac{0.23}{\left(\dfrac{as}{d_0} + 0.147\right)} = \frac{0.4545}{a\bar{x}} \tag{7-24}$$

比较式(7-21)与(7-24),$v_2 = 0.47v_m$。因此用 v_2 代表使用区的流速要比 v_1 更合适。但必须注意,v_1、v_2 不仅在数值上不同,更重要的是在定义上根本不同,不可混淆。以上分析得出圆断面射流主体段内运动参数的变化规律也适用于矩形喷嘴,但要将矩形换算成为流速当量直径代入进行计算。

上述分析都是射流的各个参数沿射程的变化规律,而且所得计算公式都是按轴对称的圆形断面射流考虑的,且讨论对象是主体段。起始段内分两部分进行计算:一部分是射流的核心区,另一部分是射流的边界层。在寻求各个量沿射程变化规律的过程中并无很大困难,但计算繁琐,其计算公式列于表7-4中。由狭长缝隙射出的平面平行射流的性质与圆形射流相似,且分析方法相同,可以进行类似的推导,与圆断面射流所不同的是计算面积时不用半径或直径,而用射流的厚度和宽度。此外,平面平行射流的 K 值不等于 $3.4a$,而改为 $2.44a$。

表7-4　射流参数的计算

段名	参数名称	符号	圆断面射流	平面射流
主体段	扩散角	α	$\tan\alpha = 3.4a$	$\tan\alpha = 2.44a$
	射流直径或半高度	D b	$\dfrac{D}{d_0} = 6.8\left(\dfrac{as}{d_0} + 0.147\right)$	$\dfrac{b}{b_0} = 2.44\left(\dfrac{as}{b_0} + 0.41\right)$
	轴心速度	v_m	$\dfrac{v_m}{v_0} = \dfrac{0.48}{\dfrac{as}{d_0} + 0.147}$	$\dfrac{v_m}{v_0} = \dfrac{1.2}{\sqrt{\dfrac{as}{b_0} + 0.41}}$
	流量	Q	$\dfrac{Q}{Q_0} = 4.4\left(\dfrac{as}{d_0} + 0.147\right)$	$\dfrac{Q}{Q_0} = 1.2\sqrt{\dfrac{as}{b_0} + 0.41}$
	断面平均速度	v_1	$\dfrac{v_1}{v_0} = \dfrac{0.095}{\dfrac{as}{d_0} + 0.147}$	$\dfrac{v_1}{v_0} = \dfrac{0.492}{\sqrt{\dfrac{as}{b_0} + 0.41}}$
	质量平均速度	v_2	$\dfrac{v_2}{v_0} = \dfrac{0.23}{\dfrac{as}{d_0} + 0.147}$	$\dfrac{v_2}{v_0} = \dfrac{0.833}{\sqrt{\dfrac{as}{b_0} + 0.41}}$

续表

段名	参数名称	符号	圆断面射流	平面射流
起始段	流量	Q	$\dfrac{Q}{Q_0}=1+0.76\dfrac{as}{r_0}+1.32\left(\dfrac{as}{r_0}\right)^2$	$\dfrac{Q}{Q_0}=1+0.43\dfrac{as}{b_0}$
	断面平均速度	v_1	$\dfrac{v_1}{v_0}=\dfrac{1+0.76\dfrac{as}{r_0}+1.32\left(\dfrac{as}{r_0}\right)^2}{1+6.8\dfrac{as}{r_0}+11.56\left(\dfrac{as}{r_0}\right)^2}$	$\dfrac{v_1}{v_0}=\dfrac{1+0.43\dfrac{as}{b_0}}{1+2.44\dfrac{as}{b_0}}$
	质量平均速度	v_2	$\dfrac{v_2}{v_0}=\dfrac{1}{1+0.76\dfrac{as}{r_0}+1.32\left(\dfrac{as}{r_0}\right)^2}$	$\dfrac{v_2}{v_0}=\dfrac{1}{1+0.43\dfrac{as}{b_0}}$
	核心长度	s_n	$s_n=0.672\dfrac{r_0}{a}$	$s_n=1.03\dfrac{b_0}{a}$
	喷嘴至极点距离	x_0	$x_0=0.294\dfrac{r_0}{a}$	$x_0=0.41\dfrac{b_0}{a}$
	收缩角	θ	$\tan\theta=1.49a$	$\tan\theta=0.97a$

【例题 7-2】　圆射流以 $Q_0=0.55$ m³/s 从 $d_0=0.3$ m 管嘴流出。试求距喷口 2.1 m 处射流半宽度 R、轴心速度 v_m、断面平均速度 v_1、质量平均速度 v_2,并进行比较。

【解】　由表 7-2 查得 $a=0.08$。先求核心区长度 s_n。由表 7-4 中公式得

$$s_n=0.672\frac{r_0}{a}=0.672\times\frac{0.15}{0.08}=1.26\text{ m},\text{故 }s_n<s=2.1\text{ m},$$ 所求截面在主体段内,下面可用主体段内的公式进行计算。

由式(7-19)得

$$R=3.4\left(\frac{as}{r_0}+0.294\right)r_0=3.4\times\left(\frac{0.08\times2.1}{0.15}+0.294\right)\times0.15=0.721\text{ m}$$

再将 $v_0=\dfrac{Q_0}{\dfrac{\pi d_0^2}{4}}=\dfrac{0.55\times4}{3.14\times0.3^2}=7.786$ m/s,分别代入式(7-21)、式(7-23)和式(7-24),得

$$v_m=\frac{0.48}{\dfrac{as}{d_0}+0.147}v_0=\frac{0.48}{\dfrac{0.08\times2.1}{0.3}+0.147}\times7.785=5.285\text{ m/s}$$

$$v_1=\frac{0.095}{\dfrac{as}{d_0}+0.147}v_0=\frac{0.095}{\dfrac{0.08\times2.1}{0.3}+0.147}\times7.785=1.046\text{ m/s}$$

$$v_2=\frac{0.23}{\dfrac{as}{d_0}+0.147}v_0=\frac{0.23}{\dfrac{0.08\times2.1}{0.3}+0.147}\times7.785=2.533\text{ m/s}$$

两点说明:主体段内的轴心速度 v_m 小于核心区速度 v_0;用质量平均速度代替使用区的流速要比断面平均流速更适合。

7.4.2　温差射流与浓差射流

在前面的讨论中,射流周围的温度和射流本身的温度是相同的。但在工程实践中常会遇

到射流与周围介质温度不同的自由射流,如在采暖通风空调工程中,常采用冷风降温,热风采暖,即温差射流,引起射流的温度沿射流的长度方向发生变化,射流流股也将发生弯曲。为降低有害气体及灰尘浓度可采用浓差射流。所谓温差、浓差射流就是射流本身的温度或浓度与周围气体的温度或浓度之间存在差异。

对于温差或浓差射流,主要是研究射流温差或浓差分布场的规律,同时讨论由温差或浓差引起射流弯曲的轴心轨迹。由于热量扩散比动量扩散要快些,因此温度边界层比速度边界层发展要快些、厚些。浓度扩散与温度相似。为了简化起见,可以认为,温度、浓度内外的边界与速度内外的边界相同。于是 R、Q、v_m、v_1、v_2 等参数可使用上述给出的公式计算。温差、浓差射流的几何分布规律完全与式(7-19)相同。设周围气体温度和浓度分别为 T_e 和 C_e,出口断面温度和浓度为 T_0 和 C_0,轴心上温度和浓度为 T_m 和 C_m。则由实验得出截面上温度分布、浓度分布与速度分布的关系如下

$$\frac{T - T_e}{T_m - T_e} = \frac{C - C_e}{C_m - C_e} = \sqrt{\frac{v}{v_m}} = 1 - \left(\frac{y}{R}\right)^{1.5} \tag{7-25}$$

根据热力学可知,在等压情况下,以周围气体的焓值作为起算点,射流各横截面上的相对焓值不变。这一特点称为热力特征。

设喷嘴断面上单位时间的相对焓值为 $\rho Q_0 c (T_0 - T_e)$,则与射流任意横截面上单位时间通过的相对焓值 $\int_Q \rho c (T - T_e) \mathrm{d}Q$ 相等。

现以圆断面温差射流的运动进行分析。

7.4.2.1   温差射流的温度分布规律

1. 轴心温度 T_m

根据射流各横截面上相对焓值相等,有

$$\rho Q_0 c (T_0 - T_e) = \int_0^R \rho c v (T - T_e) 2\pi y \mathrm{d}y$$

上式两边同除以 $\rho \pi R^2 v_m c (T_m - T_e)$,并将式(7-25)代入,得

$$\left(\frac{r_0}{R}\right)^2 \left(\frac{v_0}{v_m}\right)\left(\frac{T_0 - T_e}{T_m - T_e}\right) = 2\int_0^1 \frac{v}{v_m} \frac{T - T_e}{T_m - T_e} \frac{y}{R} \mathrm{d}\left(\frac{y}{R}\right)$$

$$= 2\int_0^1 \left(\frac{v}{v_m}\right)^{1.5} \frac{y}{R} \mathrm{d}\left(\frac{y}{R}\right)$$

查表7-3,得 $B_{1.5} = 0.064$,且将主体段 $\dfrac{R}{r_0}$ 与 $\dfrac{v_m}{v_0}$ 代入,于是得到主体段轴心温度变化规律

$$\frac{T_m - T_e}{T_0 - T_e} = \frac{0.706}{\left(\dfrac{as}{r_0} + 0.294\right)} = \frac{0.35}{\left(\dfrac{as}{d_0} + 0.147\right)} = \frac{0.706}{a\bar{x}} \tag{7-26}$$

2. 质量平均温度 T_2

质量平均温度就是以该温度同周围气体温度的差($T_2 - T_e$)乘以 $\rho Q c$,便得出相对焓值,以 T_2 表示。列喷嘴出口断面与射流任一横截面相对焓值的等式,即 $\rho c Q (T_2 - T_e) = \rho c Q_0 (T_0 - T_e)$,并将式(7-24)代入,便得到

$$\frac{T_2 - T_e}{T_0 - T_e} = \frac{Q_0}{Q} = \frac{0.454\,5}{\left(\dfrac{as}{r_0} + 0.294\right)} = \frac{0.23}{\left(\dfrac{as}{r_0} + 0.147\right)} = \frac{0.454\,5}{a\bar{x}} \tag{7-27}$$

144 流 体 力 学(第三版)

3. 起始段质量平均温度 T_2

起始段轴心温度 $T_m = T_0$ 是不变的。而质量平均温度只要把 Q_0/Q 代为起始段无量纲流量即可得到

$$\frac{T_2 - T_e}{T_0 - T_e} = \frac{1}{1 + 0.76 \dfrac{as}{r_0} + 1.32\left(\dfrac{as}{r_0}\right)^2} \tag{7-28}$$

由式(7-25)可知,浓差射流规律与温差射流相同。所以温差射流公式适用于浓差射流。

7.4.2.2 射流弯曲

由于射流周围空气的温度和射流本身的温度不同,因此周围空气的密度和射流本身的密度也不同,致使射流的轨迹发生弯曲。当周围温度高于射流温度时,周围气流密度将小于射流本身的密度,因而射流流股下垂;反之,当周围密度大于射流本身密度,此时射流流股上升。由于温差射流或浓差射流的密度与周围密度不同,所受的重力与浮力不相平衡,使整体射流发生向下或向上弯曲。但整个射流仍可看做是对称于轴心线,因此了解轴心线的弯曲轨迹后,便可得出整个弯曲的射流。以下推求流股的轨迹。

采用近似的处理方法处理。取轴心线上的单位体积流体作为研究对象,只考虑受重力与浮力的作用。图 7-9 为一热射流自直径为 d_0 的喷嘴中喷出,射流轴线与水平线成 α 角,射流轴线上某一点的纵坐标和横坐标之间应满足下列关系

$$y = x\tan\alpha + y' \tag{7-29}$$

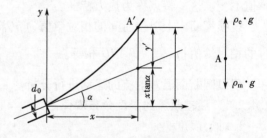

图 7-9 射流曲线的弯曲

现在主要问题在于求出 y'。如果能将 y' 变换成 x 的函数,就得出了射流轨迹的方程式。图 7-9 所给 A 点即为轴心线上单位体积射流。其上所受重力为 $\rho_m g$;浮力为 $\rho_e g$,则总的向上合力为 $(\rho_e - \rho_m)g$。根据牛顿第二定律,得

$$(\rho_e - \rho_m)g = \rho_m j$$

式中,j 为垂直向上的加速度。气体在等压过程时,状态方程式为 $\rho g T = $ 常数。可得

$$\frac{\rho_e g}{\rho_m g} = \frac{T_m}{T_e}, \quad \frac{\rho_e}{\rho_m} = \frac{T_m}{T_e}$$

则

$$\frac{\rho_e}{\rho_m} - 1 = \frac{T_m}{T_e} - 1 = \frac{T_m - T_e}{T_e} = \frac{T_m - T_e}{T_0 - T_e}\frac{T_0 - T_e}{T_e}$$

应用式(7-21)和(7-26)得

$$\frac{\rho_e}{\rho_m} - 1 = 0.73\frac{v_m}{v_0}\frac{T_0 - T_e}{T_e} = 0.73\frac{v_m}{v_0}\frac{\Delta T_0}{T_e}$$

则垂直向上的加速度为

$$j = \frac{\rho_e - \rho_m}{\rho_m}g = \left(\frac{\rho_e}{\rho_m} - 1\right)g = 0.73\frac{v_m}{v_0}\frac{\Delta T_0}{T_e}g$$

y' 与射流的垂直分速度 v_y 和垂直加速度 j 之间的关系为

$$j = \frac{\mathrm{d}v_y}{\mathrm{d}t} = \frac{\mathrm{d}^2 y'}{\mathrm{d}t^2}$$

则

$$v_y = \int j\mathrm{d}t$$

$$y' = \int v_y\mathrm{d}t = \int \mathrm{d}t \int j\mathrm{d}t$$

从而,得

$$y' = \int \mathrm{d}t \int 0.73\left(\frac{v_\mathrm{m}}{v_0}\right)\left(\frac{\Delta T_0}{T_\mathrm{e}}\right)g\mathrm{d}t$$

$$= \frac{0.73g}{v_0}\frac{\Delta T_0}{T_\mathrm{e}}\int \mathrm{d}t \int v_\mathrm{m}\mathrm{d}t$$

因为 $v_\mathrm{m} = \dfrac{\mathrm{d}s}{\mathrm{d}t}$,故

$$\int \mathrm{d}t \int v_\mathrm{m}\mathrm{d}t = \int s\mathrm{d}t = \frac{1}{v_0}\int \frac{v_0}{v_\mathrm{m}}v_\mathrm{m}s\mathrm{d}t = \frac{1}{v_0}\int \frac{v_0}{v_\mathrm{m}}\frac{\mathrm{d}s}{\mathrm{d}t}s\mathrm{d}t$$

$$= \frac{1}{v_0}\int \frac{v_0}{v_\mathrm{m}}s\mathrm{d}s$$

再利用式(7-21) $\dfrac{v_\mathrm{m}}{v_0}$ 倒数代入,且一并代入 y' 式,得

$$y' = \frac{0.73g}{v_0^2}\frac{\Delta T_0}{T_\mathrm{e}}\int \frac{\dfrac{as}{r_0}+0.294}{0.965}s\mathrm{d}s$$

$$= \frac{g\Delta T_0}{v_0^2 T_\mathrm{e}}\left(0.51\frac{a}{2r_0}s^3 + 0.11s^2\right)$$

将0.11改为0.35以符合实验数据,从而得

$$y' = \frac{g\Delta T_0}{v_0^2 T_\mathrm{e}}\left(0.51\frac{a}{2r_0}s^3 + 0.35s^2\right) \tag{7-30}$$

式(7-30)给出了射流轴心轨迹偏离值 y' 随 s 变化的规律。由图7-9可知 $s = \dfrac{x}{\cos\alpha}$,以喷嘴直径 d_0 除之,再代入式(7-29)便得出无量纲轨迹方程为

$$\frac{x}{d_0} = \frac{x}{d_0}\tan\alpha + \left(\frac{gd_0\Delta T_0}{v_0^2 T_\mathrm{e}}\right)\left(\frac{x}{d_0\cos\alpha}\right)^2\left(0.51\frac{as}{d_0\cos\alpha} + 0.35\right) \tag{7-31}$$

式中: $\dfrac{gd_0\Delta T_0}{v_0^2 T_\mathrm{e}} = Ar$ 为阿基米德准数。于是上式变为

$$\frac{y}{d_0} = \frac{x}{d_0}\tan\alpha + Ar\left(\frac{x}{d_0\cos\alpha}\right)^2\left(0.51\frac{as}{d_0\cos\alpha} + 0.35\right) \tag{7-31a}$$

对于平面射流

$$\frac{\bar{y}}{Ar}\sqrt{\frac{T_\mathrm{e}}{T_0}} = \frac{0.226}{a^2}(a\bar{x} + 0.205)^{5/2} \tag{7-32}$$

式中

$$\bar{y} = \frac{y}{2b_0}, \quad \bar{x} = \frac{x}{2b_0}$$

【例题7-3】 高出地面5 m处设一孔口 d_0 为0.1 m,以2 m/s速度向房间水平送风。送风温度 $T_0 = -10$ ℃,室内温度 $T_e = 27$ ℃。试求距出口3 m处的 v_2、T_2 及弯曲轴心坐标。

【解】 由表7-2查得紊流系数 $a = 0.08$,用式(7-24)解得

$$v_2 = \frac{0.23}{\frac{as}{d_0} + 0.147} v_0 = \frac{0.23}{\frac{0.08 \times 3}{0.1} + 0.147} \times 2 = 0.09 \times 2 = 0.18 \text{ m/s}$$

由式(7-27) $\dfrac{T_2 - T_e}{T_0 - T_e} = \dfrac{0.23}{\dfrac{as}{d_0} + 0.147}$ 得

$$T_2 = T_e + \frac{0.23}{\frac{as}{d_0} + 0.147}(T_0 - T_e) = 27 + \frac{0.23}{\frac{0.08 \times 3}{0.1} + 0.147} \times (-10 - 27) = 23.67 \text{ ℃}$$

再由式(7-30)得

$$y' = \frac{g\Delta T_0}{v_0^2 T_e}\left(0.51 \frac{a}{d_0} s^3 + 0.35 s^2\right)$$

$$= \frac{9.8 \times (-10 - 27)}{2^2 \times (273 + 27)} \times \left(0.51 \times \frac{0.08}{0.1} \times 3^3 + 0.35 \times 3^2\right) = -4.28 \text{ m}$$

*7.5　有限空间射流

在射流运动中,由于受壁面、顶棚以及空间的限制,自由射流规律不再适用,必须研究受限后的射流即有限空间射流运动规律。目前有限空间射流理论尚不成熟,大多根据实验结果整理成的近似公式或无量纲曲线,供设计使用。

以下仅就末端封闭的有限空间射流进行简单分析。图7-10所示射流半径及流量不是沿轴线一直增加,而是增大到一定程度后反而逐渐减小,使边界线呈橄榄形。由于房间边壁限制了射流边界层的发展扩散,橄榄形的边界外部与固体边壁间形成与射流方向相反的回流区,于是流线呈闭合状。这些闭合流线环绕的中心,就是射流与回流共同形成的旋涡中心 C。

因为固体边壁尚未妨碍射流边界层的扩展,各运动参数所遵循的规律与自由射

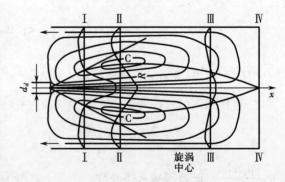

图7-10　有限空间射流

流一样,射流出口至断面Ⅰ—Ⅰ的计算可用自由射流公式。称Ⅰ—Ⅰ断面为第一临界断面,从喷口至Ⅰ—Ⅰ为自由扩张段。从Ⅰ—Ⅰ断面开始,射流边界层扩展受到影响,抽吸周围气体的作用减弱,因而射流半径和流量的增加速率逐渐减小,与此同时射流中心速度减小的速率也变缓慢。但总的趋势还是半径逐增,流量逐增。达到Ⅱ—Ⅱ断面,即包含旋涡中心的断面,射流

各运动参数发生了根本转折,射流流线开始超出边界层产生回流。射流主体流量开始沿程减少。仅在Ⅱ—Ⅱ断面上主体流量为最大值,称Ⅱ—Ⅱ为第二临界断面,从1—1至Ⅱ—Ⅱ为有限扩张段。由实验得知,在Ⅱ—Ⅱ断面处回流的平均流速、回流流量为最大,而射流半径则在Ⅱ—Ⅱ稍后一点达最大值。从Ⅱ—Ⅱ断面以后,射流主体段流量、回流流量、回流平均流速都逐渐减小,直到射流主体段流量减至为零从Ⅱ—Ⅱ至Ⅳ—Ⅳ为收缩段。

各横截面上速度分布情况见图7-10中Ⅰ—Ⅰ、Ⅱ—Ⅱ、Ⅲ—Ⅲ断面上速度剖面示意图。橄榄形边界内部为射流主体的速度分布线,外部是回流的速度分布线。

射流结构与喷嘴安装的位置有关。如喷嘴安置在房间高度、宽度的中央处,射流结构上下对称,左右对称,则射流主体呈橄榄状,四周为回流区。但实际送风时多将喷嘴靠近顶棚安置,如安置高度 h 与房高 H 为 $h \geqslant 0.7H$ 时,射流出现贴附现象,整个贴附于顶棚上,而回流区全部集中于射流的主体下部与地面间,称这种射流为贴附射流。贴附现象的产生是由于靠近顶棚流速增大,静压减小,而射流下部静压大,上下压差使射流不能脱离顶棚。贴附射流可以看成完整射流的一半,规律相同。

由于射流受限,所以各断面上的压强不等。由实验可知,射流内部的压强随射程的增大而增大,直至端头压强最大。达到稳定后比周围大气压强高。因此射流中各横截面上动量也不相等,沿程减少。在第二临界断面后,动量很快减少以至消失。因此,受限射流的研究较自由射流困难。

有限空间射流主要用于空气调节房间送风,此时常常要求工作操作区处在射流的回流区中,并限定具体风速值。回流平均速度 v 的半经验公式如下

$$\frac{v}{v_0}\frac{\sqrt{F}}{d_0} = 0.177(10\bar{x}) e^{10.7\bar{x} - 37\bar{x}^2} \tag{7-33}$$

式中:v_0、d_0 分别为喷嘴出口速度及直径;F 为垂直于射流的房间横截面积;$\bar{x} = \dfrac{ax}{\sqrt{F}}$ 为射流截面至极点的无量纲距离;a 为紊流系数。

在Ⅱ—Ⅱ断面上的回流流速最大,以 v_1 表示。Ⅱ—Ⅱ断面距喷嘴出口的无量纲距离由实验得出为 $\bar{x} = 0.2$,代入上式得到最大回流速度为

$$\frac{v_1}{v_0}\frac{\sqrt{F}}{d_0} = 0.69 \tag{7-33a}$$

若设计计算中所需射流作用长度(即距离)为 L,无量纲距离为 $\bar{L} = \dfrac{aL}{\sqrt{F}}$。在设计要求的 L 处,射流回流平均流速 v_2 为设计所限定的值。将 $\bar{x} = \bar{L}$ 及 v_2 代入式(7-33)中得

$$\frac{v_2}{v_0}\frac{\sqrt{F}}{d_0} = f(\bar{L}) \tag{7-33b}$$

联立式(7-33a)与(7-33b)可得

$$f(\bar{L}) = 0.69\frac{v_2}{v_1}$$

由于 v_1、v_2 是由设计限定,故 $f(\bar{L})$ 可知,再用式(7-33)求出 $\bar{x} = \bar{L}$。为简化计算给出表7-5。

表 7-5 无 量 纲 距 离

v_1(m/s)	v_2(m/s)					
	0.07	0.10	0.15	0.20	0.30	0.40
0.50	0.42	0.40	0.37	0.35	0.31	0.28
0.60	0.43	0.41	0.38	0.37	0.33	0.30
0.75	0.44	0.42	0.40	0.38	0.35	0.33
1.00	0.46	0.44	0.42	0.40	0.37	0.35
1.25	0.47	0.46	0.43	0.41	0.39	0.37
1.50	0.48	0.47	0.44	0.43	0.40	0.38

在求出 $\bar{L}$ 后,可求出 $L = \dfrac{\bar{L}\sqrt{F}}{a}$。

以上所给公式适用喷嘴高度 $h \geqslant 0.7H$ 的贴附射流。当 $h = 0.5H$ 时,射流上下对称,向两个方向同时扩散,因此射程较贴附射流短,仅是贴附射流的 70%。将上式中 $\sqrt{F}$ 以 $\sqrt{0.5F}$ 代替进行计算,即可得到 $h = 0.5H$ 时的射程 L。

从喷嘴出口截面至收缩段末截面 Ⅳ – Ⅳ 的射程长度 L_4,可用以下半经验公式计算

$$\frac{L_4}{d_0} = 3.58 \frac{\sqrt{F}}{d_0} + \frac{1}{a}\left(0.147 \frac{\sqrt{F}}{d_0} - 0.133 \right) \tag{7-34}$$

在房间长度 l 大于 L_4 情况下,实验证明在封闭末端产生涡流区,如图 7-11 所示。涡流区的出现是通风空调工程所不希望的,应予以避免。

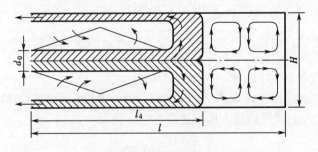

图 7-11 封闭末端的涡流区

【**例题 7-4**】 车间长 70 m,高 11.5 m,宽 30 m。在一端布置送风口及回风口。送风口高 6 m,流量为 10 m³/s。试设计送风口尺寸,并判断有无涡流区出现。

【**解**】 与射流垂直的房间横截面积 $F = 30 \times 11.5 = 345$ m²,限定工作区内空气流速 $v_1 = 0.5$ m。接近末端的射流回流平均速度 $v_2 = 0.15$ m/s。通过表 7-5 可查出 $\bar{L} = 0.37$。

选用带有收缩口的圆喷嘴,查表 7-2 $a = 0.07$。

已知送风口高 $h = 6$ m,约为 $0.5H$。射程为

$$L = \frac{\bar{L}}{a}\sqrt{0.5F} = \frac{0.37}{0.07}\sqrt{0.5 \times 345} = 69.4 \text{ m}$$

也可从 $h = 0.5H$ 时,射程仅为贴附射流的 70% 计算 L:

$$L = 0.7 \frac{\bar{L}}{a}\sqrt{F} = 0.7 \frac{0.37}{0.07}\sqrt{345} = 68.73 \text{ m}$$

说明二者所得结果基本相符。送风口直径 d_0 可从

$$\begin{cases} \dfrac{v_1}{v_0}\dfrac{\sqrt{F}}{d_0} = 0.69 \\ Q_0 = \dfrac{\pi}{4}d_0^2 v_0 \end{cases}$$

两式联立求出,得

$$d_0 = \frac{0.69Q_0}{\dfrac{\pi}{4}v_1\sqrt{F}} = \frac{0.69 \times 10}{0.785 \times 0.5 \times \sqrt{345}} = \frac{6.9}{7.3} = 0.945 \text{ m}$$

用式(7-34)求

$$L_4 = 0.95\left[3.58\frac{\sqrt{345}}{0.95} + \frac{1}{0.07}\left(0.147\frac{\sqrt{345}}{0.95} - 0.133\right)\right] = 103.7 \text{ m}$$

房间长度为 70 m 小于 L_4,故不出现涡流区。若房间长度超过 103.7 m,仍用带收缩的圆喷嘴,直径为 0.95 m,将出现涡流区。此时,可采用双侧射流送风等措施避免涡流区。

✔**本章小结**

■ 作用水头是单位质量流体所具有的全部出流能量。

■ 孔口和管嘴出流问题关注的是,如何确定孔口和管嘴出口断面的流速和流量;气体射流问题关注的则是,气体经喷口射出后所形成的整个射流流场内各种物理量的分布情况。

思 考 题

7.1 薄壁小孔口在什么情况下产生全部收缩?

7.2 薄壁小孔口的自由出流和淹没出流的流量系数和流速系数有何异同?

7.3 管嘴正常工作的条件包括哪些?

7.4 试说明在开口位置相同的情况下,为什么管嘴流量大于孔口流量?

7.5 无限空间气体射流的三个基本特征是什么?

7.6 如何理解气体射流的运动特征?

7.7 你能列举出几个气体射流的实例?

习 题

7.1 一水箱由带有一小孔口的隔板隔开,水箱左右两侧各有一小孔,由外部供给水箱左侧固定流量 Q。设隔板及水箱两侧的小孔均在同一水平面上,且面积和流量系数分别均为 A 和 μ。求定常时隔板两侧水面之高度 H_1 和 H_2。

7.2 有一水箱,用板将其分为两部分,该板上开有直径 $d_1 = 4$ cm 的薄壁孔口,流量系数 $\mu_1 = 0.62$。在右侧底部有一管嘴,长 $l_2 = 10$ cm,直径 $d_2 = 3$ cm,$\mu_2 = 0.82$。已知 $H = 3$ m,$h_3 =$

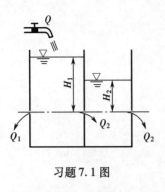

习题7.1图

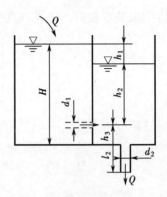

习题7.2图

0.5 m,若系统保持定常流动,试求 h_1、h_2 及流量 Q 各为若干?

7.3　如图所示,水从封闭水箱的上部经直径 $d_1 = 30$ mm 的孔口流入下部,然后经 $d_2 = 20$ mm 的圆柱形管嘴流入大气。当定常状态时测压计读数 $p = 4.9 \times 10^4$ Pa,玻璃测管内的水位 $h_1 = 2$ m,$h_2 = 3$ m,孔口和管嘴的流量系数分别为 $\mu_1 = 0.62$,$\mu_2 = 0.82$。试求下部水箱水面上的压强及流量 Q。

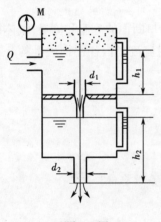

习题7.3图

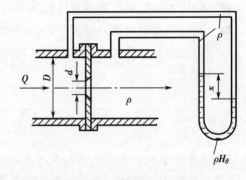

习题7.4图

7.4　如图所示,孔板流量计是将一直径 $d = 100$ mm 的孔口置于直径为 D 的管道中组成,设 $D \gg d$,孔口出口流量系数 $\mu_1 = 0.65$,两侧压差由水银压差计测出($\delta_{Hg} = 13.6$)。设管中油的相对密度 $\rho = 0.9$,且测压管中水银之上部分均被油所充满,当 $x = 760$ mm 时,流量 Q 为多少?

7.5　某体育馆的圆柱形送风口,$d_0 = 0.6$ m,风口至比赛区为 60 m。要求比赛区风速(质量平均风速)不得超过 0.3 m/s。求送风口的送风量应不超过多少?

7.6　有一两面收缩均匀的矩形孔口,截面为 0.052×2 m²,出口速度 v_0 为 10 m/s。求距孔口 2.0 m 处,射流轴心速度 v_m、质量平均速度 v_2 及流量 Q。

7.7　空气以 8 m/s 的速度从圆管喷出,d_0 为 0.2 m,求距出口 1.5 m 处 v_m、v_2 及 D?

7.8　用轴流风机水平送风,风机直径 $d_0 = 600$ mm。出口风速 10 m/s,求距出口 10 m 处的轴心速度和风量。

7.9　已知空气淋浴地带要求射流半径为 1.2 m，质量平均流速 $v_2 = 3$ m/s。圆形喷嘴直径为 0.3 m。求(1) 喷口至工作地带的距离 s；(2) 喷嘴流量。

7.10　工作地点质量平均风速要求 3 m/s，工作面直径 $D = 2.5$ m，送风温度为 15 ℃，车间空气温度 30 ℃，要求工作地点的质量平均温度降到 25 ℃，采用带导叶的通风机，其紊流系数 $a = 0.12$。求：(1) 风口的直径及速度；(2) 风口到工作面的距离；(3) 射流在工作面的下降值。

7.11　室外空气经过墙壁上 $H = 6$ m 处的扁平窗口($b_0 = 0.3$ m)射入室内，室外温度 $T_0 = 0$ ℃，室内温度 $T_e = 25$ ℃。窗口处出口速度为 2 m/s，求距壁面 $s = 6$ m 处的 T_2 值及射流轴心坐标。

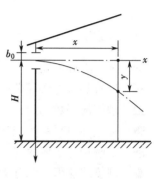

习题 7.11 图

第 7 章习题参考答案

8 绕流运动

📖 **本章的学习目的**

■ 复习有旋流动与无旋流动的概念。

■ 理解势流与势函数的定义,明晰势函数与速度之间的关系。

■ 理解流函数的定义,明晰流函数与速度之间的关系。

■ 描述简单平面势流的流谱特征。

■ 了解边界层概念提出的背景与意义,明晰边界层的定义及其性质。

■ 理解绕流阻力和升力的一般特性。

在自然界和工程实际中,存在大量的流体绕过物体的流动问题。例如,河水流过桥墩,飞机在空中飞行,船舶在海洋中航行,汽轮机、泵和压气机中流体绕过叶栅流动,锅炉烟气和空气横向掠过受热面管束,煤粉颗粒和尘埃在空气中运动等等。这类问题的共同点是:若把坐标系固定于物体上,则物体是静止的,流体绕物体外部流动。这类问题统称为绕流(或外流),以区别于流体在固定壁面所限定的空间范围内的流动(或内流)。

在实际生活和工程中遇到的绕流基本上属于大雷诺数下的绕流。解决这类问题可将物体外面的流场划分为两个区域:在边界层内(靠近物面—薄层区域内)必须考虑流体的黏性,流动应当被看做是实际流体的有旋流动;在边界层以外的区域,黏性很小,可以看做理想流体的无旋流动。将两者衔接起来,即可解决整个绕流问题。

本章内容基于以上思路展开,首先介绍不可压缩流体平面无旋流动的势流理论,然后重点介绍边界层的基本概念和解法,最后介绍绕流引起的阻力和升力。

8.1 势流理论基础

8.1.1 势函数和流函数

现引入一个函数 $\varphi(x,y,z)$。如果它的偏导数和速度之间存在如下关系

$$\frac{\partial \varphi}{\partial x} = u; \quad \frac{\partial \varphi}{\partial y} = v; \quad \frac{\partial \varphi}{\partial z} = w \tag{8-1}$$

或

$$\mathrm{d}\varphi = u\mathrm{d}x + v\mathrm{d}y + w\mathrm{d}z \tag{8-2}$$

则称函数 $\varphi(x,y,z)$ 为流场的速度势函数,存在着势函数的流动,称为**有势流动**,简称**势流**。可以证明,当流动为无旋时,必定存在势函数 $\varphi(x,y,z)$。

证明:因无旋流动时,流场中各点旋转角速度等于零,即有如下关系式成立

$$\frac{\partial w}{\partial y} = \frac{\partial v}{\partial z} \; ; \qquad \frac{\partial u}{\partial z} = \frac{\partial w}{\partial x} \; ; \qquad \frac{\partial v}{\partial x} = \frac{\partial u}{\partial y}$$

将式(8-1)代入以上各式,得

$$\frac{\partial^2 \varphi}{\partial y \partial z} = \frac{\partial^2 \varphi}{\partial z \partial y} \; ; \qquad \frac{\partial^2 \varphi}{\partial z \partial x} = \frac{\partial^2 \varphi}{\partial x \partial z} \; ; \qquad \frac{\partial^2 \varphi}{\partial x \partial y} = \frac{\partial^2 \varphi}{\partial y \partial x}$$

由高等数学知识,上式是 $\varphi(x,y,z)$ 存在且连续的充要条件。所以,上述立论成立。

在柱坐标系中,势函数为 $\varphi(r,\theta,z)$,且有

$$v_r = \frac{\partial \varphi}{\partial r} \; ; \qquad v_\theta = \frac{\partial \varphi}{r \partial \theta} \; ; \qquad v_z = \frac{\partial \varphi}{\partial z} \tag{8-3}$$

势函数有一些重要性质,说明如下。

①势函数是无旋流动中的一个连续函数,它在任一方向上的方向导数就等于该方向的速度,即

$$\begin{aligned}
\frac{\partial \varphi}{\partial s} &= \frac{\partial \varphi}{\partial x} \cos(s,x) + \frac{\partial \varphi}{\partial y} \cos(s,y) + \frac{\partial \varphi}{\partial z} \cos(s,z) \\
&= u \cos(s,x) + v \cos(s,y) + w \cos(s,z) \\
&= v_s
\end{aligned} \tag{8-4}$$

②以势函数表示时,不可压缩流体的连续性方程为

$$\frac{\partial^2 \varphi}{\partial x^2} + \frac{\partial^2 \varphi}{\partial y^2} + \frac{\partial^2 \varphi}{\partial z^2} = \nabla^2 \varphi = 0 \tag{8-5}$$

式(8-5)称为拉普拉斯(Laplace)方程。满足拉普拉斯方程的函数称为调和函数。因此,不可压缩流体无旋流动的势函数为调和函数,求解该势函数的问题便归结为求解拉普拉斯方程。

③在势流中,可以证明任意位置处的速度环量等于零。这是因为势函数的全微分为式(8-2),则该式沿任一封闭曲线的积分必为零。在流场中,此积分式也就是速度沿该封闭曲线的速度环量,用 Γ 表示,即

$$\Gamma = \oint \boldsymbol{v} \cdot \mathrm{d}s = \oint (u \mathrm{d}x + v \mathrm{d}y + w \mathrm{d}z) = \oint \mathrm{d}\varphi = 0 \tag{8-6}$$

流函数是不可压缩流体平面流动的流线函数,由流线微分方程式积分得到。平面流动的流线方程为

$$\frac{\mathrm{d}x}{u} = \frac{\mathrm{d}y}{v} \quad (\text{或 } u\mathrm{d}y - v\mathrm{d}x = 0)$$

将已知的速度表达式代入并积分可得到流线方程。如果上式恰好是某函数 $\psi(x,y)$ 的全微分,积分相当简单,即

$$\mathrm{d}\psi = \frac{\partial \psi}{\partial x} \mathrm{d}x + \frac{\partial \psi}{\partial y} \mathrm{d}y = u\mathrm{d}y - v\mathrm{d}x = 0 \tag{8-7}$$

积分后得

$$\psi(x,y) = c \tag{8-8}$$

$\psi(x,y)$ 称为流函数。式(8-8)表示一簇流线。当积分常数 c 值一定时,表示一条确定的流线。显然,在同一流线上,流函数值不变。

由式(8-8)可得流函数的偏导数与速度的关系为

$$u = \frac{\partial \psi}{\partial y} \; ; \qquad v = -\frac{\partial \psi}{\partial x} \tag{8-9}$$

流函数是表示流线的函数,而流线又是研究流场的重要工具,所以,有必要分析流函数的性质。当不可压缩流体的平面流动连续时,流函数一定存在。

流函数除了表示流线外,还有一个重要的物理意义:流过任意单位宽度曲面 AB 的流量等于曲面两端 A、B 上的流函数值之差。证明如下。

在平面流场中任选两点 A、B,连接两点作一宽度为单位 1 的二维曲面,如图 8-1 所示。在 AB 上任取一微元面积 dA。通过 dA 的流量为

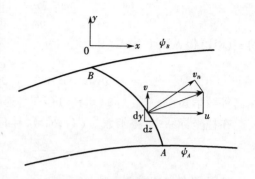

图 8-1 两流线间的流量

$$dQ = v_n dA = v_n(dl \times 1) = v_n dl \qquad (A)$$

其中,v_n 为 dA 的法线方向分速度,且

$$v_n = u\cos(n,x) + v\cos(n,y)$$
$$= u\frac{dy}{dl} + v\left(-\frac{dx}{dl}\right)$$

将上式代入(A)式,并注意到式(8-9),积分得

$$Q = \int dQ = \int_{\psi_A}^{\psi_B} (u dy - v dx) = \int_{\psi_A}^{\psi_B} d\psi = \psi_B - \psi_A \qquad (8\text{-}10)$$

因为同一条流线上的流函数值相等,所以任意两条流线间的流量等于常数。对于平面势流,有

$$\frac{\partial v}{\partial x} - \frac{\partial u}{\partial y} = 0$$

将式(8-9)代入,得

$$\frac{\partial^2 \psi}{\partial x^2} + \frac{\partial^2 \psi}{\partial y^2} \qquad (8\text{-}11)$$

所以,不可压缩平面势流的流函数也是调和函数。

对不可压缩平面势流,必然同时存在流函数和势函数。此时两者是共轭调和函数,并满足哥西—黎曼(Caucy-Riemann)条件

$$\frac{\partial \varphi}{\partial x} = \frac{\partial \psi}{\partial y} \ ; \quad \frac{\partial \varphi}{\partial y} = -\frac{\partial \psi}{\partial x} \qquad (8\text{-}12)$$

由此又可以得出

$$\frac{\partial \varphi}{\partial x}\frac{\partial \psi}{\partial x} + \frac{\partial \varphi}{\partial y}\frac{\partial \psi}{\partial y} = 0 \qquad (8\text{-}13)$$

由高等数学中两曲线正交的条件知,上式说明了等势线 $\varphi(x,y) = c$ 和流线 $\psi(x,y) = c$ 是处处垂直。将等势线和流线所构成的正交网络称为流网,如图 8-2 所示。

【例题 8-1】 已知一速度场 $u = x - 4y$,$v = -y - 4x$。该速度分布是否可以表示不可压缩流体的平面流动?若可以,求出流函数的表达式。流动是否为势流?若是势流,求出速度势函数。

【解】 不可压缩流体平面流动的连续方程为

$$\frac{\partial u}{\partial x} + \frac{\partial v}{\partial y} = 0$$

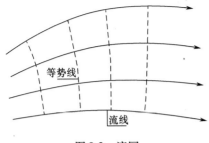

图 8-2　流网

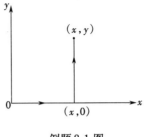

例题 8-1 图

由已知的速度分布,得

$$\frac{\partial u}{\partial x} = 1 \ , \quad \frac{\partial v}{\partial y} = -1$$

可见速度分布满足连续方程,故可表示不可压缩流体的平面流动。流动存在流函数。利用流函数与速度之间的关系式(8-9)得

$$u = \frac{\partial \psi}{\partial y} = x - 4y \tag{1}$$

$$v = -\frac{\partial \psi}{\partial x} = (y + 4x) \tag{2}$$

由(1)式得

$$\begin{aligned}
\psi &= \int \frac{\partial \psi}{\partial y} \mathrm{d}y + f(x) \\
&= \int (x - 4y)\mathrm{d}y + f(x) \\
&= xy - 2y^2 + f(x)
\end{aligned} \tag{3}$$

为了确定函数 $f(x)$,将上式对 x 求偏导数,并令其等于 $-v$,即

$$\frac{\partial \psi}{\partial x} = y + f'(x) = -v = y + 4x$$

可见 $f'(x) = 4x$,故

$$f(x) = \int 4x \mathrm{d}x = 2x^2 + c$$

将上式代入式(3),得

$$\psi = 2x^2 + xy - 2y^2 + c$$

式中 c 为积分常数。

判别流动是否为势流有两种方法。一种是直接由速度场求旋度,看其是否为零,即

$$\begin{aligned}
\frac{\partial v}{\partial x} - \frac{\partial u}{\partial y} &= \frac{\partial}{\partial x}(-y - 4x) - \frac{\partial}{\partial y}(x - 4y) \\
&= -4 + 4 = 0
\end{aligned}$$

由此可判断题中流动为势流。另一种是看流函数是否满足拉普拉斯方程

$$\begin{aligned}
\frac{\partial^2 \psi}{\partial x^2} + \frac{\partial^2 \psi}{\partial y^2} &= \frac{\partial}{\partial x}(-v) + \frac{\partial}{\partial y}(u) \\
&= \frac{\partial}{\partial x}(y + 4x) + \frac{\partial}{\partial y}(x - 4y) = 0
\end{aligned}$$

流函数满足拉普拉斯方程,故流动为势流。

求速度势函数可以采用与求流函数的方法,也可采用另一种方法。因为有势流动必然存在势函数,而且速度分布已知,由式(8-1)和式(8-2)就可确定势函数的全微分形式。根据高等数学的知识,全微分求积与选取的积分路径无关。故如图所示,选取积分路径为$(0,0) \to (x, 0) \to (x, y)$,则

$$
\begin{aligned}
\varphi = \int d\varphi &= \int \left(\frac{\partial \varphi}{\partial x} dx + \frac{\partial \varphi}{\partial y} dy \right) \\
&= \int_0^x x dx + \int_0^y (-y - 4x) dy \\
&= \frac{x^2}{2} - \frac{y^2}{2} - 4xy + c
\end{aligned}
$$

8.1.2 几种简单的平面势流

1. 平行流

流场中各点的速度大小和方向都相同的流动称为平行流。设速度分别为$u = a; v = b$。因

$$
d\psi = u dy - v dx = a dy - b dx
$$

$$
d\varphi = u dx + v dy = a dx + b dy
$$

将以上两式积分,得平行流的流函数和势函数分别为:

$$
\left.
\begin{aligned}
\psi &= ay - bx \\
\varphi &= ax + by
\end{aligned}
\right\}
\tag{8-14}
$$

显然,流线是一簇与x轴成角$\alpha = \arctan(b/a)$的平行线,如图 8-3 中实线。图中虚线为等势线,流线和等势线正交。

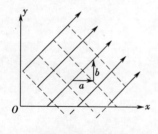

图 8-3 平行流

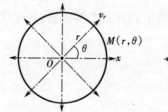

图 8-4 源流和汇流

2. 源流和汇流

设想流体在单位时间内从源泉点O流出体积为Q的流体。如果流体在间距为 1 的平行平板间向四周均匀扩散,这种流动就称为**源流**。O点称为源点,如图 8-4 中左图所示。反过来,若流体从四周向某汇合点O集中,这种流动称为**汇流**,O点称为汇点,如图 8-4 右图所示。由于流动连续且对称,任意点$M(r, \theta)$的速度为:

$$
v_r = \frac{Q}{2\pi r \times 1} = \frac{Q}{2\pi r}, v_\theta = 0
\tag{8-15}
$$

式中:Q称为源流强度($Q > 0$)或汇流强度($Q < 0$)。

源流的势函数为

$$\varphi = \int v_r \mathrm{d}r + \int v_\theta r\mathrm{d}\theta = \int \frac{Q}{2\pi r}\mathrm{d}r + \int 0 \cdot r\mathrm{d}\theta$$

$$\varphi = \frac{Q}{2\pi}\ln r \tag{8-16}$$

源流的流函数为

$$\psi = \int v_r r\mathrm{d}\theta = \int \frac{Q}{2\pi r}r\mathrm{d}\theta$$

$$\psi = \frac{Q}{2\pi}\theta \tag{8-17}$$

汇流的势函数和流函数只须在对应的公式前加负号即可。

令式(8-16)、式(8-17)等于常数,分别得源流的等势线和流线方程,可知等势线为同心圆周簇,流线为从源点向外射出的射线。

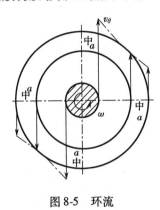

图 8-5 环流

3. 环流

若有一无限长圆柱体竖直浸在流体中,当它以等角速度 ω 转动时,将带动周围的流体流动。像这种速度方向与径向垂直,以速度 $v_\theta = \dfrac{c}{r}$(c 为常数)作圆周运动的平面流动,称为**环流**(图 8-5)。与推导源流的势函数和流函数的方法类似,可得环流的势函数和流函数分别为

$$\left.\begin{array}{l} \varphi = \dfrac{\Gamma}{2\pi}\theta \\[2mm] \psi = -\dfrac{\Gamma}{2\pi}\ln r \end{array}\right\} \tag{8-18}$$

式中: Γ 表示沿某一流线的速度环量,称为环流强度。环流强度

$$\Gamma = \int_0^{2\pi} v_\theta r\mathrm{d}\theta = 2\pi r v_\theta = 常数$$

因此,环流速度为

$$\left.\begin{array}{l} v_r = 0 \\[2mm] v_\theta = \dfrac{\partial \varphi}{r\partial\theta} = \dfrac{\Gamma}{2\pi r} \end{array}\right\} \tag{8-19}$$

即环流速度和矢径的大小成反比,比例系数 $k = \Gamma/2\pi$,原点 O 为奇点。

尚须说明,以上推导的是逆时针环流的相应公式,顺时针环流的环流强度为 $-\Gamma$,所得的相应公式符号和逆时针环流刚好相反。

应当注意,环流是圆周流动,但却不是有旋流动。因为,除了原点这个特殊的奇点之外,各流体质点均无旋转角速度。如果把一个固定质点漂浮在环流中(图 8-5 中 a),则该质点不发生自转,只以奇点为圆心作单纯的圆周流动。

8.1.3 势流叠加

势流叠加是两种以上的简单平面势流叠加形成一种新的流动。叠加后的流动仍是势流,可以证明其流函数和势函数等于各简单势流的代数和,各方向的速度也是各简单势流的代数和,这就是势流的叠加原理,即

$$\left.\begin{array}{l}\psi =\psi_1 +\psi_2 +\cdots +\psi_n \\ \varphi =\varphi_1 +\varphi_2 +\cdots +\varphi_n \end{array}\right\} \tag{8-20}$$

$$\left.\begin{array}{l}u =u_1 +u_2 +\cdots +u_3 \\ v =v_1 +v_2 +\cdots +v_3 \end{array}\right\} \tag{8-21}$$

可以将某些简单的有势流动,叠加为复杂的且具实际意义的有势流动。

1. 源环流

源流和环流相加,使流体既作旋转运动,又作径向流动,形成源环流。设环流是顺时针方向的,按势流叠加原理得其速度势函数和流函数分别为

$$\varphi =\frac{Q}{2\pi}\ln r -\frac{\Gamma}{2\pi}\theta \tag{8-22}$$

$$\psi =\frac{Q}{2\pi}\theta +\frac{\Gamma}{2\pi}\ln r \tag{8-23}$$

流线方程为

$$\frac{Q}{2\pi}\theta +\frac{\Gamma}{2\pi}\ln r =c =常数 \tag{8-24}$$

由上式得

$$r =\mathrm{e}^{\frac{2\pi c}{\Gamma}-\frac{Q}{\Gamma}\theta} =K\mathrm{e}^{-\frac{Q}{\Gamma}\theta} \tag{8-25}$$

式中:$K =\mathrm{e}^{\frac{2\pi c}{\Gamma}}$,随 c 值不同而变,上式表示一簇对数螺旋线,参见图 8-6。
流动的速度场为

$$v_r =\frac{\partial\varphi}{\partial r}=\frac{Q}{2\pi r} \tag{8-26}$$

$$v_\theta =\frac{\partial\varphi}{r\partial\theta}=-\frac{\Gamma}{2\pi r} \tag{8-27}$$

$$v =\sqrt{v_r^2 +v_\theta^2}=\frac{1}{2\pi r}\sqrt{Q^2 +\Gamma^2} \tag{8-28}$$

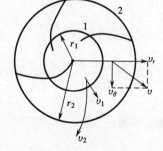

图 8-6　源环流

设速度与径向射线的夹角为 α,则

$$\alpha =\arctan\left(\frac{u_\theta}{u_r}\right)=\arctan\left(-\frac{r}{Q}\right)=c =常数$$

在图 8-6 中由圆周 1 和圆周 2 所包围的区域内,速度从 v_1 减小到 v_2,压强则从 p_1 增加到 p_2。对于圆周 1 和圆周 2,其速度满足

$$(v_\theta r)_1 =(v_\theta r)_2$$

这种流动可以表示离心水泵蜗壳内的扩压流动。

2. 理想流体绕无限长圆柱体的流动

将等强的源流和汇流分别放在 x 轴的左侧($-a,0$)和右侧($+a,0$),如图 8-7 所示,使 $a\to 0$,但保持源点和汇点的距离 $2a$ 与强度 Q 的乘积为定值 M,即 $M =2aQ$。这种流动称为偶极流,M 称为偶极矩。下面推导偶极流的势函数和流函数。

在直角坐标系中,等强的源流和汇流叠加后的势函数和流函数分别为

$$\varphi =\frac{Q}{2\pi}(\ln\sqrt{(x+a)^2 +y^2}-\ln\sqrt{(x-a)^2 +y^2}) \tag{8-29}$$

$$\psi = \frac{Q}{2\pi}\left(\arctan\frac{y}{x+a} - \arctan\frac{y}{x+a} \right) \tag{8-30}$$

$$= \frac{Q}{2\pi}(\theta_1 - \theta_2) = -\frac{Q}{2\pi}a$$

将式(8-29)改写为

$$\varphi = \frac{2aQ\ln}{2\pi}\frac{\sqrt{(x-a)^2+y^2} - \ln\sqrt{(x-a)^2+y^2}}{2a}$$

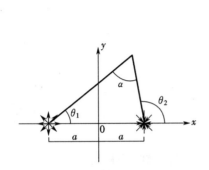

图 8-7   源流与汇流叠加

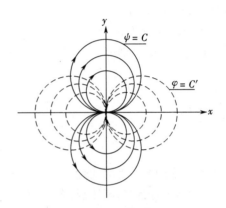

图 8-8   偶极流

由偶极流的定义,当 $a\to 0$、$Q\to\infty$ 时,$M=2aQ$,即

$$\varphi = \lim_{\substack{2a\to 0 \\ Q\to\infty}} \frac{2aQ\ln}{2\pi} \frac{\sqrt{(x-a)^2+y^2} - \ln\sqrt{(x-a)^2+y^2}}{2a}$$

$$= \frac{M}{2\pi}\lim_{2a\to 0}\frac{\ln\sqrt{(x-a)^2+y^2} - \ln\sqrt{(x-a)^2+y^2}}{2a}$$

$$= \frac{M}{2\pi}\frac{\partial}{\partial x}\ln\sqrt{x^2+y^2}$$

$$= \frac{M}{2\pi}\frac{x}{x^2+y^2} \tag{8-31}$$

类似可得偶极流的流函数

$$\psi = -\frac{M}{2\pi}\frac{y}{x^2+y^2} \tag{8-32}$$

偶极流的等势线和流线方程分别为

$$\left(x - \frac{M}{4\pi c'}\right)^2 + y^2 = \left(\frac{M}{4\pi c'}\right)^2 \tag{8-33}$$

$$x^2 + \left(y + \frac{M}{4\pi c}\right)^2 = \left(\frac{M}{4\pi c}\right)^2 \tag{8-34}$$

以上两式表明,偶极流的流线是一系列圆心位于 y 轴上、半径 $r = \dfrac{M}{4\pi c}$ 且与 x 轴相切的圆,

如图 8-8 中实线所示。等势线是一系列圆心位于 x 轴、半径 $r = \dfrac{M}{4\pi c'}$ 且与 y 轴相切的圆,如图

中虚线所示。

偶极流中各点的速度为

$$u = \frac{\partial \psi}{\partial y} = \frac{M}{2\pi} \frac{y^2 - x^2}{(x^2 + y^2)^2} \left.\right\}$$
$$v = -\frac{\partial \psi}{\partial x} = -\frac{M}{2\pi} \frac{2xy}{(x^2 + y^2)^2}$$

(8-35)

从上式不难看出,在原点 O 处,速度趋于无穷大,即原点为奇点。

实际上,当源和汇无限接近并重合后,由源流出来的流体将全部被汇所吸收,流场等于无任何流动。所以,偶极流只是一种理论意义上的流动。

若有一速度为 u_∞ 的理想平行流,垂直地绕过半径为 r_0 的无限长圆柱体,这种绕流流动可以看成是平行流与偶极流的叠加。因此,该流动的流函数为

$$\psi = u_\infty y - \frac{M}{2\pi} \frac{y}{x^2 + y^2}$$

(8-36)

流线方程为

$$u_\infty y - \frac{M}{2\pi} \frac{y}{x^2 + y^2} = c$$

(8-37)

所得流线如图 8-9 所示,图形沿 y 轴对称。

当 $c = 0$ 时,称为零流线,令式(8-37)中的 $c = 0$,得轮廓线(零流线)方程为

$$y = 0 \left.\right\}$$
$$x^2 + y^2 = \frac{M}{2\pi u_\infty}$$

(8-38)

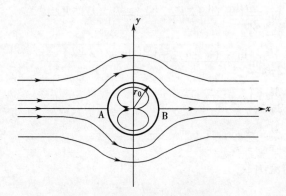

图 8-9　绕圆柱体的无环量流动

可见,零流线由一个圆和圆外的 x 轴组成。这个圆的半径为 $r_0 = \sqrt{\dfrac{M}{2\pi u_\infty}}$,沿零流线流动的流体到达 A 点后,分成两股沿着圆柱体外表面的上下半圆流到 B 点汇合。然后又沿 x 轴流向下游。根据流线的特点,圆外的流体不能进入圆内,圆内的流体也不能穿过圆周表面流出。这样,圆外的流动可以看成是理想流体绕过圆柱体的流动,r_0 可看成是圆柱体的半径。将 $\dfrac{M}{2\pi} = u_\infty r_0^2$ 代入式(8-36),可得理想流体绕圆柱体流动的流函数为

$$\psi = u_\infty \left(1 - \frac{r_0^2}{r^2} \right) r\sin\theta \quad (r \geqslant r_0)$$

(8-39)

任意点的速度为

$$u = \frac{\partial \psi}{\partial y} = u_\infty \left[1 - \frac{r_0^2(x^2+y^2)}{(x^2+y^2)^2} \right]$$
$$v = -\frac{\partial \psi}{\partial x} = -2u_\infty r_0^2 \frac{xy}{(x^2+y^2)^2}$$

(8-40)

分析上式,当 $x\to\infty$ 和 $y\to\infty$ 时,$u=u_\infty$,$v=0$。这说明离开圆柱体无限远时,流动仍是平行流,不受圆柱的影响。在图8-9中 A 点和 B 点的速度 $u=v=0$。A 点和 B 点分别叫做前驻点和后驻点。

【**例题** 8-2】　位于坐标原点强度为 Q 的源流,与速度为 u_∞ 且平行于 x 轴的平行流叠加,试求复合流动表示绕什么样物体的流动?

【**解**】　在极坐标系中,复合流动的势函数与流函数分别为

$$\varphi = u_\infty r\cos\theta + \frac{Q}{2\pi}\ln r \tag{1}$$

$$\psi = u_\infty r\sin\theta + \frac{Q}{2\pi}\theta \tag{2}$$

流线方程为

$$u_\infty r\cos\theta + \frac{Q}{2\pi}\ln r = C \tag{3}$$

据此画出如图所示的流场。

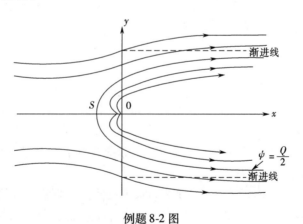

例题 8-2 图

流场中的速度分布为

$$v_r = \frac{\partial \varphi}{\partial r} = u_\infty\cos\theta + \frac{Q}{2\pi r}$$
$$v_\theta = \frac{\partial \varphi}{r\partial\theta} = -u_\infty\sin\theta$$

(4)

对绕物体的流动,物体的型线必是一条流线。流动沿物体表面分流时,分流线只能在速度为零的滞止点与物体型线相交,因此表示物体型线的流线特征是其上存在滞止点。为确定滞止点的位置,令式(4)表示的速度为零,得

$$u_\infty \cos \theta + \frac{Q}{2\pi r} = 0 \atop -u_\infty \sin \theta = 0 \Bigg\} \rightarrow \quad \theta = \pi \atop r = \frac{Q}{2\pi u_\infty} \Bigg\}$$

滞止点如图中 S 点。将滞止点坐标代入(2)式,得出过滞止点的流函数值为

$$\psi = u_\infty \frac{Q}{2\pi u_\infty} \sin(\pi) + \frac{Q}{2\pi}(\pi) = \frac{Q}{2}$$

故表示物体型线的流线方程为

$$u_\infty r\sin \theta + \frac{Q}{2\pi}\theta = \frac{Q}{2} \tag{5}$$

由上式得

$$r = \frac{Q}{4u_\infty}(\theta = \frac{\pi}{2}, \theta = \frac{3\pi}{2}\text{时})$$

$$r\sin \theta = y = \frac{Q}{2u_\infty}(\theta = 0, r \to \infty \text{ 时})$$

通过以上分析可知,由源流与平行流叠加可以表示绕一半无穷长物体的绕流。该物体在靠近头部 $\theta = \frac{\pi}{2}$ 及 $\theta = \frac{3\pi}{2}$ 两点间的宽度为 $\frac{Q}{2u_\infty}$。随着 x 的增加,宽度也逐渐增加,极限宽度为 $\frac{Q}{u_\infty}$。

8.2 边界层理论基础

8.2.1 边界层的基本概念

边界层这一概念是德国科学家普朗特(Prandtl)在 1904 年提出的。他以铝粉为示踪剂进行了大雷诺数下的流动显示实验,发现在紧靠物体表面的薄层内,流速变化很大,即从零迅速增加到与来流速度 u_∞ 同数量级的程度。普朗特把紧靠物体表面流速从零迅速增加到与来流速度相同数量级的薄层称为**边界层**。

在边界层内,流体沿物体表面法线方向的速度梯度很大,即使黏性很小的流体,也表现出较大的不可忽略的黏滞力,所以边界层内的流体进行的是实际流体的有旋流动。在边界层外,速度梯度很小,即使黏性较大的流体也表现出很小的黏滞力。可以认为,在边界层外的流动是无旋的势流。因此,问题就归结为分别考虑这两种流动,然后把所得的解耦合起来,即可获得整个流场的解。

图 8-10 表示一典型的绕流线型机翼的流动。实测表明,起初边界层的厚度 δ 非常薄,厚度仅为机翼弦长的几百分之一,沿流动方向厚度不断增大。从图中看到,当边界层内的黏性有旋流动离开物体表面流向下游时,在物体后面形成尾迹流。在尾迹流中,起初速度梯度还相当显著,漩涡也有一定强度,但是,由于没有固体壁面的阻滞作用,不能有新的漩涡产生,随着越来越远离物体,原有的漩涡将逐渐扩散和衰减,速度分布逐渐趋于均匀,直至尾迹流完全消失。

在实际计算中,要确定边界层和势流区之间的精确界限很难,一般在实际应用中规定从固体壁面沿外法线到速度达到势流速度99%处的距离为边界层的厚度,用 δ 表示,见图8-10。

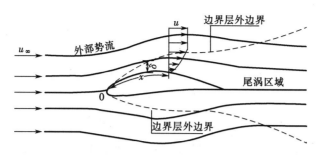

图 8-10 机翼翼型上的边界层

综上所述,边界层的基本特征有:①与物体的长度相比,边界层的厚度很小;②边界层内的速度梯度很大;③边界层沿流动方向逐渐增厚;④由于边界层很薄,可近似地认为,边界层中各截面上的压强等于同一截面上边界层外边界上的压强;⑤在边界层内,黏滞力相对于惯性力不可忽略,两者处于同一数量级;⑥边界层内流体的流动和管内流动一样,也可以有层流和紊流两种流态。以实际流体流过一半无限长平板为例(图8-11),起初,在边界层内的流态是层流,当层流边界层发展到一定程度且到达一定距离 x_K 处,层流过渡为紊流。在作紊流运动的边界层内,也有一层极薄的黏性底层。

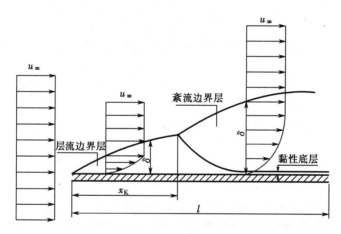

图 8-11 边界层概念

边界层由层流转化为紊流的条件,也用某一临界雷诺数判别。雷诺数中表征几何特征长度的可以是平板前缘点至流态转化点的距离 x_K,也可以是转化点的边界层厚度 δ_K。速度取来流速度 u_∞,即

$$Re_{x_K} = \frac{u_\infty x_K}{v} \quad 或 \quad Re_{\delta_K} = \frac{u_\infty \delta_K}{v} \qquad (8-41)$$

对平板而言,其值为 $Re_{x_K} \approx 5 \times 10^5, Re_{\delta_K} \approx 4 \times 10^3$。

平板层流边界层

边界层从层流转变为紊流的临界雷诺数的大小决定于许多因素,如前方来流的紊流度、壁面的粗糙度等。实验表明,增加紊流度或增加粗糙度都会使临界雷诺数值降低,即提早使层流转变为紊流。如机翼前端的边界层很薄,不大的粗糙凸起就会透过边界层,诱导层流变为紊流。

8.2.2 边界层动量积分方程

在不可压缩定常流动的流场中,沿边界层划出一个单位宽度的控制体,在 xOy 面上的投影为平面 $ABDC$(图 8-12)。设物面型线的曲率很小,所以可用水平的 x 轴表示物面。BD 表示物面上的微元段,其长度为 dx,BA、DC 分别为物面法线上的线段。AC 为边界层外边界上的微元段,长度为 ds。设壁面上作用的摩擦应力为 τ_w,并设 AB 上作用的压强为 p,DC 上作用的压强为 $p + \dfrac{\partial p}{\partial x}dx$,控制面 AC 为边界层的外边界,其外部为理想流体的势流,故 AC 上没有切向的黏滞力作用,只有与之垂直的压力,AC 上的压强取 A、C 两点压强的平均值 $p + \dfrac{1}{2}\dfrac{\partial p}{\partial x}dx$,故作用在该控制体上沿 x 方向所有外力之和为

$$p\delta + \left(p + \frac{1}{2}\frac{\partial p}{\partial x}dx\right)d\delta - \left(p + \frac{\partial p}{\partial x}dx\right)(\delta + d\delta) - \tau_w$$

展开上式,并略去高阶小量,得

$$-\delta\frac{\partial p}{\partial x}dx - \tau_w dx \tag{8-42}$$

单位时间经过 AB 面流入的质量和带入的动量分别是

$$\int_0^\delta \rho u\,dy \; ; \quad \int_0^\delta \rho u^2\,dy$$

单位时间经过 CD 面流入的质量和带入的动量分别是

$$\int_0^\delta \rho u\,dy + \frac{\partial}{\partial x}\left(\int_0^\delta \rho u\,dy\right)dx \; ; \quad \int_0^\delta \rho u^2\,dy + \frac{\partial}{\partial x}\left(\int_0^\delta \rho u^2\,dy\right)dx$$

定常流动条件下,控制体内流体的质量不随时间变化,故可知从边界层外边界面 AC 流入控制体的质量和带入的动量分别为

$$\frac{\partial}{\partial x}\left(\int_0^\delta \rho u\,dy\right)dx \; ; \quad U\frac{\partial}{\partial x}\left(\int_0^\delta \rho u\,dy\right)dx$$

式中:U 为边界层外边界上 x 方向的来流速度。由此可得控制体中 x 方向的动量随时间的变化率为

$$\frac{\partial}{\partial x}\left(\int_0^\delta \rho u^2\,dy\right)dx + U\frac{\partial}{\partial x}\left(\int_0^\delta \rho u\,dy\right)dx \tag{8-43}$$

根据动量定理,使(8-42)和(8-43)式相等,得边界层动量方程如下

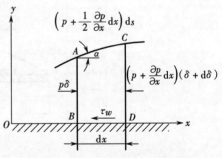

图 8-12 推导动量积分方程用图

$$\frac{\partial}{\partial x}\left(\int_0^\delta \rho u^2\,dy\right) + U\frac{\partial}{\partial x}\left(\int_0^\delta \rho u\,dy\right) = -\delta\frac{\partial p}{\partial x} - \tau_w \tag{8-44}$$

根据前面分析的边界层的特点,在边界层内任一截面处压强沿 y 方向不变化。即 $p = p(x)$,又有 $\delta = \delta(x)$,而且在给定截面上 $u = u(y)$,所以,上式两个积分都只是 x 的函数,式中的偏导数可改写成全导数。即

$$\frac{d}{dx}\left(\int_0^\delta \rho u^2\,dy\right) + U\frac{d}{dx}\left(\int_0^\delta \rho u\,dy\right) = -\delta\frac{dp}{dx} - \tau_w \tag{8-45}$$

在推导中并未涉及边界层内的流态,所以,上式对于层流边界层和紊流边界层都适用。

边界层外边界上的速度 U 可以通过实验或解外部势流方程得到,并可根据伯努利方程求出 $\dfrac{\mathrm{d}p}{\mathrm{d}x}$ 的数值。所以,在边界层的动量关系式中,把 U、$\dfrac{\mathrm{d}p}{\mathrm{d}x}$ 和 ρ 看做已知数,而未知数只有 u、τ_w 和 δ 三个。因此,要解这个方程,尚须补充以下两个方程:

①边界层内的速度分布方程即,$\dfrac{u}{u_\infty} = f_1\left(\dfrac{y}{\delta}\right)$;

②壁面切应力与边界层厚度的关系式,即 $\tau_\mathrm{w} = f_2(\delta)$。

一般用关系式(8-45)求解边界层问题时,边界层内的速度分布是按已有的经验假定的。假定的关系式越接近实际,则结果越准确。因此,求解边界层问题,选择边界层内的速度分布函数很关键。

* 8.3 平板层流边界层的近似解

在实际应用中,大都采用边界层动量积分方程(8-45)对边界层进行近似计算。此法简单,所得结果也较准确。

现用边界层动量积分方程(8-45)求解黏性不可压缩流体定常绕过平板的边界层问题。

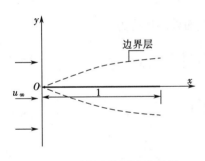

图 8-13 平板上的层流边界层

设以速度 u_∞ 的均匀来流纵向流过一块极薄的平板,在平板的上下形成边界层。取平板的前缘点为坐标原点,平板位于 x 轴上,x 轴正向为来流的运动方向,y 轴垂直于平板,如图 8-13 所示。由于外部势流是均匀流场,在边界层外边界上各处速度均等于来流速度 u_∞。由伯努利方程可知,压强均等于来流压强 p。所以,在整个边界层内每一点的压强都相同,即 $p = $ 常数,$\dfrac{\mathrm{d}p}{\mathrm{d}x} = 0$。这样,边界层的动量积分方程可简化为

$$\frac{\mathrm{d}}{\mathrm{d}x}\int_0^\delta \frac{u}{u_\infty}\left(1 - \frac{u}{u_\infty}\right)\mathrm{d}y = -\frac{\tau_\mathrm{w}}{\rho u_\infty^2} \tag{8-46}$$

由于上式中有三个未知数 u、τ_w 和 δ,尚须补充两个关系式。

第一个关系式假定层流边界层内的速度分布以 y/δ 的幂级数表示为

$$\frac{u}{u_\infty} = a + b\,\frac{y}{\delta} + c\left(\frac{y}{\delta}\right)^2 + d\left(\frac{y}{\delta}\right)^3 + e\left(\frac{y}{\delta}\right)^4 \tag{8-47}$$

由下列边界条件来确定系数 a、b、c、d、e。

①在平板表面上的速度为零,即

$$y = 0,\ u = 0$$

②在边界层外边界上的速度等于来流速度 u_∞,即

$$y = \delta,\ u = u_\infty$$

③在边界层外边界上的切应力 $\tau = \mu\dfrac{\partial u}{\partial y}$ 为零,故

$$y = \delta,\ \frac{\partial u}{\partial y} = 0$$

④根据黏性不可压缩二维定常流动下,N—S 方程沿 x 方向的分量形式为

$$u \frac{\partial u}{\partial x} + v \frac{\partial v}{\partial y} = -\frac{1}{\rho} \frac{\partial p}{\partial x} + \nu \left(\frac{\partial^2 u}{\partial x^2} + \frac{\partial^2 u}{\partial y^2} \right)$$

由前述的平板绕流特点,上式可简化为

$$\frac{\partial^2 u}{\partial y^2} = \frac{1}{\mu} \frac{\mathrm{d}p}{\mathrm{d}x} \tag{C}$$

由于在边界层外边界上 $u = u_\infty$,可知

$$y = \delta, \frac{\partial^2 u}{\partial y^2} = 0$$

⑤由于在平板壁面上的速度 $u = 0, v = 0$,可知

$$y = 0, \frac{\partial^2 u}{\partial y^2} = 0$$

利用以上 5 个条件,求得的 5 个系数是

$$a = 0, \quad b = 2, \quad c = 0, \quad d = -2, \quad e = 1。$$

代入(8-47)式,得到层流边界层中的速度的分布规律

$$u = u_\infty \left[2 \frac{y}{\delta} - 2 \left(\frac{y}{\delta} \right)^3 + \left(\frac{y}{\delta} \right)^4 \right] \tag{8-48}$$

第二个关系式利用牛顿内摩擦定律和式(8-48)得出壁面处的切应力

$$\tau_w = \mu \frac{\mathrm{d}u}{\mathrm{d}y} = \mu \frac{u_\infty}{\delta} \left[2 - 6 \left(\frac{y}{\delta} \right)^2 + 4 \left(\frac{y}{\delta} \right) \right] = 2\mu \frac{u_\infty}{\delta} \tag{8-49}$$

由式(8-48)出发,可求出下列两个积分式

$$\int_0^\delta u \mathrm{d}y = \int_0^\delta u_\infty \left[2 \frac{y}{\delta} - 2 \left(\frac{y}{\delta} \right)^3 + \left(\frac{y}{\delta} \right)^4 \right] \mathrm{d}y = \frac{7}{10} u_\infty \delta \tag{8-50}$$

$$\int_0^\delta u^2 \mathrm{d}y = \int_0^\delta u_\infty^2 \left[2 \frac{y}{\delta} - 2 \left(\frac{y}{\delta} \right)^3 + \left(\frac{y}{\delta} \right)^4 \right]^2 \mathrm{d}y = \frac{367}{630} u_\infty^2 \delta \tag{8-51}$$

将式(8-49)～(8-51)代入式(8-46),得

$$\frac{37}{630} u_\infty \delta \mathrm{d}\delta = \nu \mathrm{d}x$$

积分上式,得

$$\frac{37}{1\,260} u_\infty \delta^2 = \nu x + C$$

因为在平板壁面前缘点处边界层厚度为零,即 $x = 0, \delta = 0$,所以积分常数 $C = 0$。于是得边界层厚度为

$$\delta = 5.84 \sqrt{\frac{\nu x}{u_\infty}} = 5.84 x Re_x^{-\frac{1}{2}} \tag{8-52}$$

将式(8-52)代入式(8-49)得切向应力

$$\tau_w = 0.343 \sqrt{\frac{\mu \rho u_\infty^3}{x}} = 0.343 \rho u_\infty^2 \sqrt{\frac{\nu}{u_\infty x}} = 0.343 \rho u_\infty^2 Re_x^{-\frac{1}{2}} \tag{8-53}$$

设平板宽为 b,长为 l,在平板一侧壁面上由黏滞力引起的总摩擦阻力为

$$F_D = b \int_0^l \tau_w \mathrm{d}x = 0.343 b \sqrt{\mu \rho u_\infty^3} \int_0^l x^{-\frac{1}{2}} \mathrm{d}x = 0.686 b l \rho u_\infty^2 Re^{-\frac{1}{2}} \tag{8-54}$$

平板摩擦阻力系数为

$$C_f = \frac{F_D}{\frac{1}{2}\rho u_\infty^2 \, b \, l} = 1.372 Re_l^{-\frac{1}{2}} \tag{8-55}$$

应该说明,采用不同的近似边界层内速度分布公式,可得不同的推导结果。可以肯定的是,多项式的幂次越高,结果越精确。

* 8.4 平板紊流边界层的近似计算

现在讨论不可压缩实际流体纵向流过平板的紊流边界层的近似计算。对于层流,补充的两个关系式是建立在牛顿内摩擦定律和层流边界层的微分方程基础上的。对于紊流,必须另外补充两个关系式。在紊流情况下,通常将边界层内的速度分布规律与圆管内充分发展紊流的速度分布规律进行类比,认为边界层沿厚度方向的速度分布与圆管内沿半径方向的速度分布一样,即圆管中心线上的最大速度 u_{max} 相当于平板的来流速度 u_∞,圆管的半径 r 相当于边界层的厚度 δ,并且假定平板边界层从前缘开始就是紊流。这一假定的好处是处理问题简单,对于长平板的边界层,层流边界层仅占很小部分的情况,这种近似带来的误差较小。如果平板边界层中层流部分不能忽略,就需用混合边界层的方法处理。

普朗特建议,与圆管内一样,紊流边界层内速度分布的规律也假定是 1/7 指数规律,这与实验测得的结果很符合,于是有

$$u = u_\infty \left(\frac{y}{\delta}\right)^{\frac{1}{7}} \tag{8-56}$$

与上式相应的圆管切应力公式为

$$\tau_w = \frac{\lambda}{8}\rho v^2 \tag{8-57}$$

其中沿程阻力系数 λ 可利用水力光滑区的勃拉修斯公式计算,即

$$\lambda = \frac{0.3164}{Re^{1/4}} = \frac{0.3164}{\left(\frac{vd}{\nu}\right)^{1/4}} = \frac{0.2660}{\left(\frac{vr}{\nu}\right)^{1/4}}$$

将此式代入式(8-57),得

$$\tau_w = 0.03325\rho v^{\frac{7}{4}} \left(\frac{\nu}{r}\right)^{\frac{1}{4}}$$

在水力光滑区,圆管内的平均流速约等于轴线上最大流速 u_{max} 的 0.8 倍。所以有

$$\tau_w = 0.0225\rho u_{max}^2 \left(\frac{\nu}{ru_{max}}\right)^{\frac{1}{4}}$$

如前所述,可将圆管轴心线上的流速 u_{max} 替换为来流速度 u_∞,半径 r 替换为边界层的厚度 δ,得

$$\tau_w = 0.0225\rho u_\infty^2 \left(\frac{\nu}{\delta u_\infty}\right)^{\frac{1}{4}} \tag{8-58}$$

据前一节分析,在边界层内沿平板壁面的压强不变,即 $\frac{dp}{dx} = 0$。将式(8-56)和式(8-58)代

入边界层动量积分方程中,得

$$\frac{\mathrm{d}}{\mathrm{d}x}\int_0^\delta \left(\frac{y}{\delta}\right)^{\frac{1}{7}}\left[1-\left(\frac{y}{\delta}\right)^{\frac{1}{7}}\right]\mathrm{d}y = 0.022\,5\left(\frac{\nu}{\delta u_\infty}\right)^{\frac{1}{4}}$$

经整理后得

$$\delta^{\frac{1}{4}}\mathrm{d}\delta = 0.231\left(\frac{\nu}{u_\infty}\right)^{\frac{1}{4}}\mathrm{d}x$$

将上式积分,得

$$\delta = 0.37\left(\frac{\nu}{u_\infty x}\right)^{\frac{1}{5}}x + C$$

在平板前缘处边界层的厚度等于零,即 $x=0$、$\delta=0$,所以积分常数 $C=0$,最后得

$$\delta = 0.37 x Re_x^{-\frac{1}{5}} \tag{8-59}$$

将式(8-59)代入式(8-58),得到壁面切应力

$$\tau_w = 0.028\,9\rho u_\infty^2 Re_x^{-\frac{1}{5}} \tag{8-60}$$

在平板一侧壁面上,黏滞力引起的总摩擦阻力为

$$F_D = b\int_0^l \tau_w\mathrm{d}x = 0.028\,9\rho u_\infty^2\left(\frac{\nu}{u_\infty}\right)^{\frac{1}{5}}b\int_0^l x^{-\frac{1}{5}}\mathrm{d}x$$

$$= 0.036 b l\rho u_\infty^2 Re_1^{-\frac{1}{5}} \tag{8-61}$$

摩擦阻力系数为

$$C_f = \frac{F_D}{\frac{1}{2}\rho u_\infty^2 b l} = 0.072 Re_1^{-\frac{1}{5}} \tag{8-62}$$

通过平板阻力的实际测量,紊流情况下阻力系数应修正为

$$C_f = 0.074 Re_1^{-\frac{1}{5}} \tag{8-63}$$

顺流平板紊流边界层的阻力系数式(8-63)适用的雷诺数范围为 $5.0\times10^5 \leqslant 1.0\times Re_1 \leqslant 10^7$。

对于平板紊流边界层雷诺数范围在 $10^7 < Re_1 < 10^9$ 之内变化的情况,施里希廷(Schlichting)采用对数速度分布,得到以下阻力系数的半经验公式

$$C_f = \frac{0.455}{(\lg Re_1)^{2.58}} \tag{8-64}$$

8.5 边界层分离与压差阻力

前几节讨论了顺流平板边界层的问题,在平板边界层外边界上沿流动方向的速度是相同的,且边界层外流动的压强保持为常量。以下考虑绕曲面物体的流动情况。

在曲面边界层问题中,通常采用正交曲线坐标系,坐标原点取在前驻点,x 轴沿物面选取,y 轴与物面垂直,如图 8-14 所示。图中虚线表示曲面边界层的外边界,边界层以外的流动可视为理想流体的势流。以 u_∞ 和 p_∞ 表示无穷远处流体所具有的速度和压强。流体绕过曲面体的前驻点后,沿上表面的流速先加大,一直增加到曲面上某一点 C,然后减小。由伯努利方程可知,相应的压强先降低,然后再升高。C 点处边界层外边界上的速度最大,而压强最低。沿流

动方向曲面边界层各断面的速度分布和压强变化曲线如图8-14所示。现从流体在边界层内流动的物理过程说明曲面边界层的分离现象。

当实际流体流经曲面时,边界层内的流体微团被黏滞力阻滞,消耗动能,流速减小。越靠近壁面的流体微团,受到的黏滞力越大,所以流速减小得越快。显然,从图8-14中的 A 点开始到 C 点,是降压加速段(即 $\frac{\partial p}{\partial x} < 0$)。在这段中,虽然黏滞力引起了流体微团动能的损耗,但由于流体的部分压能转化为流体的动能,这种损耗可以得到弥补,使得流体仍有足够的动能继续前进。C 点是一个转折点。此处的压力梯度等于零(即 $\frac{\partial p}{\partial x} = 0$),流速最大。$C$ 点以后,是增压

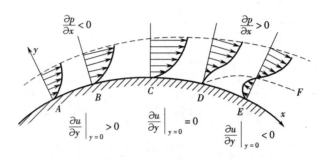

图8-14　曲壁面边界层流动

减速段(即 $\frac{\partial p}{\partial x} > 0$)。这时流体的部分动能不仅要转变为压能,而且黏滞力的阻滞作用也要继续消耗动能,所以流体速度减小过程加快,边界层不断增厚。当流体流到曲面的某一点 D 时,靠近物体壁面的流体微团的动能已消耗殆尽,此处的流体微团便停滞不前。在 D 点以后,压强的继续升高将使部分流体微团被迫反向回流,迫使边界层离开壁面。这种现象叫做**边界层的分离**,D 点称为分离点。在分离点处,$\left(\frac{\partial u}{\partial y}\right)_{y=0} = 0$。由于回流的出现,形成大尺度的不规则漩涡,并不断被主流带走,在物体后部形成尾流区。尾流区在物体下游延伸一段距离。

一旦边界层分离产生回流,在回流区内的漩涡使流体质点间产生强烈的碰撞、摩擦,额外消耗了部分能量,使物体后面的压力不能恢复,从而造成了物体前后的压力差。这一压差对物体形成的阻力称为**压差阻力**。压差阻力的大小与物体的形状、迎流面积和雷诺数有关。

通过以上的分析,可知黏性作用与存在逆压梯度($\frac{\partial p}{\partial x} > 0$)是边界层分离的两个必要条件。对于平板来说,因为不存在逆压梯度,不论平板有多长,流动也不会分离。同样,在理想流体绕物体的流动中,即使存在大的逆压梯度,也不会发生分离。

8.6　绕流阻力和升力

8.6.1　绕流阻力

绕流阻力包括摩擦阻力和压差阻力。摩擦阻力主要产生于边界层内的壁面与流体之间的黏滞力,由边界层理论求解。压差阻力产生于边界层的分离,一般由实验来测定。绕流阻力通

常表示为

$$F_D = C_D A \frac{\rho u_\infty^2}{2} \tag{8-65}$$

式中：F_D 为物体所受的绕流阻力；C_D 为无量纲的阻力系数；A 为参考面积，一般取垂直于来流的投影面积；$\frac{\rho u_\infty^2}{2}$ 为未受干扰时的来流动量。

以下通过图 8-15 讨论圆球绕流时阻力系数随雷诺数的变化曲线。

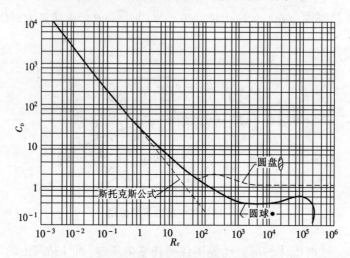

图 8-15　圆球和圆盘的阻力系数

当流体缓慢地流过圆球时，也就是雷诺数很小时，圆球附近很大范围都受黏性的影响，这时摩擦阻力是主要作用力，惯性力与黏性力相比可以忽略。斯托克斯从理论上解得圆球所受的阻力为 $F_D = 3\pi d\mu u_\infty$，把此式改写为式(8-65)的形式，可得阻力系数 $C_D = \dfrac{24}{Re}$。当 $Re < 1$ 时，斯托克斯公式与实验结果非常吻合。随着雷诺数的增大，黏性影响的范围减小，形成的层流边界层越来越薄。直到在圆球的后驻点处发生边界层的分离。随着雷诺数的进一步增大，分离点向上游移动。当 $Re \approx 1\,000$ 时，分离点稳定在从前驻点算起约 $80°$ 的位置，这时压差阻力成为阻力的主要部分，而且阻力系数 C_D 渐渐变得与雷诺数无关。当 $Re \approx 3 \times 10^5$ 时，在分离点前，边界层内的流态变成紊流，因此，分离点的位置向下游移动，尾流范围变小，阻力系数 C_D 的值急剧下降。

图 8-15 中还绘制了垂直于来流方向的圆盘阻力系数曲线，与绕圆球的曲线作一比较，可以看出很大的不同，当 $Re > 3 \times 10^3$ 以后，圆盘的 C_D 保持为常数。而圆球绕流的 C_D 在此范围内还是随雷诺数而变化。其原因在于：圆盘绕流只有压差阻力，没有摩擦阻力。边界层的分离点固定在圆盘的边线上。实验表明，凡具有尖锐边缘的物体，阻力系数都有类似性质。

根据绕流物体的外形不同，绕流阻力的变化规律也不尽相同：①对于流线型的物体，分离点一般非常靠近物体的尾部，尾流区很小，从而压差阻力很小，这时物体受到的总阻力几乎全部是由摩擦阻力引起，C_D 与 Re 有关；②有钝形曲面的物体，如圆球和圆柱体，绕流阻力既与摩擦阻力有关，又与压差阻力有关，在低雷诺数时主要为摩擦阻力，阻力系数主要与雷诺数有关，在高雷诺数时，主要为压差阻力，阻力系数主要与边界层分离点的位置有关，分离点位置不变，阻力系数也不变,分离点前移,漩涡区加大,阻力系数也增加,反之亦然;③有尖锐边缘的物体,以圆盘为例,边界层分离点的位置固定,漩涡区大小不变,阻力系数基本不变。

8.6.2 悬浮速度

设有一直径为 d_s、重量为 G 的小球,从静止开始,在静止流体中自由下落。在重力作用下,小球逐渐加速,同时所受到的阻力也不断增加。当速度增加至某一数值 u_t 时,小球所受到的重力 G、浮力 F_B 及阻力 F_D 相互平衡,此后小球将以等速 u_t 继续沉降。小球等速沉降时的速度 u_t 称为**沉降速度**。

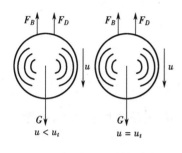

图 8-16　球体自由下落

下面通过对球体的自由下落过程进行受力分析(图 8-16),导出沉降速度的计算公式。小球在垂直方向受到三个力,即

阻力　　　$F_D = C_D \dfrac{\rho}{2} u^2 = \dfrac{\pi C_D}{8} \rho d_s^2 u^2$

浮力　　　$F_B = \gamma V = \rho g \dfrac{\pi}{6} d_s^3$

重力　　　$G = \gamma_s V = \rho_s g \dfrac{\pi}{6} d_s^3$

小球等速沉降时,有 $G = F_B + F_D$ 及 $u = u_t$,从而解得 u_t 为

$$u_t = \sqrt{\frac{4}{3} \frac{g d_s}{C_D} \frac{\rho_s - \rho}{\rho}} \qquad (8\text{-}66)$$

式中:ρ_s 为小球的密度;ρ 为流体的密度;d_s 为小球的直径;C_D 为阻力系数,其值与雷诺数有关。

参考图 8-15 中流体绕流圆球时的 C_D—Re 曲线,可归纳出以下三个计算阻力系数 C_D 的经验公式

$$Re < 1 \qquad C_D = 24/Re \qquad (8\text{-}67)$$

$$Re = 10 \sim 10^3 \qquad C_D = 13.33/\sqrt{Re} \qquad (8\text{-}68)$$

$$Re = 10^3 \sim 2 \times 10^5 \quad C_D = 0.45 \sim 0.48 \qquad (8\text{-}69)$$

将以上三式分别代入式(8-66)中,同时将 $Re = u_t d_s / \nu$ 代入,可得到相应的球形颗粒沉降速度的计算公式。对于 $Re < 1$ 的情况,相应的计算公式为

$$u_t = \frac{1}{18\mu} d_s^2 (\rho_s - \rho) g \qquad (8\text{-}70)$$

沉降速度是分析球形颗粒在静止流体中自由沉降得到的。反过来。当流体以速度 u_t 自下向上吹向颗粒时,颗粒就可悬浮在流体中静止不动。这时流体上吹的速度称为流体的**悬浮速度**,二者在数值上是相等的。当流体上升的速度 u 大于悬浮速度 u_t 时,颗粒将被带走。

沉降速度(或悬浮速度)在输送物料、颗粒分选以及通风除尘中是非常重要的参数。对应于一定的流体速度,必然有一个临界粒径,直径小于临界粒径的颗粒将被流体带走,直径大于临界粒径的颗粒将被分选出来或沉降下来。

【**例题 8-3**】　煤粉炉膛中,若上升气流的速度 $u_0 = 0.5$ m/s,烟气的 $\nu = 223 \times 10^{-6}$ m²/s,试

计算在这种流速下,烟气中的 $d_s = 90 \times 10^{-6}$ m 的煤粉颗粒是否会沉降。烟气密度 $\rho = 0.2$ kg/m³,煤的密度 $\rho_m = 1.1 \times 10^3$ kg/m³。

【解】 先求直径 $d_s = 90 \times 10^{-6}$ m 的煤粉颗粒的悬浮速度,如气流速度大于悬浮速度,则煤粉不会沉降。反之,煤粉就将沉降。由于悬浮速度未知,无法求出其相应的雷诺数 Re 值,这样就不能确定计算阻力系数 C_D 应采用的公式,因此要应用试算法。不妨先假设悬浮速度相应的雷诺数小于1,因此可用式(8-70)计算悬浮速度。如下:

$$u_t = \frac{1}{18\mu} d_s^2 (\rho_s - \rho) g = \frac{1}{18\nu\rho} d_s^2 (\rho_s - \rho) g$$

$$= \frac{1}{18 \times 223 \times 10^{-6} \times 0.2} (90 \times 10^{-6})^2 (1.1 \times 10^3 - 0.2) \times 9.8$$

$$= 0.105 \text{ m/s}$$

校核:悬浮速度相应的雷诺数

$$Re = \frac{u_t d_s}{\nu} = \frac{0.105 \times 90 \times 10^{-6}}{223 \times 10^{-6}} = 0.042\ 4 < 1$$

假设成立,悬浮速度 $u_t = 0.105$ m/s 正确。如果校核计算所得 Re 值不在假设范围内,则需重新假设 Re 范围,重复上述步骤,直至 Re 值在假设范围内。

由于气流速度大于悬浮速度,所以这样大小的煤粉颗粒不会沉降,而是随烟气流动。

【例题8-4】 一竖井式的磨煤机,空气流速 $u_t = 2$ m/s,空气的运动黏度 $\nu = 20 \times 10^{-6}$ m²/s,密度 $\rho = 1$ kg/m³。煤的密度 $\rho_s = 1\ 000$ kg/m³。试求此气体能带走最大煤粉颗粒的直径为多少?

【解】 本题是已知悬浮速度求临界粒径。

由于颗粒直径 d_s 未知,无法求得 Re 值。先假设 $Re = 10 \sim 10^3$。由式(8-61),将 $C_D = \frac{13.33}{\sqrt{Re}}$ 代入式(8-59)中,同时将 $Re = \frac{u_t d_s}{\nu}$ 代入,可得

$$u_t = \left(\frac{g}{10\sqrt{\nu}} \frac{\rho_s - \rho}{\rho} \right)^{\frac{2}{3}} d_s$$

则

$$d_s = u_t \left(\frac{10\sqrt{\nu}}{g} \frac{\rho}{\rho - \rho_s} \right)^{\frac{3}{2}}$$

$$= 2 \times \left(\frac{10 \times \sqrt{20 \times 10^{-6}}}{9.8} \frac{1}{1\ 000 - 1} \right)^{\frac{3}{2}} = 0.544 \text{ mm}$$

校核

$$Re = \frac{u_t d}{\nu} = \frac{2 \times 5.44 \times 10^{-4}}{20 \times 10^{-6}} = 54.4$$

此值在原假设范围内,故计算成立。在题中给出的条件下,直径小于临界直径 0.544 mm 的颗粒将被气流带走。

8.6.3 绕流升力

在绕流中,流体作用在物体上的力除了有平行于来流方向的阻力,还有垂直于来流方向的

升力。可以通过实际流体绕过机翼的流动简单分析绕流升力的产生过程。

如图 8-17(a)所示,速度为 u_∞ 的平行流以攻角 α 流向机翼,在前驻点 A 分成两股沿上、下表面流动。下表面的那股流体在流经机翼后缘点 B 时速度很大,相应的压强很小。而在后驻点 C 处压强最大。从 B 点到 C 点的这一段边界层内存在很大的逆压梯度,因此边界层内的流动在机翼后缘 B 处发生分离卷起一个漩涡,该漩涡称为**启动涡**。启动涡被主流迅速地带到下游。使得围绕机翼产生了一个环量的大小与之相等,但方向相反的附着涡,如图 8-17(b)所示。由于附着涡的形成,相当于在机翼周围叠加了一个速度环量等于 Γ 的顺时针方向的纯环流,使机翼背面的速度增加,压力下降,而腹面速度减小,压力升高,因而产生升力。

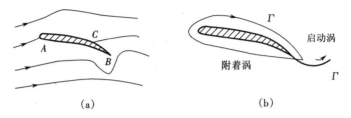

图 8-17 启动涡与附着涡

升力对于轴流水泵和轴流风机的叶片设计有重要意义。良好的叶片形状应具有较大的升力和较小的阻力。升力的计算公式为

$$F_L = C_L A \frac{\rho u_\infty^2}{2} \tag{8-71}$$

式中:C_L 为升力系数,一般由实验确定。其余符号意义同前。

✔**本章小结**

■ 势函数和流函数都是标量函数。在势流流场中,势函数的梯度等于速度。流函数的等值线即为流线。
■ 对于无旋流动,在整个流场中涡量处处为零。
■ 流线与势函数等值线构成正交曲线网格,亦称为流网。
■ 曲面边界层分离导致压差(形状)阻力的产生。
■ 流线形物体的绕流阻力仅有表面摩擦阻力,而没有压差阻力;钝形物体的绕流阻力既有表面摩擦阻力,也有压差阻力,而且通常后者在总的阻力中占据较大比重。

思 考 题

8.1 怎样把"固体在静止流体中运动"转换为"流体绕静止固体流动"? 什么条件下得到定常绕流?

8.2 迎流平板为什么没有摩擦阻力?

8.3 流线型物体的绕流阻力为什么较小?

8.4 足球比赛中的"香蕉球"为什么走弧线?

8.5 绕流物体的升力和阻力是如何定义的?

8.6 边界层分离与内部流动的各种局部损失有何关系?

8.7 通过学习阻力和升力理论,你对理论与实践的关系有何体会?

8.8 试分析为什么高尔夫球的表面是粗糙的而不是光滑的?

习 题

8.1 描绘下列流速场,每一流场绘 3 根流线。

(1) $u = 4, v = 3$ (2) $u = 4, v = 3x$

(3) $u = 4y, v = 0$ (4) $u = 4y, v = 3$

(5) $u = 4y, v = -3x$ (6) $u = 4y, v = 4x$

(7) $u = 4, v = -4y$ (8) $v_r = c/r, v_\theta = 0$

8.2 在上题流速场中,哪些流动是无旋流动,哪些流动是有旋流动,并求各有势流动的流函数和势函数。

8.3 流速场的流函数是 $\psi = 3x^2 y - y^3$。它是否是无旋流动? 如果不是,计算它的旋转角速度。证明任一点的流速只取决于它对原点的距离。绘流线 $\psi = 2$。

8.4 确定绕圆柱体流动的流场轮廓线主要取决于哪些量? 已知圆柱体半径 $r_0 = 2$ m,求流函数和势函数。

8.5 强度同为 60 m^2/s 的源流和汇流位于 x 轴,各距原点为 $a = 3$ m。求:(1)坐标原点的流速;(2)通过 $(0,4)$ 点的流线的流函数值,并求该点流速。

8.6 强度为 0.2 m^3/s 的源流和强度为 1 m^2/s 的环流均位于坐标原点。求:(1)流函数和势函数;(2)$(1$ m$,0.5$ m$)$ 点的速度分量。

8.7 无穷远处来流速度 $u_\infty = 4$ m/s,密度 $\rho = 10^3$ kg/m^3 的水流过长 $L = 10$ m 的平板,测得边界层内的速度剖面为

$$\frac{u}{u_\infty} = \left(\frac{y}{\delta}\right)^{\frac{1}{5}} = \varphi(\eta)$$

式中: $\eta = \dfrac{y}{\delta}$。平板后缘处边界层厚度 $\delta(L) = 12$ cm,试求单位宽度(1 m)平板一侧所受的阻力及阻力系数。

8.8 在渐缩管中会不会产生边界层的分离? 为什么?

8.9 若球形尘粒的密度 $\rho_s = 2\,500$ kg/m^3,空气温度为 20 ℃,求允许采用斯托克斯公式计算尘粒在空气中悬浮速度的最大粒径(相当于 $Re = 1$)。

8.10 某气力输送管路,要求风速 u_0 为砂粒悬浮速度 u_t 的 5 倍,已知砂粒粒径 $d = 0.3$ mm,密度 $\rho_s = 2\,650$ kg/m^3,空气温度为 20 ℃,求风速 u_0 值。

8.11 已知煤粉炉炉膛中上升烟气流的最小速度为 0.5 m/s,烟气的运动黏度 $\nu = 230 \times 10^{-6}$ m^2/s,问直径 $d = 0.1$ mm 的煤粉颗粒是沉降下来还是被烟气带走? 已知烟气的密度 $\rho = 0.2$ kg/m^3,煤粉的密度 $\rho_s = 1.3 \times 10^3$ kg/m^3。

第 8 章习题参考答案

9　明渠流动和堰流

📖**本章的学习目的**

■　理解描述明渠流动的相关参数。

■　利用谢齐(Chezy)公式和曼宁(Manning)公式计算明渠速度和流量。

■　理解水力最优断面和最经济合理断面之间的关系。

■　了解堰流流动特征及其水力计算。

在探讨了有压管流、孔口管嘴出流、气体射流和绕流运动之后，本章将运用流体力学的基本理论研究另一类典型流动——明渠流动。明渠流动是水流的部分周界与大气接触并具有自由表面的流动。由于自由表面上受大气压作用，相对压强为零，也称为**无压流动**。又因为明渠水流是直接依靠重力作用而产生的，还称为重力流。

根据渠道的形成可将明渠分为天然渠道和人工渠道。前者如天然河道，后者如人工河渠、不满流的排水管道、灌溉渠道等。研究明渠流动将为输水、排水、灌溉渠道以及航道的设计和运行控制提供科学依据。

与有压管流一样，明渠流同样也可分为定常流和非定常流、均匀流和非均匀流。明渠流动的过水断面面积随流量的变化而变化，水深也随流量的变化而变化。由于明渠水流自由表面不受约束，一旦受到降水、河渠建筑物等因素的影响，常常形成非均匀流。但是，在实用上，如在铁路、公路、给排水及水利工程的沟渠中，排水和输水能力的计算常按均匀流处理。

在明渠非均匀流动中，为控制水位或流量而设置的构筑物称为**堰**，水流溢过构筑物的流动称为**堰流**。堰流是非均匀流中的一种特殊的水力现象，水力特征也与均匀流显著不同，在给排水工程、水利工程及环境工程等方面应用广泛。

9.1　明渠均匀流

9.1.1　基本概念

均匀流是渐变流的极限状态，是一种流线呈平行直线的流动。由于过水断面形状、尺寸以及底坡的大小对明渠流动都有重要的影响，因此，在研究明渠流动前通常先介绍明渠的类型。

（1）棱柱形渠道和非棱柱形渠道

凡是断面形状、尺寸沿程不变的长直渠道，称为棱柱形渠道，否则为非棱柱形渠道。前者的过水断面面积 A 只随水深 h 而变化，即 $A = f(h)$；后者的过水断面面积 A 不仅随水深 h 而变，而且还随各断面的沿程位置 s 而变化，即 $A = f(h, s)$。断面规则的长直人工渠及涵洞就是典型的棱柱形渠道。在实际计算中，对于断面形状及尺寸沿程变化较小的河段，也可按棱柱形渠道处理。

(2)渠道的断面形状

明渠过水断面的形状有梯形、矩形、圆形和抛物线型等,一些宽而浅的天然河道的断面常为不规则形状,可简化为较宽的矩形断面。土质渠道最常用的是对称的梯形断面,如图9-1所示。

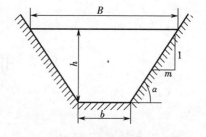

图9-1 梯形过水断面的几何特征

由几何推导可知,其过水断面的面积 A、湿周 χ、水力半径 R 的计算式分别如下

$$A = (b + mh)h \tag{9-1a}$$

$$\chi = b + 2h\sqrt{1 + m^2} \tag{9-1b}$$

$$R = \frac{A}{\chi} = \frac{(b + mh)h}{b + 2h\sqrt{1 + m^2}} \tag{9-1c}$$

式中:b 为渠底宽,m;h 为明渠水深,m;m 为边坡系数,$m = \cot\alpha$ 是无量纲量,与构成渠道边坡的岩土的稳定性有关,可参照有关规范选用。表9-1列出梯形过水断面各种岩土的边坡系数 m 值以供参考。

表9-1 梯形过水断面的边坡系数 m

土壤种类	边坡系数 m	土壤种类	边坡系数 m
细粒砂土	3.0~3.5	砾石、砂砾石土	1.5
砂壤土或松散土壤	2.0~2.5	重壤土、密实黄土、普通黏土	1.0~1.5
密实砂壤土,轻黏土壤	1.5~2.0	密实重黏土	1.0

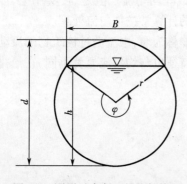

图9-2 圆形过水断面的几何特征

隧洞、涵管及排水管等管壁不是土质渠道,大多由钢筋混凝土制成,常采用圆形断面,如图9-2所示。其断面的面积 A、湿周 χ、水面宽度 B、水力半径 R 分别如下:

$$A = \frac{d^2}{8}(\varphi - \sin\varphi) \tag{9-2a}$$

$$\chi = \frac{1}{2}\varphi d \tag{9-2b}$$

$$B = d\sin\frac{\varphi}{2} \tag{9-2c}$$

$$R = \frac{A}{\chi} = \frac{\dfrac{d^2}{8}(\varphi - \sin\varphi)}{\dfrac{1}{2}\varphi d} = \frac{d(\varphi - \sin\varphi)}{4\varphi} \tag{9-2d}$$

中心角 φ 与水深 h 之间的关系式为

$$h = \frac{d}{2}\left(1 - \cos\frac{\varphi}{2}\right) = d\sin^2\frac{\varphi}{4} \tag{9-2e}$$

(3)顺坡、平坡和逆坡渠道

明渠底一般为斜面,在纵剖面上,渠底便成为一条斜直线,该斜线的坡度即为渠道底坡 i。一般规定:渠底沿程降低时,$i>0$,称为顺坡或正底坡;渠底水平时,$i=0$,称为平坡;渠底沿程升高时,$i<0$,称为逆坡或反底坡,如图 9-3 所示。

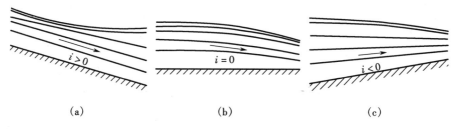

图 9-3　渠道底坡

底坡 i 代表明渠底的纵向倾斜程度,坡度越大,在流动方向上的重力作用越大,渠道底坡 i 定义为渠底的高差 Δz 与相应渠长 l 的比值,即

$$i = \frac{\Delta z}{l} = \sin \theta \tag{9-3}$$

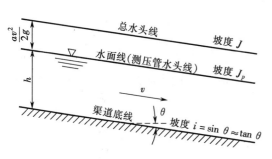

图 9-4　明渠均匀流的水流特征

式中:θ 为渠底与水平线间的夹角,见图 9-4。

通常土渠的底坡很小,$|i| \leqslant 0.01$ 或 $|\theta| \leqslant$ 6°,渠道底线水平投影长度 l_x 和渠道底线沿水流方向的长度 l 近似相等,则有

$$i = \frac{\Delta z}{l_x} = \tan \theta \tag{9-4}$$

式中:l_x 为渠底的水平投影长度,m,可直接测量。

另外,在渠道底坡微小的情况下,水流的实际过水断面与水流中所取的铅垂断面在实用上几乎没有差异。因此,过水断面可取铅垂断面,水流深度可沿垂线量取。

9.1.2　明渠均匀流的形成条件及水力特征

前面谈到,均匀流是渐变流的极限情况,即流线为平行直线的流动,也就是有自由表面的等深流、等速流。明渠均匀流既然是等速流动,就应该满足静力平衡条件,即重力在水流方向上的分力应与阻碍水流运动的摩擦阻力相平衡,要求底坡 i 和壁面的粗糙系数 n 这两个相关因素沿程不变。

明渠均匀流的形成条件是:底坡 i 不变,断面形状、尺寸、壁面粗糙系数 n 都不变的顺坡($i>0$)长直棱柱形渠道。例如,在长直的人工渠道和运河以及在没有障碍的天然顺直河段中的水流都近似为均匀流动。而在平坡($i=0$)、逆坡($i<0$)渠道、非棱柱形渠道以及天然河道中都不可能形成均匀流。

显而易见,明渠均匀流的水流具有如下特征:断面平均流速 v 沿程不变,水深 h 也沿程不变,而且总水头线、测压管水头线(水面线)及渠底相互平行。也就是说,其总水头线坡度(水力坡度)J、测管水头线坡度(水面坡度)J_p 和渠道底坡 i 彼此相等(图 9-4),即

$$J = J_p = i \tag{9-5}$$

9.1.3 明渠均匀流的基本公式

明渠水流一般属于紊流阻力平方区。明渠均匀流水力计算中的流速公式,长期以来一般表示为如下形式

$$v = CR^x J^y \tag{9-6}$$

式中:v 为断面平均流速,m/s;R 为水力半径,m;J 为水力坡度;x、y 是指数;C 为水流的流速系数,$m^{1/2}$/s,与水力半径、渠道粗糙度等因素有关。

上式在实用中,应用最广的是谢齐(Chezy)公式和曼宁(Manning)公式。

(1)谢齐公式

1769 年法国工程师谢齐提出了明渠均匀流的计算公式(即谢齐公式)如下:

$$v = C \sqrt{RJ} \tag{9-7}$$

式中:C 为水流流速系数,$m^{1/2}$/s,称为谢齐系数,由曼宁公式求解,其余符号意义同前。

在明渠均匀流中,水力坡度 J 与渠底坡度 i 相等,所以上式又可写成

$$v = C \sqrt{Ri} \tag{9-8}$$

由此得流量算式

$$Q = Av = AC \sqrt{Ri} = K\sqrt{i} = K\sqrt{J} \tag{9-9}$$

式中:K 为流量模数,且 $K = AC \sqrt{R}$,其值相当于底坡等于 1 时的流量;A 为明渠均匀流水深 h(称正常水深)对应的过水断面面积。

上式为计算明渠均匀流输水能力的基本关系式。

(2)曼宁公式

1889 年爱尔兰工程师曼宁在分析大量实验资料后,提出了另一个明渠均匀流公式如下:

$$v = \frac{1}{n} R^{2/3} J^{1/2} \tag{9-10}$$

式中:n 为渠道的粗糙系数,也称为曼宁系数。它是一个反映明渠边壁粗糙程度以及其他一些因素对水流阻力影响的综合参数,选取正确与否对计算结果影响很大。表9-2 给出了部分河道与渠道的粗糙系数 n 值。

大量实测资料证实,曼宁公式计算结果能与工程实际相符,因而它在明渠均匀流计算中也被广泛使用。

将谢齐公式与曼宁公式相比较,得

$$C = \frac{1}{n} R^{1/6} \tag{9-11}$$

此式表明了谢齐系数 C 与曼宁粗糙系数 n 之间的重要关系,一般也称为曼宁公式。

表 9-2 部分河道与渠道的粗糙系数 n 值

渠槽类型及状况	最小值	正常值	最大值
一、衬砌渠道			
1. 净水泥表面	0.010	0.011	0.013
2. 水泥灰浆	0.011	0.013	0.015

渠槽类型及状况	最小值	正常值	最大值
3. 刮平的混凝土表面	0.013	0.015	0.016
4. 未刮平的混凝土表面	0.014	0.017	0.020
5. 表面良好的混凝土喷浆	0.016	0.019	0.023
6. 浆砌块石	0.017	0.025	0.030
7. 干砌块石	0.023	0.032	0.035
8. 光滑的沥青表面	0.013	0.013	
9. 用木馏油处理的、表面刨光的木材	0.011	0.012	0.015
10. 油漆的光滑钢表面	0.012	0.013	0.017
二、无衬砌渠道			
1. 清洁的顺直土渠	0.018	0.022	0.025
2. 有杂草的顺直土渠	0.022	0.027	0.033
3. 有一些杂草的弯曲、断面变化的土渠	0.025	0.030	0.033
4. 光滑而均匀的石渠	0.025	0.035	0.040
5. 参差不齐、不规则的石渠	0.035	0.040	0.050
6. 有与水深同高的浓密杂草的渠道	0.050	0.080	0.120
三、小河(汛期最大水面宽度约30)			
1. 清洁、顺直的平原河流	0.025	0.030	0.033
2. 清洁、弯曲、稍许淤滩和潭坑的平原河流	0.033	0.040	0.045
3. 水深较浅、底坡多变、回流区较多的平原河流	0.040	0.048	0.055
4. 河底为砾石、卵石间有孤石的山区河流	0.030	0.040	0.050
5. 河底为卵石和大孤石的山区河流	0.040	0.050	0.070
四、大河在同等情况下 n 值比小河略小			
1. 断面比较规则,无孤石或丛木	0.025		0.060
2. 断面不规则,床面粗糙	0.035		0.100
五、汛期滩地漫流			
1. 短草	0.025	0.030	0.035
2. 长草	0.030	0.035	0.050
3. 已熟成行庄稼	0.025	0.035	0.045
4. 茂密矮树丛(夏季情况)	0.070	0.100	0.160
5. 密林,树下少植物,洪水位在枝下	0.080	0.100	0.120
6. 同上,洪水位及树枝	0.100	0.120	0.160

9.2　明渠均匀流的水力最优断面和允许流速

9.2.1　水力最优断面

从以上讨论可知,明渠均匀流输水能力 Q 的大小取决于渠道底坡、粗糙系数以及过水断面的形状和尺寸。在设计渠道时,底坡 i 一般随地形条件而定,粗糙系数 n 取决于渠壁的材料,于是,渠道输水能力 Q 只取决于断面大小和形状。当 i、n、A 大小一定,使渠道所通过的流量最大的那种断面形状称为**水力最优断面**。

从均匀流的基本关系式 $Q = AC\sqrt{Ri} = A\left(\dfrac{1}{n}R^{1/6}\right)\sqrt{Ri} = \dfrac{A}{n}R^{2/3}i^{1/2} = \dfrac{1}{n}i^{1/2}\dfrac{A^{5/3}}{\chi^{2/3}}$ 看出,如 i、n、A 给定,要使 Q 最大,则要求水力半径 R 最大,即湿周 χ 最小,水流阻力也最小。因此水力最优

断面就是湿周 χ 最小的断面形状。它的优点是输水能力最大,渠道护壁材料最省,渗水造成的损失量也最小。当面积 A 为定值时,半圆形渠道具有最小的湿周,是最优的过水断面,但半圆形断面施工困难,只在钢筋混凝土或钢丝网水泥渡槽等采用。在土壤中开挖的渠道一般都用梯形断面,其中最接近半圆形的是半个正六边形,但如按这种梯形所要求的边坡系数 m 修建水渠,对大多数种类的土壤来说边坡是不稳定的(表9-1)。

$$m = \cot \alpha = \cot 60° = 0.577 \tag{9-12}$$

实际上,常常只能首先根据渠面土壤或护面性质确定边坡系数 m,然后在这一前提下,算出水力最优的梯形过水断面。

由于明渠工程中常采用梯形过水断面,下面推求在已定边坡的前提下梯形断面的水力最优条件。

设明渠梯形过水断面(图9-1)的底宽为 b、水深为 h、边坡系数为 m,于是过水断面的大小为

$$A = (b + mh)h$$

解得

$$b = \frac{A}{h} - mh$$

而湿周为

$$\chi = b + 2h\sqrt{1 + m^2} = \frac{A}{h} - mh + 2h\sqrt{1 + m^2} \tag{9-13}$$

前面已说明,水力最优断面是 A 一定时湿周 χ 最小的断面。因此将式(9-13)对 h 取导数,求 $\chi = f(h)$ 的极小值。令

$$\frac{\mathrm{d}\chi}{\mathrm{d}h} = -\frac{A}{h^2} - m + 2\sqrt{1 + m^2} = 0 \tag{9-14}$$

再求二阶导数,得

$$\frac{\mathrm{d}^2\chi}{\mathrm{d}h^2} = 2\frac{A}{h^3} > 0$$

所以 $\chi_{\min}$ 存在。现解方程(9-14),并以 $A = (b + mh)h$ 代入,就得到以宽深比 $\beta = \dfrac{b}{h}$ 来表示的梯形过水断面的水力最优条件

$$\beta_h = \left(\frac{b}{h}\right)_h = 2(\sqrt{1 + m^2} - m) \tag{9-15}$$

由此可见,水力最优断面的宽深比 β_h 仅是边坡系数 m 的函数。根据上式可列出不同 m 时的 β_h 值,见表9-3。

表9-3　水力最优断面的宽深比

$m = \cot \alpha$	0.00	0.25	0.50	0.75	1.00	1.25	1.50	1.75	2.00	3.00
$\beta_h = \left(\dfrac{b}{h}\right)_h$	2.00	1.56	1.24	1.00	0.83	0.70	0.61	0.55	0.47	0.32

从上式出发,还可引出一个结论:在任何边坡系数 m 的情况下,水力最优梯形断面的水力

半径 R 为水深 h 的一半,现推证如下。

根据 R 的定义,有

$$R = \frac{A}{\chi} = \frac{(b+mh)h}{b+2h\sqrt{1+m^2}}$$

从水力最优断面的条件式(9-15)得 $b = (2\sqrt{1+m^2}-2m)h$,代入上式后,便得

$$R = \frac{h}{2} \tag{9-16}$$

对于水力最优的矩形断面,只是这种梯形断面在 $m=0$ 时的特例。将 $m=0$ 代入式(9-15)得

$$\beta_h = 2（即 b = 2h） \tag{9-17}$$

说明矩形水力最优断面的底宽 b 为水深 h 的两倍。

水力最优断面是仅从流体力学观点进行讨论的,在工程中还必须依据造价、施工技术、运转要求和养护等各个方面的条件综合考虑和比较,选择最经济合理的过水断面。对于小型渠道,造价基本上由过水断面的土方量决定,它的水力最优断面和其经济合理断面比较接近;对于大型渠道,水力最优断面往往是窄而深的断面,使得施工时深挖高填,养护时也较困难,因而并不是最经济合理的断面。另外,渠道的设计不仅要考虑输水,还要考虑航运对水深和水面宽度等方面的要求,需要综合各方面的因素考虑,在这里所提出的水力最优条件,只是应考虑若干因素中的一个。

9.2.2　允许流速

设计一条合理的渠道,除了考虑上述水力最优条件及经济因素外,还应使渠道的渠床避免遭受冲刷,流速不可过大,也不可小到使水中悬浮的泥沙发生淤积,而应当在不冲、不淤的流速范围内。因此在设计中,要求

$$v_{min} < v < v_{max}$$

式中:v_{min} 为免受淤积的最小允许流速,简称不淤允许流速;v_{max} 为免遭冲刷的最大允许流速,简称不冲允许流速。

为了防止植物在渠道中滋生以及淤泥或沙的沉积,渠道断面的不淤允许流速 v_{min} 为 $0.3 \sim 0.4$ m/s。

渠道中的不冲允许流速 v_{max} 的大小决定于土质情况,即土壤种类、颗粒大小和密实程度,或决定于渠道的衬砌材料以及渠中流量等因素。表 9-4 为我国陕西省水利厅 1965 年总结的各种渠道免遭冲刷的最大允许流速,可供设计明渠时选用。

表9-4 渠道的不冲允许流速

坚硬岩石和人工护面渠道

不冲允许流速(m/s)　　　渠道流量(m³/s) 岩石或护面种类	<1	1~10	>10
软质水成岩(泥灰岩、页岩、软砾岩)	2.5	3.0	3.5
中等硬质水成岩(致密砾岩、多孔石灰岩、层状石灰岩、白云石灰岩、灰质砂岩)	2.5	4.25	5.0
硬质水成岩(白云砂岩、硬质石灰岩)	5.0	6.0	7.0
结晶岩、火成岩	8.0	9.0	10.0
单层块石铺砌	2.5	3.5	4.0
双层块石铺砌	3.5	4.5	5.0
混凝土护面(水流中不含砂和砾石)	6.0	8.0	10.0

土质渠道

均质黏性土质	不冲允许流速(m/s)		说　　明
轻壤土	0.60~0.80		
中壤土	0.65~0.85		
重壤土	0.70~1.00		①均质黏性土质渠道中各种土质的干重度为 12.75~16.67 kN/m³
黏　土	0.75~0.95		
均质无黏性土质	粒径(mm)	不冲允许流速(m/s)	
极细砂	0.05~0.10	0.35~0.45	
细砂和中砂	0.25~0.50	0.45~0.60	②表中所列为水力半径 $R=1.0$ 的情况,如 $R\neq 1.0$ m 时,则应将表中数值乘以 R^{α} 才得相应的不冲允许流速值。对于砂、砾石、卵石、疏松的壤土、黏土 $\alpha=\frac{1}{3}\sim\frac{1}{4}$;对密实的壤土黏土 $\alpha=\frac{1}{4}\sim\frac{1}{5}$
粗　砂	0.50~2.00	0.60~0.75	
细砾石	2.00~5.00	0.75~0.90	
中砾石	5.00~10.00	0.90~1.10	
粗砾石	10.00~20.00	1.10~1.30	
小卵石	20.00~40.00	1.30~1.80	
中卵石	40.00~60.00	1.80~2.20	

　　应该强调,经渠道水力计算,如果发现 $v_{max}<v$ 或 $v<v_{min}$ 必须设法调整。根据谢齐公式,v 与 i、R 和 n 有关。就渠底坡度 i 而言,为了减少土石方数量,i 应尽可能与地面坡度一致,但如有必要而且地形条件可能,也可改变渠道路线,使之延长或缩短,达到改变 i 的要求。

　　另一方面,$v_{min}<v<v_{max}$ 这一要求也可通过改变免遭冲刷的最大允许流速 v_{max} 或免受淤积的最小允许流速 v_{min} 实现,例如可对渠面进行护面使之增强抗冲刷能力。

9.2.3　明渠均匀流的水力计算

9.2.3.1　梯形断面明渠均匀流的水力计算

明渠均匀流的水力计算可分为三类问题,以梯形断面为例分述如下。

(1)验算渠道的输水能力

如果渠道已经建成,过水断面的形状、尺寸(b,h,m)、渠道的壁面材料(n)及底坡(i)都已知,算出A、R、C值,代入明渠均匀流基本公式,便可求出流量

$$Q = Av = AC\sqrt{Ri}$$

(2)决定渠道底坡

过水断面的形状、尺寸(b,h,m)、渠道的壁面材料(n)及输水流量(Q)都已知,算出流量模数$K = AC\sqrt{R}$值,代入明渠均匀流基本公式,便可求出渠道底坡:

$$i = \frac{Q^2}{K^2} \tag{9-18}$$

(3)设计渠道断面

设计渠道断面是在已知通过流量Q、渠道底坡i、边坡系数m及粗糙系数n的条件下,决定底宽b和水深h。而用一个基本公式计算b、h两个未知量,要得到唯一解,必须补充条件,补充条件一般有4种。

①水深h已定,确定相应的底宽。如水深h另由通航或施工条件限定,则底宽b必定有唯一解。计算时,给出不同的b值,即可算出相应的$K = AC\sqrt{R}$,并根据这些b和K值,绘出$K = f(b)$曲线,如图9-5所示。再从给定的Q和i,计算出实际的$K = \dfrac{Q}{i^{1/2}}$,由图9-5中可找出对应于K值的b值,作为设计值。

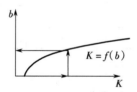

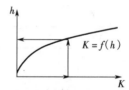

图9-5　底宽b与K的关系曲线　　　图9-6　水深h与K的关系曲线

②底宽b已定,确定相应的水深h。如底宽b由施工机械的开挖作业宽度限定,则水深h必定有唯一解,解法同上。绘出$K = f(h)$曲线,如图9-6所示,同样找出对应于实际K值的h值作为设计值。

③按水力最优条件设计断面尺寸b和h。小型渠道的宽深比可按水力最优条件$\beta_h = \left(\dfrac{b}{h}\right)_h = 2\sqrt{1 + m^2} - m$给出,而大型渠道的宽深比$\beta_h$由综合技术经济比较确定。因宽深比$\beta_h$已定,$b$、$h$中只有一个独立未知量,解法同上。

④从不冲允许流速v_{max}出发,求相应的b和h。当不冲允许流速成为设计渠道的控制条件时,已知梯形过水断面各要素间的几何关系为

$$A = (b + mh)h \tag{a}$$

及

$$R = \frac{A}{\chi} = \frac{A}{b+2h\ \sqrt{1+m^2}} \qquad\qquad (b)$$

由题设条件可直接算出 $A = Q/v_{max}$，又由谢齐公式得 $R = \dfrac{v^2}{C^2 i}$，把 $C = \dfrac{1}{n}R^{1/6}$ 及 $v = v_{max}$ 代入前式，可算出 $R = (nv_{max}/i^{1/2})^{3/2}$。再把所得 A 与 R 值代入（a）与（b）后求解，即可求得过水断面的尺寸 b 和 h。

【例题9-1】 有一条大型输水土渠（$n = 0.025$）为梯形断面，边坡系数 m 为 1.5，问在底坡 i 为 0.000 3 及正常水深 h 为 2.65 m 时，底宽 b 为多少才能通过流量 $Q = 40$ m³/s？

【解】 从 $Q = AC\sqrt{Ri} = K\sqrt{i}$ 得

$$K = \frac{Q}{\sqrt{i}} = \frac{40}{\sqrt{0.000\ 3}} = 2\ 309\ \text{m}^3/\text{s}$$

而

$$K = AC\sqrt{R} = A\frac{1}{n}R^{1/6}R^{1/2} = \frac{A}{n}R^{2/3} = \frac{A^{5/3}}{n\chi^{2/3}} \qquad\qquad (a)$$

式中，$A = (b+mh)h = (b+1.5\times2.65)\times2.65 = (b+3.97)\times2.65$

$$\chi = b+2h\sqrt{1+m^2} = b+2\times2.65\sqrt{1+1.5^2} = b+9.55$$

代入式(a)得

$$K = \frac{[(b+3.97)2.65]^{5/3}}{0.025(b+9.54)]^{2/3}}$$

即

$$2\ 309 = \frac{[(b+3.97)2.65]^{5/3}}{0.025(b+9.54)^{2/3}}$$

一般用试算法或绘出 $K = f(b)$ 曲线求解，经列表如下，计算并绘图可得 $b = 10.10$ m。

b	0	1	4	10	11
K	449.2	630	1 160	2 280	2 450

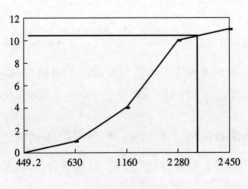

例题9-1 图

【例题9-2】 一梯形断面土渠，通过流量 $Q = 1.0$ m³/s，底坡 $i = 0.005$，边坡系数 $m = 1.5$，粗糙系数 $n = 0.025$，最大不冲允许流速 $v_{max} = 1.2$ m/s。试按允许流速及水力最优条件分别设计断面尺寸。

【解】 1)按最大不冲允许流速 $v_{max} = 1.2$ m/s 进行设计

$$A = \frac{Q}{v_{max}} = \frac{1}{1.2} = 0.83 \text{ m}^2$$

由 $v = \frac{1}{n} i^{1/2} A^{2/3} \chi^{1/2} = \frac{1}{0.025} \times 0.005^{1/2} \times 0.83^{2/3} \times \chi^{1/2} = 1.2$ m/s

解得:$\chi = 0.34$ m。由梯形断面条件得

$$A = (b + mh)h = bh + 1.5h^2 = 0.83 \text{ m}^2$$

$$\chi = b + 2h\sqrt{1 + m^2} = b + 3.61h = 0.34 \text{ m}$$

联立解上两式,得 $b_1 = -0.79$ m,$h_1 = 1.05$ m;$b_2 = 1.63$ m,$h_2 = 0.38$ m。第一组结果无意义,应舍去,结果为 $b = 1.63$ m,$h = 0.38$ m。

(2)按水力最优条件进行设计

由 $m = 1.5$ 可查表9-3得 $\beta = \frac{b}{h} = 0.61$,即 $b = 0.61h$。因

$$A = (b + mh)h = (0.61h + 1.5h)h = 2.11h^2$$

$$C = R^{1/6}$$

而 $R = 0.5h$,所以

$$Q = AC\sqrt{Ri} = \frac{1}{n} i^{1/2} AR^{2/3} = \frac{1}{0.025} \times 0.005^{1/2} \times 2.11h^2 \times (0.5h)^{2/3}$$

$$= 3.76h^{8/3} = 1 \text{ m}^3/\text{s}$$

解得 $h = 0.61$ m,$b = 0.37$ m。

校核:$A = 2.11h_2 = 0.79$ m^2,$v = \frac{Q}{A} = \frac{1}{0.79} = 1.27$ m/s $> v_{max}$(1.2 m/s)。应该采取适当的加固措施,或者增大设计断面尺寸,否则会造成冲刷。

9.2.3.2 无压圆管均匀流不满流的水力计算

对于无压圆管均匀流不满流的水力计算,可按9-1节有关公式进行。

过水断面 $\qquad A = \frac{d^2}{8}(\varphi - \sin\varphi)$

湿周 $\qquad \chi = \frac{1}{2}\varphi d$

水力半径 $\qquad R = \frac{A}{\chi} = \frac{\frac{d^2}{8}(\varphi - \sin\varphi)}{\frac{1}{2}\varphi d} = \frac{d(\varphi - \sin\varphi)}{4\varphi}$

平均流速 $\qquad v = C\sqrt{Ri} = \frac{C}{2}\sqrt{d\left(1 - \frac{\sin\varphi}{\varphi}\right)i}$

流量 $\qquad Q = Av = AC\sqrt{Ri} = \frac{C}{16} d^{5/2} i^{1/2} \left[\frac{(\varphi - \sin\varphi)^3}{\varphi}\right]^{1/2}$

充满度 $\qquad \alpha = \frac{h}{d} = \sin^2\frac{\varphi}{4}$

从以上各式可知,$Q = AC\sqrt{Ri} = f(d, \alpha, n, i)$。可见,无压管道水力计算的基本问题分为

三类即验算过水能力、设计渠道的底坡 i、确定管径 d。

在进行无压管道的水力计算时,还要遵从一些有关规定,如《室外排水设计规范》(GBJ15 –88)。

①污水管道应按不满流计算,最大设计充满度按表9-5采用。

表9-5　最大设计充满度

管径(d)或暗渠高(H)	最大设计充满度($\alpha = \dfrac{h}{d}$)
150 ~ 300	0.60
350 ~ 450	0.70
500 ~ 900	0.75
≥1 000	0.80

②雨水管道和合流管道应按满流计算。

③排水管的最小设计流速:对污水管道(在设计充满度时),当管径 $D \leqslant 500$ mm 时,为 0.7m/s;当管径 $d > 500$ mm 时,为 0.8 m/s。

另外,对最小管径和最小设计坡度等也有相应规定。在实际工作中可参阅有关手册与规范。

【例题9-3】 某圆形污水管道,管径 $d = 600$ mm,管壁粗糙系数 $n = 0.014$,管道底坡 $i = 0.002\ 4$。求最大设计充满度时的流速和流量。

【解】 由表9-5可知,管径 $d = 600$ mm 时,$\alpha = 0.75$,则由 $\alpha = \dfrac{h}{d} = \sin^2 \dfrac{\varphi}{2}$,得 $\varphi = \dfrac{4}{3}\pi = 4.187$。又

$$R = \frac{d(\varphi - \sin \varphi)}{4\varphi} = \frac{0.6 \times [4.187 - \sin 4.187]}{4 \times 4.187} = 0.181 \text{ m}$$

$$C = \frac{1}{n} R^{1/6} = \frac{1}{0.014} \times 0.181^{1/6} = 53.722 \text{ m}^{1/2}/\text{s}$$

$$v = C\sqrt{Ri} = 53.722 \times \sqrt{0.181 \times 0.002\ 4} = 1.12 \text{ m/s}$$

$$A = \frac{d^2}{8}(\varphi - \sin \varphi) = \frac{0.6^2}{8}(4.187 - \sin 4.187) = 0.227 \text{ m}^2$$

$$Q = Av = 0.227 \times 1.12 = 0.255 \text{ m}^3/\text{s}$$

9.3　堰流

9.3.1　堰流及其特征

前已介绍明渠流动分为明渠均匀流和明渠非均匀流。以下讨论的堰流属于明渠非均匀流,是工程中常见的一种重要水流现象。

在无压缓流中,为控制水位和流量而设置的顶部溢流的障壁称为**堰**。缓流经障壁溢流时,上游发生壅水,然后水面降落,这一水流现象称为**堰流**。障壁对水流的作用,或者是侧向收缩,或者是底坎约束,前者如桥涵,后者如闸坝等水工建筑物。堰在市政工程中是常见的溢流集水

设备和量水设备,也是实验室常用的流量量测设备。

堰流的特征包括:堰的上游发生壅水,堰顶上水面下跌,流速增大,是一种急变流,主要受局部阻力的控制,沿程阻力可忽略。

本节主要探讨流经堰的流量 Q 与其他特征量的关系,解决相应的工程问题。

表征堰流的特征量有:堰宽 b,即水流漫过堰顶的宽度;堰前水头 H,即堰上游水位在堰顶上的最大超高;堰壁厚度 δ 和它的剖面形状;下游水深 h 及下游水位高出底坎的高度 Δ;堰上、下游坎高 p 及 p';行近流速 v_0 等,如图9-7 所示。

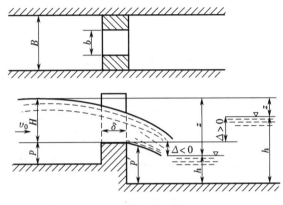

图9-7　堰流的几何特征

9.3.2　堰的分类

根据堰流的水力特点,按 $\dfrac{\delta}{H}$ 的比值范围将堰进行如下分类。

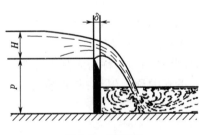

图9-8　薄壁堰

（1）薄壁堰

当 $\dfrac{\delta}{H}<0.67$,水流溢过堰顶时,底部水流因惯性的作用而发生弯曲;当 $\delta<0.67H$ 时,水舌下缘与堰壁接触只是一条直线,堰顶厚度 δ 不影响水流的特性,所以称为**薄壁堰**。堰顶常做成锐缘形,如图9-8 所示。常用于测量流量。堰口形状有矩形和三角形两种。

（2）实用断面堰

当 $0.67<\dfrac{\delta}{H}<2.5$ 时,由于堰壁加厚,水舌受到堰顶的约束和顶托,但这种作用远小于重力的作用,水舌仍为一次自由跌落,为**实用断面堰**,堰的剖面有曲线形和折线形,如图9-9 所示。作为挡水和泄水构筑物的溢流坝就是典型的工程实例。

（3）宽顶堰

当 $2.5<\dfrac{\delta}{H}<10$ 时,堰顶厚度 δ 对水流的约束和顶托作用已经很明显。堰顶流速增大,动能增加,势能减小,水面在进口处第一次跌落,然后均匀流动,至出口处水面发生二次跌落并与下游水面连接此种流动称为**宽顶堰**,如图9-10 所示。

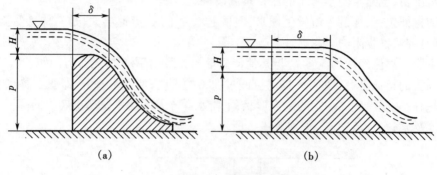

图 9-9 实用断面堰

(a)曲线形;(b)折线形

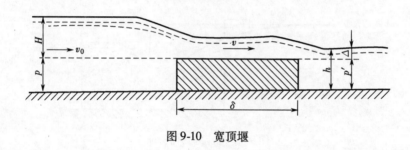

图 9-10 宽顶堰

如果堰顶厚度 δ 继续增加到 $\frac{\delta}{H} > 10$ 时,沿程水头损失逐渐起主要作用,水流特性已不属于堰流,而具有明渠流的性质。

除 $\frac{\delta}{H}$ 影响堰流性质外,堰流与下游水位的连接关系也是一个重要因素。当下游水深足够小,不影响堰流性质(如堰的过水能力)时称为自由式堰流;当下游水深足够大时,下游水位影响堰流性质,称为淹没式堰流。开始影响堰流性质的下游水深,称为淹没标准。

此外,当上游渠道宽度 B 大于堰宽 b 时,称为侧收缩堰;当 $B = b$ 时,称为无侧收缩堰。

如果堰与渠道水流方向正交,称为正堰;与水流方向不正交的称为斜堰;与水流方向平行的为侧堰。

根据堰口的形状,有矩形堰、三角形堰、梯形堰等。

9.3.3 堰流的基本公式

堰流的特点是可忽略沿程水头损失或无沿程水头损失。前者如宽顶堰和实用断面堰,后者如薄壁堰。由于这一特点,堰流公式可具有同样的形式。而差异表现在某些系数数值的不同。由实验和量纲分析法可以推出堰流的基本公式

$$Q = m_0 b \sqrt{2g} H^{3/2} \tag{9-19}$$

$$Q = m b \sqrt{2g} H_0^{3/2} \tag{9-20}$$

式中:b 为堰宽;H 为堰前水头;H_0 为堰流作用水头,$H_0 = H + \dfrac{\alpha_0 v_0^2}{2g}$;$m$ 为流量系数,与 H、p、B、b 等有关,由模型实验中得到经验公式;m_0 为已考虑行进流速 v_0 影响的流量系数,由实验确定。

为简要介绍，只给出常用的三角堰和矩形薄壁堰的流量计算公式。

（1）三角堰的流量计算公式

如图9-11所示，当 $\theta = 90°$，$H = 0.05 \sim 0.25$ m时，由实验得 $m_0 = 0.395$，则

$$Q = 1.4H^{2.5} \tag{9-21}$$

当 $\theta = 90°$，$H = 0.25 \sim 0.55$ 时，则

$$Q = 1.343H^{2.47} \tag{9-22}$$

式中：H 为堰前水头，m。

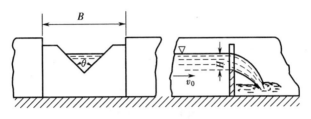

图9-11　三角形薄壁堰

（2）无侧收缩的矩形薄壁堰的流量计算公式

无侧收缩的矩形薄壁堰的流量计算公式为式（9-19），式中

$$m_0 = \left(0.405 + \frac{0.0027}{H}\right)\left[1 + 0.55\left(\frac{H}{H+p}\right)^2\right] \tag{9-23}$$

此式是由法国工程师巴赞（Bazin）提出的经验公式。它的适用条件为：$H = 0.05 \sim 1.24$ m，$p = 0.24 \sim 0.75$ m，$b = 0.2 \sim 2.0$ m。在初步设计中，可取 $m_0 = 0.42 \sim 0.5$。

在应用上述公式计算薄壁堰自由出流的流量时，必须保证水舌周围为大气压，才能使水流稳定，确保测量精度。同时由于淹没出流和侧向收缩都会对流量的量测产生影响，故应避免。

【例题9-4】　一无侧收缩的矩形薄壁堰，堰宽 b 为 0.5 m，上游堰高 p_1 为 0.4 m，堰为自由出流。已测得堰顶水头 H 为 0.2 m。求通过堰的流量。

【解】　流量按式（9-19）计算

$$Q = m_0 b \sqrt{2g} H^{3/2}$$

其中，m_0 由式（9-23）求得

$$m_0 = \left(0.405 + \frac{0.0027}{0.2}\right)\left[1 + 0.55\left(\frac{0.2}{0.2+0.4}\right)^2\right] = 0.444$$

通过的流量 $Q = 0.444 \times 0.5 \times 4.43 \times 0.2^{3/2} = 0.088$ m³/s

实用断面堰和宽顶堰的流量计算与薄壁堰相似，只是影响 m_0 的因素不同，大多数情况还应考虑淹没和侧面收缩的影响，可参阅相关文献。

✔本章小结

■　人工明渠的设计中，应充分考虑外形美观及经济方面的价值。

■　明渠均匀流中，总水头线、水面线及渠底三者彼此平行。

■　曼宁公式可用于确定明渠的流速。

思 考 题

9.1 产生均匀流的条件是什么?

9.2 什么是水力最优断面?

9.3 明渠均匀流的水力特征是什么?

9.4 什么是渠道的允许流速?

9.5 薄壁堰、实用堰、宽顶堰是如何区分的?

9.6 影响堰流的流量系数有哪些因素?

9.7 宽顶堰和实用堰的淹没标准各是什么?

9.8 明渠均匀流的水力计算包括哪几方面内容?

习 题

9.1 有一矩形断面的混凝土明渠 $n = 0.014$,养护情况一般,断面宽度 $b = 4$ m,底坡 $i = 0.002$,当水深 $h = 2$ m 时,问按曼宁公式所算出的断面平均流速 v 为多少?

9.2 有一段顺直的梯形断面土渠,平日管理养护一般,渠道的底坡 $i = 0.000\,4$,底宽 $b = 4$ m,断面的边坡系数 $m = 2$,当水深 $h = 2$ m 时,按曼宁公式计算该渠道能通过多少流量?

9.3 一路基排水沟要求通过流量 Q 为 1.0 m³/s,沟底坡度 i 为 $4/1\,000$,水沟断面采用梯形,并用小片石干砌护面($n = 0.020$),边坡系数 m 为 1;试按水力最优条件决定此排水沟的断面尺寸。

9.4 有一梯形渠道,在土层开挖 $n = 0.025$,$i = 0.000\,5$,$m = 1.5$,设计流量 $Q = 1.5$ m³/s。试按水力最优条件设计断面尺寸。

9.5 有一梯形断面明渠,已知 $Q = 2$ m³/s,$i = 0.001\,6$,$m = 1.5$,$n = 0.020$,若允许流速 $v_{max} = 1.0$ m/s。试决定此明渠的断面尺寸。

9.6 有一矩形断面渠道,底坡 $i = 0.001\,5$,渠道用粗糙石块干砌护面,通过流量 $Q = 18$ m³/s,在保证正常水深 h_0 为 1.21 m 的情况下,问此渠道的底宽 b 需多少?

9.7 已知梯形排水渠道,底宽 $b = 1$ m,水深 $h = 1$ m,边坡系数 $m = 1.5$,粗糙系数 $n = 0.020$,底坡 $i = 0.000\,3$,求渠中通过的流量。

9.8 设计流量 $Q = 10$ m³/s 的矩形渠道,$i = 0.000\,1$,采用一般混凝土护面 $n = 0.014$,按水力最优断面设计渠宽 b 和水深 h。

9.9 已知 $Q = 5$ m³/s,$v = 1.4$ m/s,$m = 1.0$,$n = 0.025$,求梯形水力最优断面尺寸及底坡。

9.10 当正三角形、半正六边形及半圆形的各断面渠道具有相同的 $n = 0.017$,$A = 1$ m²,$i = 0.005$,比较它们泄流量的大小。

9.11 梯形渠道的水深 $h = 1.2$ m,$b = 2.4$ m ,$Q = 6.6$ m³/s,$n = 0.025$,$m = 1.5$。试求断面平均流速和底坡。

9.12 一矩形断面的污水沟渠,宽 $b = 1$ m,$n = 0.019$,输水量 $Q = 0.80$ m³/s,水深定为 $h = 0.75$ m,求所需底坡,并校核渠中流速是否大于最小不淤允许流速 $v_{min} = 0.8$ m/s。

9.13 表面较粗糙的混凝土沟管 $n = 0.017$,直径 $d = 700$ mm,底坡 $i = 0.02$,求水深 $h =$

0.28 m 时的泄流量和断面平均流速。

9.14 直径为 0.8 m 的表面粗糙混凝土排水管 $n = 0.017$,底坡 $i = 0.015$,求当管中充满度从 $\dfrac{h}{d} = 0.3$ 增加到 $\dfrac{h}{d} = 0.6$ 时,通过该管中流量增加多少?

9.15 已知一梯形渠道的设计流量 $Q = 0.5 \ \mathrm{m^3/s}, b = 0.5 \ \mathrm{m}, h = 0.82 \ \mathrm{m}, m = 1.5, n = 0.025$。要求设计此渠道底坡 i。

9.16 已知一矩形断面排水暗沟的设计流量 $Q = 0.6 \ \mathrm{m^3/s}$,断面宽 $b = 0.8 \ \mathrm{m}$,渠道粗糙系数 $n = 0.014$(砖砌护面),若断面水深 $h = 0.4 \ \mathrm{m}$ 时,问此排水沟所需底坡 i 为多少?

9.17 在直径为 d 的无压管道中,水深为 h,求证当 $h = 0.81d$ 时,管中流速 v 达到其最大值。

9.18 已知混凝土圆形排水道 $n = 0.014$ 的污水流量 $Q = 0.2 \ \mathrm{m^3/s}$,底坡 $i = 0.005$,试决定管道的直径 d。

9.19 有一钢筋混凝土圆形排水管($n = 0.014$),$d = 1\ 000 \ \mathrm{mm}, i = 0.002$。试验算此无压管道通过能力 Q 的大小。

9.20 有一钢筋混凝土圆形排水管($n = 0.014$),管径 $d = 500 \ \mathrm{mm}$,试问在最大设计充满度下需要多大的管底坡度 i 才能通过 $0.3 \ \mathrm{m^3/s}$ 的流量?

9.21 顶角 $\theta = 90°$ 的三角堰,堰上水头 $H = 0.2 \ \mathrm{m}$,求通过此堰的流量。若流量增加一倍,问水头如何变化?

9.22 具有两根直立隔板的无侧收缩矩形薄壁堰将水槽分为 3 部分,各部分所需的流量分别为 $Q_1 = 15 \ \mathrm{L/s}, Q_2 = 30 \ \mathrm{L/s}, Q_3 = 85 \ \mathrm{L/s}$,堰高 $p = 0.6 \ \mathrm{m}$,堰上水头 $H = 0.24 \ \mathrm{m}$。试求各部分堰的宽度 $b_1 \ , b_2$ 和 b_3。

9.23 有一无侧收缩矩形薄壁堰做自由出流,堰上水头 $H = 0.3 \ \mathrm{m}$,堰宽 $b = 1.0 \ \mathrm{m}$,求经过此堰的流量。

9.24 已知无侧收缩自由式出流矩形堰宽为 1.5 m,过堰流量为 $0.5 \ \mathrm{m^3/s}$,采用 $m_0 = 0.42$,估算堰前水头 H。

第 9 章习题参考答案

参考文献

[1] 景思睿,张鸣远.流体力学[M]. 西安：西安交通大学出版社,2001.

[2] 张也影.流体力学[M]. 北京：高等教育出版社, 1999.

[3] 周亨达.工程流体力学[M].修订版. 北京：冶金工业出版社, 1991.

[4] 周光垌.流体力学[M]. 北京：高等教育出版社, 2000.

[5] 李玉柱, 苑明顺.流体力学[M]. 北京：高等教育出版社, 1998.

[6] 胡敏良.流体力学[M]. 武汉：武汉工业大学出版社, 2000.

[7] 蔡增基,龙天渝.流体力学泵与风机[M].4 版. 北京：中国建筑工业出版社, 2002.

[8] 屠大燕.流体力学与流体机械[M]. 北京：中国建筑工业出版社, 1994.

[9] 潘文全.流体力学基础[M]. 北京：机械工业出版社, 1982.

[10] 郑洽徐,鲁钟琪. 流体力学[M]. 北京：机械工业出版社, 1980.

[11] 孙祥海.流体力学[M]. 上海：上海交通大学出版社, 2000.

[12] DONALD F YOUNG, BRUCE R MUNSON, THEODORE H OKIISHI. A brief introduction to fluid mechanics[M]. 2nd edition. John Wiley & Sons,Inc ,2001.

[13] ROBERT W FOX, ALAN T MCDONALD. Introduction to fluid mechanics[M]. 5th edition. John Wiley & Sons,Inc ,2001.

[14] 陈卓如, 金朝铭.工程流体力学[M]. 哈尔滨：哈尔滨工业大学出版社, 1986.

[15] 金朝铭.液压流体力学[M]. 北京：国防工业出版社, 1994.

[16] 李士豪.流体力学[M]. 北京：高等教育出版社, 1990.

[17] 陈克诚.流体力学实验技术[M]. 北京：机械工业出版社, 1983.

[18] 汪兴华.工程流体力学习题集[M]. 北京：机械工业出版社, 1984.

[19] 叶诗美.工程流体力学习题集[M]. 北京：水利电力出版社, 1985.

[20] 西南交通大学.水力学[M].2 版. 北京：高等教育出版社, 1983.

[21] 吴持恭.水力学[M].2 版. 北京：高等教育出版社, 1982.

[22] 柯葵,朱立明,李嵘.水力学[M]. 上海：同济大学出版社, 2002.

[23] 刘鹤年.水力学[M]. 武汉：武汉大学出版社,2001.

[24] 李炜,徐孝平.水力学[M]. 武汉：武汉大学出版社,2000.

[25] 周善生.水力学[M]. 北京：人民教育出版社, 1980.